21 世纪全国本科院校土木建筑类创新型应用人才培养规划教材

工程事故分析与工程安全

主　编　郑文新
副主编　魏　勇　孙建超　田梅青
　　　　侯经纬　巩　艳　贾胜辉

北京大学出版社
PEKING UNIVERSITY PRESS

内 容 简 介

对土木工程来说，"质量第一、安全第一"是基本要求。安全管理的主要作用通俗地说就是"保证施工安全的前提下，高质量地完成工程项目"。

本书对建筑工程中常见的缺陷和事故、工程安全进行介绍和分析，并简述其处理措施。其中第 1 章为建筑工程质量管理；第 2～7 章分别较为系统地讨论了地基基础工程、砌体结构工程、钢筋混凝土结构工程、特殊工艺及钢结构工程、装饰装修工程、防水工程的质量控制和可能出现的缺陷事故，每一章均有较为详细的案例分析；第 8 章为工程安全管理；第 9 章为安全施工技术；第 10 章为自然灾害事故及处理简介。

本书可作为高等院校土木工程类专业的教材，也可作为从事建筑工程设计、施工监理、质量检查和管理方面的工程技术人员学习参考用书，还可作为继续教育的培训教材。

图书在版编目(CIP)数据

工程事故分析与工程安全/郑文新主编. —北京：北京大学出版社，2013.8

(21 世纪全国本科院校土木建筑类创新型应用人才培养规划教材)

ISBN 978-7-301-23172-2

Ⅰ. ①工⋯　Ⅱ. ①郑⋯　Ⅲ. ①建筑工程—工程事故—事故分析—高等学校—教材②建筑工程—工程施工—安全管理—高等学校—教材　Ⅳ. ①TU712

中国版本图书馆 CIP 数据核字(2013)第 212200 号

书　　　　　名：	工程事故分析与工程安全
著作责任者：	郑文新　主编
策 划 编 辑：	卢　东　吴　迪
责 任 编 辑：	卢　东
标 准 书 号：	ISBN 978-7-301-23172-2/TU・0365
出 版 发 行：	北京大学出版社
地　　　　　址：	北京市海淀区成府路 205 号　100871
网　　　　　址：	http://www.pup.cn　新浪官方微博：@北京大学出版社
电 子 信 箱：	pup_6@163.com
电　　　　　话：	邮购部 62752015　发行部 62750672　编辑部 62750667　出版部 62754962
印 刷 者：	北京鑫海金澳胶印有限公司
经 销 者：	新华书店
	787 毫米×1092 毫米　16 开本　17.75 印张　412 千字
	2013 年 8 月第 1 版　　2013 年 8 月第 1 次印刷
定　　　　　价：	36.00 元

前　　言

　　建筑工程的质量与安全不仅是施工企业关注的焦点，也是项目参与各方的共同责任。党和政府历来十分关心和重视建筑工程的质量与安全问题，并制定了一系列方针、政策、法律法规、规范标准与强制性条文，为建筑工程的质量与安全管理工作提供了强有力的保障。

　　建筑工程的质量和安全与人民群众的生活、工作休戚相关。工程质量缺陷会给用户带来使用功能和使用成本等方面的不良影响，而工程质量事故和安全事故则会给国家和人民的生命财产造成巨大损失。这将不利于国泰民安，不利于安定团结，不利于构建和谐社会。

　　质量与安全，都具有很强的技术性，做好质量和安全的关键就是管理。质量技术安全管理工作具体包含哪些事情？这些事情又该如何做？如果理论深奥，可能会"让人学好"，但却不一定能"让人好学"。对于课时减少的趋势，假如选用的教材不好学，恐怕也就很难学好。

　　本书编写的出发点就是"让人好学"，注意从"学"的角度而不是从"教"的角度出发，即在内容的选择、表达方式和难易程度的把握上，从普通一线施工管理人员的角度考虑，以期更接近他们平时的具体问题，切合他们的工作实际，这样更容易学，更好用。

　　解答"做什么""怎么做"就是本书的内容。本书内容全面，实践性、针对性和实用性强。本课程一般列为专业选修课，课时少。因此，我们以服务者的心态去面对学生，也希望学生在服务于基层时，本书能为他们提供直截了当的支持。

　　本书由郑文新(宿迁学院)、魏勇(河南城建学院)、孙建超(郑州升达经贸管理学院)、田梅青(宿迁学院)、侯经纬(宿迁学院)、巩艳(宿迁学院)和贾胜辉(宿迁学院)编写。具体编写分工为：郑文新编写第1章、第10章，田梅青编写第2章、第3章，魏勇编写第4章，侯经纬编写第5章，巩艳编写第6章、第7章，郑文新和孙建超编写第8章，贾胜辉编写第9章。

　　限于编者水平，加之时间仓促，书中难免有缺漏和不足之处，敬请广大专家、同仁和读者批评指正。

编　者
2013 年 4 月

目 录

第 **1** 章
建筑工程质量管理

教学目标

本章介绍我国建筑工程质量管理的现状，主要讲述土木建筑工程事故的概念及其发生原因、质量技术工作要点和质量事故分析。通过本章的学习，应达到以下目标。

(1) 理解工程质量事故的概念，了解土木建筑工程事故发生的原因。

(2) 掌握质量技术工作各环节要点。

(3) 掌握质量事故分析的方法、过程、性质和基本原则。

教学要求

知识要点	能力要求	相关知识
土木建筑工程事故	(1) 理解与工程质量和工程质量事故有关的几个重要概念 (2) 了解土木建筑工程事故发生的原因	土木建筑工程事故分类及报告程序
质量技术工作要点	掌握质量技术工作各环节要点	
质量事故分析	(1) 了解质量事故分析的作用、依据 (2) 掌握质量事故分析的方法、过程、性质和基本原则	

基本概念

建筑工程质量、工程质量问题、工程质量缺陷、工程质量事故、建筑结构破坏。

引例

哈尔滨阳明滩大桥引桥坍塌事故

2012 年 8 月 24 日 5 时 30 分左右，哈尔滨机场高速公路由江南往江北方向，即将进入阳明滩大桥主桥的最后一段被 4 辆重载货车压塌，4 辆货车冲下桥体。坍塌大梁为 130m 左右，整体垮塌。在现场可看到带血迹的枕头和方向盘等物，有些大货车驾驶室已经完全瘪塌。4 辆大货车上共有 8 人，造成 3 人死亡、5 人受伤。据现场目击者介绍，24 日早晨 5 时许，他驾驶出租车拉运乘客经过事故引桥旁辅道，忽然听到巨响，一段往江北方向引桥整体向人行道方向倾倒，桥面三大一小 4 辆货车掉落地面。事故现场如图 1.1 所示。事故当场造成 2 人死亡，6 名伤者送往两家医院救治，1 人伤势过重抢救无效身亡。

图 1.1　哈尔滨阳明滩大桥引桥坍塌事故现场

　　阳明滩大桥位于哈尔滨市西部松花江干流上，是目前我国长江以北地区桥梁长度最长的超大型跨江桥，因主桥穿越松花江阳明滩岛而得名，它北起松北区三环路与世贸大道交叉口，南下跨越松花江航道与三环高架路衔接。工程于 2009 年 12 月 5 日开工建设，2011 年 11 月 6 日建成通车，估算总投资 18.82 亿元。它是哈尔滨市首座悬索桥(双塔自锚式悬索桥)，全长 7 133m，其中桥梁部分长 6 464m，接线道路长 669m，每小时车流量可达 9 800 辆，桥面宽 41.5m，双向 8 车道，主桥跨度 427m，主塔高 80m，桥下通航净高不小于 10m，可满足松花江三级航道通航要求。

1.1　建筑工程质量管理概述

　　建筑工程质量是指在国家现行的有关法律、法规、技术标准、设计勘察文件及合同中，对工程的安全、使用、耐久及经济美观、环境保护等方面所有明显和隐含能力的特性综合，即工程实体的质量。由建筑产品的特点可以知道，其质量蕴含于整个工程产品的形成过程中，要经过规划、勘察设计、建设实施、投入生产或使用几个阶段，每一个阶段都有国家标准的严格要求。我国建筑工程质量的现状是：代表性工程质量均达到了国际标准，但总体水平仍然偏低，工程合格率低，"劣质工程"不少，倒塌事故屡屡发生，质量通病普遍存在。

　　工程质量事故涉及面广泛，不仅造成严重的经济损失，影响人民的生命财产安全，而且直接关系到国家经济建设，必须引起高度警觉和重视。

　　进入 21 世纪后，我国城市发展进入了一个崭新的阶段，城市的数量、规模和人口数量都有了飞速的发展。新的高楼大厦、展览中心、铁路、公路、桥梁、港口航道及大型水利工程在我国各地如雨后春笋般地涌现，新结构、新材料、新技术被大力研究、开发和应用。发展之快，数量之巨，令世界各国惊叹不已。作为城市发展的产物之一，高层建筑物不仅在数量上越来越多，而且在高度上也越来越高。据初步统计，我国已建成 20 层以上高层建筑物 11 000 多栋，超过 200m 的高层建筑 50 多栋，超过 300m 的超高层建筑 20 多栋。其中已开工建设的"上海中心"位于浦东陆家嘴地区，主体建筑结构高度为 580m，总高度 632m，是目前国内建设中的第一高楼，如图 1.2 所示。与地面高空发展相对应，城市地下空间建设的深度也越来越大，如上海世界博览会 500kV 大容量全地下变电站地下建筑直径

(外径)为 130m，地下结构埋置深度为 34m。随着城市人口数量的增加和规模的扩大，城市建筑正在向空间超高、地下超深的三维空间发展。

图 1.2　"上海中心"(效果图)

伴随着城市建设的高速发展，各种工程质量事故也时有发生。这里既有自然原因导致的事故，像地震灾害、洪水灾害、台风灾害、大雪灾害等，也有很多人为原因造成的重大事故，像辽宁盘锦市燃气爆炸事故、石家庄特大爆炸案、广东九江大桥被撞垮塌等；既有结构性破坏事故，如宁波招宝山大桥施工时的主梁断裂工程事故、上海闵行区莲花河畔景苑楼盘在建楼倒塌事故，又有土木建筑工程的耐久性事故，如建筑物梁、柱的钢筋锈蚀，桥梁冻融破坏，栏杆严重破坏，高速公路严重损坏，机场跑道严重剥蚀事故等。

我们正处在一个规划爆炸、建设飞速的年代，但还是一个建筑"短命症"流行的时代。因为规划短视、设计缺陷、偷工减料，我国建筑的平均寿命"50 年罕见，30 年普遍"，不及国家标准规定最低使用年限的 60%。

我国著名土木工程专家、工程院院士、清华大学教授陈肇元先生在他所著的《土建结构工程的安全性与耐久性》一书中指出：短命建筑的后果相当严重，我们会陷入永无休止的大建、大修、大拆与重建的怪圈之中。现在商品房住宅的产权是 70 年，比其平均使用寿命要长 40 年，建筑"短命"所造成的"权证在，物业亡"的脱节现象，将引发一连串的社会问题。而相比我国 30 年左右的建筑平均寿命，发达国家建筑，像英国的建筑平均寿命达到了 132 年，而美国的建筑平均寿命已超过 74 年。

2008 年 5 月 12 日发生的汶川大地震是新中国成立以来影响最大的一次地震，是自 1950 年 8 月 15 日西藏墨脱地震(8.5 级)和 2001 年昆仑山大地震(8.1 级)后的第三大地震，直接严重受灾地区达 10 万 km^2。这次地震危害极大，共遇难 87 000 多人，受伤 374 643 人。据民政部门统计，截至 2008 年 5 月底，四川、陕西、甘肃等十个省(市)共倒塌房屋 696 万余间，损坏 2 336 万余间，直接经济损失达 8 450 多亿元。

2009 年我国相继出现了"楼歪歪"、"楼脆脆"等建筑质量问题，如 2009 年 6 月 27 日凌晨 5 时 35 分，上海闵行区莲花南路西侧、淀浦河南岸在建的"莲花河畔景苑"商品房小区工地内，一幢 13 层楼房向南整体倾倒，如图 1.3 所示；2009 年 7 月中旬的一场大雨后，四川成都"校园春天"小区原来距离就很近的两栋楼房居然微微倾斜，靠在了一起，造成路面、围墙开裂，如图 1.4 所示。

图1.3　上海市"莲花湖景河畔"倒塌现场　　图1.4　成都市"校园春天"小区6号楼和1号楼

上述灾难和事故的发生，究其根本原因是我国设计标准偏低。我国的房屋结构设计标准是从第二次世界大战后苏联的相关规范中得来的，它适应当时受到战争重创的苏联迅速重建的需要，也符合新中国成立后的政治经济情况，在结构设计的安全性设置上采用了最低标准。可是，这个最低标准一直执行了60多年，没有根本的变化，现已不能适应当前城市建设高速发展的国情。

随着我国城市化的快速发展，我们将要面对一个大建设、大加固、大拆除的土木工程建设局面。作为土木工程建设者，将要肩负重大而光荣的任务，也要面临严重的挑战。所谓任务，即全国城乡开展的大规模的工程建设，可为我国经济的迅速发展做出重大贡献；所谓挑战，即面对可能发生的各种工程质量事故，要予以足够的重视，并采取相应的措施，以减少给国家财产造成的重大损失，保障人民群众的生命财产安全。

1.2　土木工程质量的特性

1. 工程质量问题的定义

按照国际标准化组织(ISO)和我国有关质量、质量管理和质量保证标准的定义，凡工程产品质量没有满足某个规定的要求，就称之为质量不合格。

凡是土木建筑质量不合格的工程，必须进行返修、加固或报废处理，由此造成直接经济损失低于5 000元的称为土木建筑工程质量问题；直接经济损失在5 000元(含5 000元)以上的称为土木建筑工程质量事故。

2. 土木建筑工程产品的特性

土木建筑工程产品的特性是土木建筑物、构筑物的安全性、适用性和耐久性的总和，主要体现在以下4个方面。

(1) 应能承受正常施工和正常使用时可能出现的各种作用，即建筑物中的各种结构构件及其连接构造要有足够的承载力，关键部位要有多道防线及可靠度。

(2) 在正常使用时具有良好的使用性能，即建筑物要满足使用者对使用条件、舒适感和美观方面的需要。

(3) 建筑材料和构件在正常维护条件下具有足够的耐久性，即建筑物在正常使用期限内对环境因素长期作用的抵御能力。

(4) 建筑物在偶然事件发生时及发生后，仍能保持必需的整体稳定性，不致完全失效以致倒塌，即建筑物对使用者生命财产的安全保障。

3. 土木建筑工程事故发生的概念

工程质量事故应该理解为：凡工程质量没有满足规定的要求，即质量达不到合格标准的要求而发生的事故。不合格(不符合)的定义：未满足《质量管理体系——基础和术语》(GB/T 19000—2008)的要求。

工程质量缺陷指凡工程"未满足与预期或规定用途有关要求"(GB/T 19000—2008)。

工程质量问题一般可分为工程质量缺陷和工程质量事故。酿成工程质量事故的缺陷一般是对工程结构安全、使用功能和外形观感等影响较大、损失较大的质量损伤。从广义上讲，工程质量问题都是程度不一的工程质量缺陷，质量缺陷达到一定的严重程度就构成了质量不合格。任何质量缺陷的背后都有导致这一缺陷的行为人的错误和疏忽行为。这种错误或疏忽行为可以发生在整个建筑过程的任何一个阶段，主要包括设计和技术监理过程、现场施工过程、移交时关于维护和使用建筑物的指导过程。

在工程建设的整个活动过程中，质量事故是应该防止发生的，也是能够防止发生的。而质量缺陷却存在发生的可能性。例如，建筑结构完全能满足功能所有要求，钢筋混凝土结构受拉区出现了规范允许的微细裂缝，只能界定为质量缺陷。但这并不是说质量缺陷完全可以忽视。事物的发展是量变到质变的过程，有些质量缺陷会随着时间的推移、环境的变化，趋向严重。例如，某地区餐厅屋面长期漏水，没有得到根治，3 年之后某深夜瞬间倒塌。发生这起重大质量事故的原因主要是结构计算存在重大错误。从倒塌的屋面显示，钢筋严重锈蚀，局部混凝土与钢筋失去了握裹力，屋面承受不了荷载。由此可见屋面漏水也是诱发原因之一。

建筑物在施工和使用过程中，不可避免地会遇到质量低下的现象，轻则看到种种缺陷，重则发生各种破坏，甚至出现局部或整体倒塌的重大事件。当遇到这些现象时，建筑工作者应该善于分析、判断它产生的原因，提出预防和治理措施。要做到这些，必须对它们有一个准确的认识。建筑工程中的缺陷是由人为的(勘察、设计、施工、使用)或自然的(地质、气候)原因，建筑物出现影响正常使用的承载力、耐久性、整体稳定性等种种不足的统称。它按照严重程度不同，又可分为 3 类。

(1) 轻微缺陷。它们并不影响建筑物的近期使用，也不影响建筑结构的承载力、刚度及其完整性，但却有碍观瞻或影响耐久性。例如，墙面不平整，地面混凝土龟裂，混凝土构件表面局部缺浆、起砂，钢板上有划痕、夹渣等。

(2) 使用缺陷。它们虽不影响建筑结构的承载力，却影响建筑物的使用功能，或使结构的使用性能下降，有时还会使人有不舒适感和不安全感。例如，屋面和地下室渗漏，装饰物受损，梁的挠度偏大，墙体因温差而出现斜向或竖向裂纹等。

(3) 危及承载力缺陷。它们或表现为采用材料的强度不足，或表现为结构构件截面尺寸不够，或表现为连接构造质量低劣。例如，混凝土捣固不实，配筋欠缺，钢结构焊缝有裂纹、咬边现象，地基发生过大的沉降等。这类缺陷威胁到结构的承载力和稳定性，如果不及时消除，可能导致局部或整体的破坏。

3 类缺陷可能是显露的，如屋面渗透；也可能是隐蔽的，如配筋欠缺。后者更为危险，因为它有良好外表的假象，一旦有所发展，后果可能很严重。

缺陷的发展是破坏，而破坏本身又经历着一个过程。它对建筑装饰来说，是指装饰物从失效、毁坏到脱落的过程；对建筑结构来说，是指结构构件从临近破坏到破坏，再由破坏到即将倒塌的过程。

建筑结构的破坏，是结构构件或构件截面在荷载、变形作用下承载和使用性能失效的协议标志。

(1) 截面破坏指构件的某个截面由于材料达到协议规定的某个应力或应变值所形成的破坏。例如，钢筋混凝土梁正截面受弯破坏，指该截面受拉区钢筋到达屈服点，相应压区混凝土边缘达到极限压应变时的受力状态；破坏时该截面所能承受的弯矩不能再增加。但超静定构件某个截面发生破坏，并不等于该构件发生破坏。

(2) 构件破坏指结构的某个构件由于达到某些协议检验指标所形成的破坏。上述钢筋混凝土梁，如果受拉主筋处的最大裂缝宽度达到 1.5mm，或挠度达到 $L/50$(L 指跨长)，即认为该梁发生破坏。同理，超静定结构的某个构件发生破坏，并不等于该结构发生破坏。

建筑结构的倒塌是建筑结构在多种荷载和变形共同作用下稳定性和整体性完全丧失的表现。其中，若只有部分结构丧失稳定性和整体性的，称为局部倒塌；整个结构物丧失稳定性和整体性的，称为整体倒塌。倒塌具有突发性，是不可修复的，它的发生，一般都伴随着人员的伤亡和经济上的巨大损失。但倒塌绝不是不可避免的，因为，建筑结构的倒塌一般都要经过以下几个阶段：结构的承载力减弱；结构超越所能承受的极限内力或极限变形；结构的稳定性和整体性丧失；结构的薄弱部位先行突然破坏、倾倒；局部结构或整个结构倒塌。

有时，这些阶段在瞬时连续发生、发展，表现为突发性倒塌；有时，这些阶段的发生和发展是渐变的，它使破坏有一个时间过程。因此，如果人们能在发生轻微缺陷时就及时纠正，在有破坏征兆时就及时加固，做到防微杜渐，倒塌往往是可以避免的。

建筑结构的临近破坏、破坏和倒塌，统称质量事故，简称事故。破坏称为破坏事故，倒塌称为倒塌事故。

综上所述，建筑结构的缺陷和事故，虽然是两个不同概念，即事故表现为建筑结构局部或整体的临近破坏、破坏和倒塌，缺陷仅表现为具有影响正常使用、承载力、耐久性、完整性的种种隐藏的和显性的不足，但是，缺陷和事故又是同一类事物的两种程度不同的表观：缺陷往往是产生事故的直接或间接原因，而事故往往是缺陷的质变或经久不加处理的发展。

4. 土木建筑工程事故发生的原因

土木建筑工程事故发生的原因多种多样，从已有的工程事故分析，主要有以下几个方面。

1) 设计问题

(1) 结构承载力和作用估计不足，施工时或使用后的实际荷载严重超越设计荷载，环境条件与设计时的假定相比有重大变化。

(2) 所采用的计算简图与实际结构不符，施工时或使用后结构的实际受力状态与设计严重脱节。

(3) 所确定的构件截面过小或连接构造不当；施工时所形成的结构构件或连接质量低劣，甚至残缺不全；使用后对各种因素引起的构件损伤缺乏检验，不加维修，听任发展。

2) 施工问题

(1) 施工工艺。没有按照施工程序进行或者工序颠倒等，或者施工工艺不成熟。

(2) 施工技术。在施工时辅助的施工机具或者支撑体系承载力不够，导致还没有承载能力的建筑物垮塌。

(3) 施工质量。在施工中检查不够，或者成品保护不够，导致施工时受力构件达不到设计受力要求，但是其材料没有问题。

3) 材料问题

设计时按照国家标准材料计算，但施工时选用的材料达不到相应要求。

4) 勘测问题

设计时无勘测资料，或没有设计资料即施工，盲目套用相邻建筑物的勘测资料，实际有很大问题。

此外，还可能有以下问题。

(1) 管理不善，责任不落实，监管不到位，如开发区、高教园区的工程和村镇建设工程及房屋拆除工程管理体制不健全，存在监管盲区。

(2) 使用、改建不当。使用中任意增大荷载，如阳台当做库房，住宅楼改办公楼，办公室变为生产车间，一般民房改为娱乐场所，随意拆除承重隔墙，盲目在承重墙上开洞，任意加层等。

(3) 安全技术规范在施工中得不到落实。以触电事故为例，其都是因为未能按照《施工现场临时用电安全技术规范》(JGJ 46—2005)的要求，对穿过施工现场的外电线路进行防护，造成在施工中碰触高压线的事故发生。

(4) 有章不循，冒险蛮干。有些工程项目对分项工程既不编写施工方案，又不做技术交底，有章不循，冒险蛮干。例如，2004 年发生在河南安阳的井字架拆除时倒塌事故，既没有编制拆除方案，也没有考虑有关规定的要求，盲目采用人工拆除，又不设置任何防止架体倾倒的设施，冒险作业，使架体倒塌，造成了 21 人死亡。

(5) 以包代管，安全管理薄弱。很多工程项目都以低价中标，中标企业为了取得利润将工程转包给低资质的企业，有的中标企业虽然成立了项目班子，但施工由分包单位自行组织。分包单位为了抢工期、节约资金，一切从简。工程项目即使有施工组织设计也只是为投标而编制的，不是用于指导施工的。至于其他的安全管理制度，如三级教育、安全交底、班前活动、安全检查、防护用品、安全措施等能免则免，不能免的也只是走走形式。

(6) 一线操作人员安全意识和技能较差。当前，很多工程项目不论具有多高资质等级的施工企业中标，基本都由从劳务市场上招聘来的民工施工。这些民工没有经过系统的安全培训，特别是那些刚从农村出来的农民工，他们不熟悉施工现场的作业环境，不了解施工过程中的不安全因素，缺乏安全知识、安全意识、自我保护能力，不能辨别危害和危险，有的农民工第一天来上班，第二天甚至是当天就发生了死亡事故。当然，因缺乏培训和经验，由他们建造的土木工程的质量也就可想而知了。

由此可见，建筑结构质量事故的发生既有可能是设计原因，又有可能是施工原因，还有可能是使用原因。同时，既有可能是技术方面的原因，又有可能是管理方面的原因，还有可能是体制方面的原因。因此重大事故的发生，往往是多种因素综合在一起而导致的。

5. 土木建筑工程事故分类及报告程序

建筑工程事故的分类方法很多。若按事故发生的阶段分，可分为施工过程中发生的事故、使用过程中发生的事故、改建时和改建后引起的事故。若按事故发生的部位来分，可分为地基基础事故、主体结构事故、装修工程事故等。若按事故的责任原因分，可分为因指导失误而造成的质量事故(如为追赶进度而降低质量要求)、施工人员不按规程和标准实施操作而造成的质量事故(如浇筑混凝土随意加水导致混凝土强度不足)。

根据国务院 2007 年 3 月 28 日颁布的《生产安全事故报告和调查处理条例》(以下简称《条例》)第三条，把安全事故分为以下几类。

(1) 特别重大事故，是指造成 30 人以上死亡，或者 100 人以上重伤(包括急性工业中毒，下同)，或者 1 亿元以上直接经济损失的事故。

(2) 重大事故，是指造成 10 人以上 30 人以下死亡，或者 50 人以上 100 人以下重伤，或者 5 000 万元以上 1 亿元以下直接经济损失的事故。

(3) 较大事故，是指造成 3 人以上 10 人以下死亡，或者 10 人以上 50 人以下重伤，或者 1 000 万元以上 5 000 万元以下直接经济损失的事故。

(4) 一般事故，是指造成 3 人以下死亡，或者 10 人以下重伤，或者 1 000 万元以下直接经济损失的事故。

根据上述条例的规定，安全生产监督管理部门和负有安全生产监督管理职责的有关部门接到事故报告后，应当依照下列规定上报事故情况，并通知公安机关、劳动保障行政部门、工会和人民检察院。

(1) 特别重大事故、重大事故逐级上报至国务院安全生产监督管理部门和负有安全生产监督管理职责的有关部门。

(2) 较大事故逐级上报至省、自治区、直辖市人民政府安全生产监督管理部门和负有安全生产监督管理职责的有关部门。

(3) 一般事故上报至省、自治区的市级人民政府安全生产监督管理部门和负有安全生产监督管理职责的有关部门。

上述条例还规定，安全生产监督管理部门和负有安全生产监督管理职责的有关部门依照《条例》规定上报事故情况，应当同时报告本级人民政府。安全生产监督管理部门和负有安全生产监督管理职责的有关部门及省级人民政府接到发生特别重大事故、重大事故的报告后，应当立即报告国务院。必要时，安全生产监督管理部门和负有安全生产监督管理职责的有关部门可以越级上报事故情况。

同时规定，安全生产监督管理部门和负有安全生产监督管理职责的有关部门在逐级上报事故情况时，每级上报的时间不得超过 2 小时。

1.3　质量技术工作要点

1. **工程申报**

(1) 建设单位向规划部门申报建设项目，领取规划管理机关核发的"建设工程规划许可证"。

(2) 建设单位在申请开工前办理供水、供电、供热、供气、排水、园林、电信等手续。

(3) 建设单位向市或区、县建设委员会(以下简称建委)提出申请开工报告。经批准发给"建设工程施工许可证"或"装饰工程开工证"后，建设单位才能开工。经市建委批准开工的工程，建设单位和施工单位在开工前应到工程所在地的区、县建委登记。因故不能按期开工超过 6 个月的，建设单位重新办理开工报告的批准手续。

施工获得许可后，应向建设单位索取有关证明资料：工程地质报告、红线桩位图和基准高程桩位图。由公司工程技术(测量)部门约请建设单位、勘测部门及工程项目的测量人员进行现场交桩。

(4) 文物建筑修缮工程应报请文物管理机关批准，取得"文物建筑修缮工程许可证"。

文物保护范围内的仿古建筑和现代建筑工程，先报请文物管理机关批准，再报请规划管理机关批准。

(5) 开工前应持"建设工程施工许可证"、"施工企业安全资格审查认可证"，并且施工组织设计中有关安全的部分，报至安全主管部门，领取该项工程的"安全施工许可证"。

(6) 开工前 15 日内将施工组织设计、施工现场防火安全措施和消防保卫方案，报消防监督机关审批或备案。

(7) 当施工涉及绿化、环卫、环保、市政管线、交通、地下文物等问题时，建设单位应办理有关手续。

(8) 开工前一个月建设单位(修缮工程为房屋所有权人或承租使用人)到质量监督站办理工程质量监督注册手续。

(9) 现场预制混凝土必须向当地质量监督部门申报，经审批后方可施工。其中预应力吊车梁、屋面梁、屋架还须经质量监督总站核定。

(10) 文物建筑修缮工程施工中，凡改动修缮方案或增加修缮项目、数量时，应报请文物局获得批准后方可进行。

(11) 大直径灌注桩孔施工，应具备完整的工程地质资料，资料不全或不清楚的，严禁开工。桩孔施工应首先考虑机钻施工。如无法采用机钻时，应经建设单位同意，由施工单位向上级主管部门提出书面申请。经主管领导和专业总工程师审查后，认为确属特殊情况的，方可进行准备。

(12) 从事玻璃幕墙施工，必须经过市建委资质审查合格后方可进行。

(13) 从事防水工程施工，必须经过市建委资质审查合格后方可进行。

(14) 从事现场预应力张拉施工，必须经市质量监督总站审核批准。

(15) 采用人工挖、扩桩孔施工时，应在开工前一周到市建委施工管理处及区建委施工管理科申报、备案。

(16) 人工挖、扩孔(含机钻人扩)施工必须持有许可证(由市建委核发)。

(17) 深度达到和超过 5m 的深基础工程(包括土方开挖、基坑边坡稳固和基础构筑物施工)，应到市建委施工管理科申报、备案。

(18) 因工程特殊，作业时间需要延至 22 时以后的，应向工程所在地的区、县建委施工管理科申报。批准后应到区、县环保局备案后方可施工。

(19) 工程发生质量事故时，应向质量监督机构和上级主管部门报告。事故处理方案由设计部门出具或签认，并报质量监督部门审查签认。

(20) 发生伤亡事故时(死亡 1 人以上或重伤 3 人以上)，应在 24 小时内以书面形式向建委、劳动保护主管部门和公安局重大责任事故科报告。

2. 施工图的会审、设计交底、变更洽商及竣工图

(1) 施工合同签订后，技术负责人应立即组织有关人员审议图纸。对图纸的疑点、建议等做好记录。

(2) 参加建设单位(甲方)组织的设计交底会。应将会审中提出的问题及解决的办法详细记录，写成正式文件或会议纪要后经建设单位、监理单位、设计单位及施工单位签证。图纸上的改动、补图(或洽商)须当场取得设计人签字和甲方书面同意。因设计修改涉及造价调整时，应当场取得甲方书面同意。上述文件均应列入工程技术档案。

如建设单位和设计单位提出不进行设计交底，应取得正式的书面意见，并列入工程技术档案。

(3) 在设计交底后，应随之确定施工方法和技术措施。当涉及造价调整时，应及时通知预算人员。

(4) 施工过程中遇设计单位要求变更设计时，须在工程实施前进行洽商。设计变更洽商记录必须由设计单位、建设单位、监理单位、施工单位四方签字。

(5) 建设单位或监理单位要求改变作法时，施工单位应当征得设计单位同意。实施前应办理洽商记录。洽商应由设计单位、建设单位、监理单位、施工单位四方签字。

(6) 如发现施工图作法不符合施工规范要求时，应以书面形式同时向设计单位和监理单位提出。

(7) 施工过程中如因设计变更或其他原因，需要建设单位进行经济补偿的项目，应及时进行洽商。经济洽商必须由建设单位和施工单位双方签字。

(8) 分包工程的设计变更洽商记录，应通过总包单位后办理。

(9) 如受建设单位委托，工程竣工后应及时整理竣工图纸，无变更的施工图加盖竣工图章后可作为竣工图。变动不大者也可直接将修改内容改绘在蓝图上，但变更处应注明更改依据。

3. 施工组织设计、专项施工方案及质量计划

1) 施工组织设计

(1) 所有工程均应预先进行施工组织，编制施工组织设计。整个建设项目(或群体工程)应编制施工组织总设计。单位工程(或一个交工系统)应编制单位工程施工组织设计。难度

较大、技术复杂的分部、分项工程或新技术项目，可编制分部(或分项)工程施工组织设计(也称施工方案)。分包工程的施工组织，其文件形式一般称施工方案。

(2) 施工组织总设计应在开工前(标前设计应在投标之前)完成，并应能保证有充分的施工准备时间，由公司技术负责人主持，组织有关部室、项目经理部和施工队参加。由企业技术负责人审批。由公司技术管理部门负责汇编。

(3) 单位工程施工组织设计应在开工前(标前设计应在投标前)完成，并应能保证有充分的施工准备时间。由项目经理部技术负责人组织有关人员编制。由公司质量、技术、安全、生产、消防、保卫等部门共同审查(会审)并报企业技术负责人审批。

(4) 施工组织设计及施工方案经企业审批后，应向监理单位报审。应注意这两次报审不得合二为一。标前设计只需经企业内部审批。

(5) 施工组织设计及施工方案的更改应经重新审批和报审。

(6) 用于投标的施工组织设计，即"标前设计"，可由企业经营管理层编制。内容上也可少写作业性的内容，而以规化性内容为主。

(7) 施工组织设计应涉及的主要内容：工程概况；施工部署；施工准备；主要项目的施工方法；劳动组织(劳动力安排)；施工工具、机械、设备计划；施工进度计划；施工现场平面布置；技术质量措施(质量保证体系和措施)；安全技术措施；消防保卫措施；环保与文明施工措施；技术节约措施；专项工程施工方案，如季节施工、土方工程、暖卫施工、电气施工、大型脚手架等。

2) 专项施工方案

(1) 在下列情况下应编写专项施工方案：专业分包工程，如防水工程、桩基工程、幕墙工程等；专业性较强或难度较大的项目，如钢结构工程、预应力混凝土、电梯安装、仿古屋面施工等；易发生安全事故的项目，如大型土方(深基础)开挖、大型(异型)脚手架、人工挖(扩)孔桩、拆除工程等；工作环境特殊时，如冬(雨)季施工等。

(2) 专项施工方案可与施工组织设计合册编写。但在下列情况下应单独编写：建设(监理)单位要求时；工程分包时；认为有必要时。

(3) 单独编写的专项施工方案由施工队技术负责人编制，由项目部技术负责人审批。必要时也可由上一级技术负责人审核。

(4) 分包工程的施工方案应由该企业的技术负责人审批后，再由总包单位技术部门审核，并经技术负责人审批。施工单位的审批程序完成后，应向监理单位报审。

3) 质量计划

(1) 每个工程项目在开工前都应编写质量计划(未通过质量管理体系认证除外)。

(2) 可以用施工组织设计代替质量计划，但应包含质量计划所要求的内容。如建设或监理单位有要求时，质量计划应单独编写。

(3) 质量计划的编制、审批程序应符合本企业质量管理体系程序文件的规定。

4. 季节性施工技术文件

(1) 可能影响正常施工的特殊季候主要有冬季(期)、雨季(期)、大风季节(天气)和高温季节(天气)等。对于大多数企业来说，质量技术工作的重点应针对冬季(期)和雨季(期)施工。

(2) 企业技术主管部门应参照国家现行相关规范编制符合本企业情况的冬期施工技术方案和雨期施工技术方案。

(3) 每年雨期来临前，技术部门应分级编写当年的雨期施工技术措施。

(4) 每年冬期来临前，技术部门应分级编写当年的冬期施工技术措施。

(5) 冬、雨期施工技术措施应在冬、雨期来临前报至上一级技术部门。确定发文日期时应考虑编制下一层文件所需的时间。

(6) 企业的冬、雨期施工技术措施应经企业技术负责人审批。项目部的冬、雨期施工技术措施应经企业技术部门审批。

(7) 各级技术部门应及时检查冬、雨期施工技术措施工作的准备落实情况及贯彻执行情况。

(8) 针对大风天气和高温天气等特殊气候条件制定的技术措施，如需单独编制时，可按上述各项要求进行。

(9) 可能涉及季节性施工内容的其他技术文件主要有：施工组织设计、专项施工方案技术交底、项目质量计划等。

5. 技术交底与其他工程技术文件

1) 技术交底

(1) 开工前必须进行技术交底。交底的项目包括：施工组织设计交底；专项施工方案技术交底；分项工程施工技术交底；"四新"(新材料、新产品、新技术、新工艺)技术交底；设计变更、工程洽商技术交底。

(2) 技术交底应有文字记录，并应经双方签认。

(3) 重点和大型工程施工组织设计交底由企业技术负责人负责。一般的施工组织设计交底由该项目的技术负责人负责。施工组织设计交底的内容也可写在施工组织设计的内部审批意见中。在这种情况下，可不另行做专门的施工组织设计交底。

(4) 专项施工方案技术交底由该项目的专业技术负责人负责。

(5) 分项工程施工技术交底由专业工长负责。

(6) "四新"技术交底由该项目的技术负责人组织有关专业人员负责。

(7) 设计变更、工程洽商技术交底由项目技术部门负责。

2) 其他工程技术文件

(1) 施工深化设计。

当设计施工图已满足设计规范或设计行业标准要求，而施工图的详尽程度又不能满足实际施工需要时，往往要由施工单位技术部门按照设计意图进行细化设计，如预制钢筋混凝土屋面板的排版图，梁、柱节点的钢筋摆放设计，石材地面花饰拼接及尺寸详图，木人字屋架的大样图，外墙饰面砖排砖图，古建梁枋彩画实样图等。

(2) 质量问题处理方案。

质量问题处理方案主要是指针对施工中发生的一般性质量问题而制定的处理方案。如果是质量事故处理方案，应由设计单位出具。

6. 材料检验与施工试验

1) 材料检验

(1) 材料进场应按有关规定检查外观、合格证、性能检测报告，新产品要有质量证明文件、使用认证书等。确认合格后还必须对有些材料(如钢筋、水泥、防水材料等)进行复试，合格方可使用。

需进场检查的材料通常包括：水泥、钢筋、铝合金、钢材及连接件、焊条、砂石、砖瓦及砌块、木结构用材、预制构件、商品混凝土、外加剂、防水材料、掺合料、保温材料、门窗、轻质隔墙材料、装饰用木材、饰面板(砖)、涂饰及裱糊、软包材料、幕墙使用的材料、防火涂料及材料、沥青、卷材、电器设备和材料、给排水及采暖设备和材料、通风与空调材料、产品和设备、电梯设备、零件及随机文件等。

(2) 下列材料的生产厂家必须是在《建材备案管理手册》中登录的厂家，否则不能选用。这些材料主要有：钢筋及钢构件，水泥，砌块，用于结构工程的外加剂，防水材料，水嘴、阀门、水箱配件等用水器具，门窗(包括彩板钢门窗、铝合金门窗、复合型材料门窗)，铝合金幕墙及玻璃幕墙材料，外墙涂料等。

(3) 下列情况应对材料中的放射性元素或有害物质的浓度进行测定：当民用建筑处于地质断裂带时，应检测土壤中氡浓度；Ⅰ类民用建筑(住宅、医院、老年建筑、幼儿园、学校教室等)采用异地土作为回填土时，应检测土壤中镭—226、钍—232、钾—40 的含量；民用建筑室内装修工程中采用人造木板时，应检测甲醛含量；民用建筑室内装修工程采用水性涂料、胶粘剂、处理剂时，应检测总挥发性有机化合物和游离甲醛含量，溶剂型涂料、胶粘剂还应检测苯、游离甲苯二异氰酸酯的含量；民用建筑室内工程中采用天然花岗石时，应检测其放射性。

(4) 凡用于基础、地下室等潮湿环境，直接与水接触，外部有供碱环境并处于潮湿环境的混凝土工程应符合下述规定：结构用水泥、砂石、外加剂、掺合料等混凝土所用材料，以及商品混凝土或混凝土制品，必须具有法定检测单位出具的碱含量和碱活性矿物成分的检测报告。

(5) 部分材料经进场检查后，还应按有关规定进行材料试验(复试)。由经认证的试验室出具合格证明后，材料方能使用。

(6) 下列材料的复试，须进行"见证取样检测"：用于结构工程中的砖和砌块，用于拌制混凝土和砌筑砂浆的水泥，用于结构工程中的主要受力钢筋，钢结构用钢材，和焊接材料，高强度螺栓，混凝土外加剂中的早强剂和防冻剂，防水材料，民用建筑工程室内饰面采用的天然花岗石材、人造木板和饰面人造木板。见证取样即在建设单位或监理单位持证人员的见证下，由施工人员从现场取样，送至试验室。但选定的试验室不得隶属于本企业，且应为1级试验室。

(7) 涉及结构安全和使用功能的材料需代换，且改变了设计要求时，应有设计单位签署的认可文件。

(8) 涉及安全、卫生、环保的物资(如压力容器、消防设备、生活供水设备、卫生洁具等)应有法定检测单位出具的检测报告。

(9) 新材料、新产品应有鉴定证书、产品质量标准、试验要求、安装说明、工艺标准等相关技术文件。

(10) 进口材料和设备应有商检证明(国家认证委员会公布的强制性认证(CCC)产品除外)及中文版的质量证明文件、性能检测报告、安装要求等相关技术文件。

(11) 被列入国家强制性产品认证的产品目录中的电气产品，必须经过国家认证认可监督管理委员会的认证，获"中国强制性认证(CCC)"标志，方能使用。

(12) 钢筋、预拌混凝土(商品混凝土)和预制构件(钢筋混凝土构件、钢构件、木构件等)的物资资料实行分级管理。供应单位或加工单位负责收集、整理和保存所供物资、原材料的质量证明文件，施工单位只收集、整理和保存供货单位提供的质量证明文件和进场后的试(检)验报告。

2) 施工试验

(1) 单位工程施工前，应编制施工试验计划，报送监理单位。

(2) 施工中必须对下列项目进行施工试验。

① 土建安装工程包括：各种地基及工程桩的承载力，回填土(指回填土、灰土、砂及砂石)，混凝土配合比及强度，砌筑砂浆配合比及强度，混凝土施工，钢筋连接、电焊接桩、钢结构施工，木结构施工，桩基施工，支护工程，现场预应力混凝土，混凝土抗渗试验，外墙饰面砖粘结强度，幕墙，建筑外窗，防水工程试水检查，地下工程锚喷支护、锚杆抗拔试验。

在分部(子分部)工程验收前，应对承重结构进行"结构实体复试"(混凝土强度和钢筋保护层厚度两项)，其中混凝土强度的实体检验可采用在浇筑地点制备并与结构实体同条件养护的方法。

下列项目须进行"见证取样检测"：用于承重结构的混凝土试块，用于承重墙体的砌筑砂浆试块，主要受力钢筋的钢筋焊接，结构实体复试混凝土试块，后张法施工的预应力张拉施工记录，网架节点(承载力)。

② 电气安装工程包括：接地电阻测试，绝缘电阻测试，电气器具通电安全检查，电气设备空载试运行，照明通电试运行，大型灯具承载试验(设计要求时)，高压部分试验；漏电开关模拟试验，电度表检定，大容量电气线路结点测温，避雷带支架拉力测试等。

③ 给、排水及采暖工程包括：强度试验，严密性试验，灌水试验，吹洗试验，通水、通球试验，消火栓试射，安全附件安装检查记录，安全阀、水位计、减压阀等的调试，补偿器安装预拉伸，锅炉烘、煮炉，设备试运转(最后两项应请当地压力容器检验管理部门参加并签署意见)。

④ 通风与空调安装工程包括：制冷及冷水系统管道强度试验，严密性试验，工作性能试验，各房间室内风量、温度测量，管网风量平衡测试，通风系统试运行记录，设备单机试运转记录，现场组装除尘器、空调机漏风检测记录，风管漏风检测记录，伸缩器安装记录，管道吹(冲)洗试验(用于冷库工程)，各个系统的试运转、调试或测试记录。

⑤ 电梯安装工程包括：电气接地电阻测试，电气绝缘电阻测试，电梯电气安全装置检查试验，电梯主要功能检查试验，电梯整机功能检验，电梯层门安全装置检查试验，电梯负荷运行试验，轿厢平层准确度测量，电梯噪声测试，自动扶梯、自动人行道运行试验，自动扶梯、自动人行道安全装置检验。

⑥ 智能建筑工程包括：综合布线测试，光纤损耗测试，视频系统末端测试，系统功能测试，系统运行试验，系统电源及接地测试，国家规范规定的其他项目。

⑦ 施工单位应协助建设(监理)单位进行工程竣工节能、保温检测。检测应由有相应资质的检测单位进行。

(3) 施工试验必须记录。试验报告必须有明确的结论。如不合格时必须及时上报有关部门进行处理。原试验报告上应注明如何处理，并附处理后的合格证明，一并归档保存。

7. 施工测量工作与施工记录工作

(1) 施工过程中应进行以下测量工作。

① 完成施工测量方案，红线桩校核成果、水准点引测成果及施工中的各种测量记录。

② 依据测绘部门提供的放线成果、红线桩及场地控制网(或建筑物控制网)，测定建筑物位置、主控轴线及尺寸、建筑物±0.000 绝对高程。

③ 工程定位测量完成后，协助建设单位报请测绘部门验线。

④ 基槽验线。检验建筑物基底外轮廓、垫层标高、基槽断面尺寸等。

⑤ 楼层平面放线，如轴线竖向投测控制线、各层墙柱轴线和边线、门窗洞口位置线垂直度偏差等。

⑥ 楼层标高抄测，如楼层 50cm 水平控制线、皮数杆标高位置等。

⑦ 建筑物垂直度、标高测量。在结构工程完成和工程竣工时进行。

⑧ 如设计要求或规范规定需进行沉降观测时，建设单位委托测量单位对建筑物进行沉降观测。

(2) 对工程的重要(或特殊)部位的施工情况必须进行记录。项目通常包括：地基验槽；地基处理；地基钎探；桩基施工；基坑支护变形监测；承重结构及防水混凝土，每种配合比在首次使用时的开盘鉴定；混凝土浇灌申请；砂石含水率、坍落度测试、浇灌记录；拆模申请；预拌混凝土运输；结构吊装(制作)；现场生产预制混凝土构件。预应力筋拉张施工；有粘结预应力结构灌浆；焊接材料烘焙；地下工程防水效果；烟(风)道、垃圾道检查；质量事故处理；防水工程试水检查；冬期施工混凝土测温；大体积混凝土施工测温及裂缝检查；电梯施工；钢结构施工；网架(索膜)施工；木结构施工；幕墙施工；特殊要求的项目(如节能、保温、隔音、防火、耐火等)；暖卫的外管线测量。

(3) 部分施工记录项目涉及的部门及程序。

① 地基验槽应请勘察、设计单位和质量监督部门参加。

② 地基处理方案由设计、勘察部门提出，施工单位记录，设计、勘察人员签认，交质量监督部门核查。

③ 地基处理检查记录要请建设单位签认。

④ 钢筋混凝土预制桩试桩(或试验)时，应请建设和设计单位参加。对于他们提出的技术、质量意见要求应有记录，并应取得他们的签认。同时应请质量监督部门核查。

⑤ 设计有要求的钢结构工程试验应有试验记录，试验时邀请设计单位参加并取得签认。

⑥ 现场预制混凝土必须向当地质量监督部门申报。其中预应力吊车梁、屋面梁、屋架还应经质量监督总站核定。报审表留做资料存档。

⑦ 质量事故处理方案应由设计单位出具或签认，并报质量监督部门审查签认后实施。对事故的处理实施记录要有建设单位的签认。

⑧ 特殊要求的项目应邀请建设单位和设计单位参加，并取得签认。

⑨ 上述项目中凡因建设单位和设计人原因不能签认的，应请其出具证明或做好记录。

(4) 日常施工应每日编写施工日志。

(5) 施工现场应建立台账，对需要检查、试验或记录的工程项目先列出清单。随进度逐项实施并随之"销账"。通常建立的台账有：分项工程质量台账，材料试验台账，施工试验台账，施工记录台账，预、隐检台账等。

(6) 争创市优质工程的项目，应录制关于工程主要部位施工质量的音像资料(播放时间不超过 10min，申报鲁班奖的时间不超 5min)。

8. 检查与验收

1) 工程检查

(1) 工程检查的主要内容应包括：施工现场质量管理、工程实物质量、施工现场管理、施工现场环境保护。

(2) 工程检查由各级质量检查、技术等部门负责。

(3) 各级质量检查人员应随身携带有关标准、规范和必要的检查工具和仪器。检查工作应以有关标准、规范为依据，以工具和仪器为手段，用数据说话。检查数量及方法等应按照有关技术标准所规定的内容进行。杜绝只定性不定量及眼观式、巡视性的检查方法。

(4) 质量、现场管理、环保的日常检查应随工程进展情况持续进行。遇季节变化、节假日或工程处于特殊环境、特殊时期，应随之增加针对性的检查。

(5) 联合检查。

联合检查的形式有：质量、安全、保卫等业务部门联合对工程的检查；同级行政单位之间的检查；上、下级业务部门联合对工程的检查；单位工程(或项目工程)之间的检查。

分公司(工区)一级的联检每季度不少于 1 次。由分公司牵头。企业一级的联检每半年不少于 1 次。由企业质量、技术部门牵头。

(6) 遇有重大事件、质量事故、冬期施工等，应进行专项联检。

(7) 工程检查部门具有工程否决权。主要包括：判定不合格权、决定返修权、停工权、罚款权、扣发工资处决权。

(8) 工程检查的结果必须记录备存。形式主要包括：施工检查记录、返修通知单、停工通知单、罚款通知单等。

2) 施工预检

(1) 施工中在下道工序开始前，必须预先进行一些必要的尺寸复核检查。施工中的预检由施工队进行。必要时请上级技术部门核验。

(2) 预检的项目通常包括：混凝土浇筑前的模板预检，屋架、模板等的放样复检，预制构件吊装预检，设备基础精确度复检，混凝土施工缝留置方法、接槎处理的预检，管道预留孔洞检查。

电气安装工程预检项目主要包括：明配管、明装线槽；变配电装置的位置、标高、规格；高、低压供电进出口方向，电缆沟位置、标高；明装等电位连接；屋顶明装避雷带；开关、插座、灯具的位置等。

给排水及采暖工程的预检项目主要包括：管道和设备的位置、规格、标高，预埋套管。

通风与空调安装工程的预检项目通常包括：管道、风机等设备的安装位置。

电梯安装工程的预检项目通常包括：绳洞位置、轨道位置、设备位置等。

(3) 预检必须记录。

3) 施工隐检

(1) 施工中必须对隐蔽工程在隐蔽前进行检查。施工中的隐检由施工队先期进行(必要时请上级技术部门参加)，进而与监理(建设)单位共同进行。其中基础和主体结构钢筋(验筋)应请设计单位和质量监督部门参加。

(2) 隐检的项目通常包括：土方工程，土方支护，桩基工程，基础和主体结构钢筋，预应力结构，现场结构焊接，钢结构地脚螺栓，屋面、厕浴间及地下防水层的各层做法，施工缝、变形缝、外墙板等交接处的细部做法，外墙保温构造节点做法，地面各基层，幕墙工程，装修工程的埋件、连接节点、防火防腐处理等。

电气安装工程的隐检项目主要包括：暗配管路，利用结构钢筋做避雷引下线、暗敷避雷引下线及屋面暗设接闪器等，接地体的埋设与接地带连接处的焊接，不能进人的吊顶内的管路，等电位及均压环暗埋，金属门窗、幕墙与避雷引下线的连接，直埋或不能进人的沟内电缆等。

给排水及采暖工程的隐检项目主要包括：直埋于地下或结构中，暗敷于沟道、管井中、吊顶内，不能进人的设备层内，以及有绝热、防腐要求的管道及设备。

通风与空调安装工程的隐检项目主要包括：敷设于暗井道、不能进人的吊顶内或被其他物体掩盖的空气洁净系统、制冷管道系统及重要的部件等；有绝热、防腐要求的管路及设备。

电梯安装工程的隐检项目主要包括：承重梁、起重吊环埋设，地极制作与安装，井道内导轨、支架、螺栓埋设，暗配管线，绳头巴氏合金浇注等。

智能建筑工程的隐检项目主要包括：埋在结构内的线管，不能进人吊顶内的线管、线槽，直埋电缆，不能进人的电缆沟内的电缆。

(3) 工程隐检必须记录，并应经建设(监理)单位签字，其中地基验槽应经勘察、设计单位签字，基础与主体结构验筋应经设计单位签字。

4) 施工质量抽样检测

(1) 对于涉及结构安全和使用功能的重要分部工程(或项目)，在正常的检查验收合格后，还要进行抽样检测。

(2) 抽样检测在分部(子分部)和单位(子单位)工程质量验收时进行。

(3) 涉及结构安全的项目主要有：基础、主体结构的主要受力构件，如承重砌体、混凝土承重构件(梁、板、柱、墙)，沉降观测等。

(4) 涉及使用功能的项目有防水，避雷，排水干管通球试验，电气接地，电气系统试运行，空调、通风系统试运行，电梯运行记录等。

5) 工程验收

(1) 工程施工质量的验收按以下 4~6 个层次进行：检验批、分项工程、子分部工程(没有时不划分)、分部工程、子单位工程(没有时不划分)、单位工程。检验批可按楼层、施工段、变形缝、系统或设备组别等划分。分项工程由若干个检验批组成。

(2) 分项和分部工程完工后，应向监理单位报验。

(3) 分项工程检验批完成后，项目专业质检员等人员参加由监理工程师或建设单位项目专业技术负责人组织的质量验收。

(4) 分项工程完成后，项目专业技术负责人等人员参加由监理工程师或建设单位项目专业技术负责人组织的质量验收。

(5) 分部(子分部)工程完成后，项目经理等人员参加由总监理工程师或建设单位项目专业技术负责人组织的，并有勘察、设计单位参加的质量验收。

地基与基础分部、主体结构分部的质量验收，企业技术、质量部门也应参加。验收后报建设工程质量监督机构。

(6) 单位(子单位)工程完工后，施工单位应先自行组织有关人员进行检查，合格后报请监理单位进行工程预验收。单位(子单位)工程完工后，应向建设单位提交工程验收(竣工)报告。参加建设单位(项目)负责人组织的，并有设计、监理及施工分包等单位工程(项目)负责人参加的(子单位)工程验收。验收后报建设工程质量监督机构。

(7) 有分包工程时，分包单位负责对分包的工程项目进行检查。但总包单位应派人参加。分包工程完成后，将工程有关资料交总包单位。

(8) 有人防地下室的工程，基础分部还需报请人防部门参加。

(9) 电梯工程的验收应报电梯工程质量监督部门。

(10) 有环保要求的工程，如医院、药厂、噪声、水质及成片小区环境评价等，应报环保部门验收。

(11) 有医用专业要求的工程，如医用氧气管道等，应报卫生管理部门验收。

(12) 有消防设施的工程应经消防管理部门的验收。

(13) 锅炉安装、电梯安装、安全性能应经技术监督局的验收认可。

(14) 节能住宅工程竣工后应由施工单位填写《建筑节能措施验收单》。

(15) 幕墙工程完成后应由幕墙施工单位报请建设(监理)、设计和总承包单位进行验收。

(16) 工程竣工时，应编制竣工档案(包括基建文件材料和竣工图纸材料)，经建设单位验收后，报送市城市建设档案馆(以下简称城建档案馆)。国家和市重点工程、大型工程项目的竣工档案验收，应邀请城建档案馆参加。市重点工程，要有市档案局参加。

(17) 单位工程质量验收合格后，施工单位可协助建设单位，到建设行政主管部门备案机关办理竣工验收备案手续。

(18) 文物建筑修缮工程，企业内部验收合格后，协助建设单位通知文物管理部门，由其组织竣工验收。验收合格后，协助建设单位到文物建筑工程质量监督站备案管理部门办理竣工备案手续。

9. 科技、培训教育、计量和试验工作

(1) 技术部门是企业科技、培训教育、计量和试验工作的主管部门。其中计量器具可由设备部门同时管理。培训教育工作可由人力资源(劳动人事)部门同时负责。

(2) 科技工作主要包括以下内容。

① 对成熟的工艺技术进行总结，制定企业内部规程、规范等技术标准。

② 对新材料、新工艺、新技术的研究开发。

③ 对原有工艺、原有技术的革新、改造。

④ 对研发项目或技革(技改)项目的鉴定和推广。

⑤ 对国内外新材料、新产品、新工艺、新技术的引进和推广。

⑥ 对国内外科技新知识、新标准、新动态等新信息的收集、检索、识别和传达。

⑦ 组织科技信息交流活动。

⑧ 组织人员对技术质量问题和施工难点进行技术攻关。

⑨ 总结和上报科技成果，组织企业科技奖项的评定。

⑩ 负责技术人员的工作考核、奖惩、职称评定等人员管理工作。

⑪ 制订科技工作计划。

(3) 培训教育工作主要包括以下内容。

① 企业职业教育学校的建立和管理。

② 施工管理人员、操作人员的职业技能培训和岗前培训。

③ 工程技术人员的再教育。

④ 制订教育培训工作计划。

⑤ 技能培训、岗前培训及再教育的对象、内容和方式如下。

培训及再教育的对象：工程技术类有职称人员、项目经理、各级技术负责人、工长、质检员、试验员、材料员、资料员、计量员、安全员、技术工人(包括特种作业人员)及质量、技术、安全岗位人员。

培训内容：施工技术，施工质量，施工安全，施工组织管理，法律、法规及规范性文件等。

培训方式：送出外培、引入或联办、自办。

(4) 计量工作主要包括以下内容。

计量人员管理；计量器具的购置和分类登记入账工作；计量基础工作，即对台账卡片、合格证书、检定证书、报表、检测数据等原始数据的管理工作；与生产工艺过程控制有关的计量工作与管理；与产品质量检测有关的计量工作与管理；计量器具的分类检定工作与管理；计量器具流转管理；计量器具的维护保养和使用、维护保养管理；对计量器具的封存和报废，以及封存、报废管理；对计量器具的标识和标识管理；制订年度计量工作计划。

(5) 试验工作主要包括以下内容。

① 建立试验室(小型企业可不设立)。施工现场可设立临时试验室(站)。构件厂必须设试验室。施工现场设试验员(工)。

② 负责送试和试验工作。

③ 填写试验报告，试验资料的管理。

④ 负责试验数据的统计及分析。

(6) 试验项目。

① 按规定对水泥、钢筋、砂石、砖、外加剂、防水材料等原材料进行试验(复试)。

② 按规定对混凝土、砌筑砂浆配合比试配、回填土、钢筋焊接、混凝土试压等现场施工试验项目进行试验。

③ 按规定对混凝土坍落度、开盘鉴定、砂石含水率测试、混凝土测温等施工记录的项目进行检测。

(7) 编写工程项目试验计划。

10. 质量技术文件的移交、利用与管理

(1) 技术档案通常包括如下几类。

① 需要移交给建设单位、监理单位、城建档案馆、建设行政主管部门备案机关的施工资料(应存底)。

② 不需要移交的施工资料。

③ 工程设计图纸、文件。

④ 人民代表大会常务委员会(以下简称人大常委会)、国务院、建设部、地方建委、行业领导部门颁发的法律、法令、法规及规定、条例、规范、标准等规范性文件。

⑤ 企业、行政主管部门颁发的规章制度、管理办法、通知、规定等。

⑥ 业务知识书刊和参考资料。

⑦ 其他:如有关培训、考评、晋升、奖惩、证书、音像资料、实物材料、宣传材料、技术改革科研成果、工程管理人员情况等。

(2) 各专业机构均应建立各自的专业档案。档案部门应建立技术档案系统,各专业机构应定期整理档案资料,及时上交。上交前应尽量复制留底。

(3) 技术档案的分类、检索应科学、规范,制度应健全。档案的保存应有一定的方法,应便于长期保存。

(4) 需要移交给建设单位的施工资料,应在竣工验收后及时移交。移交时应办理移交手续,并由双方单位负责人签字盖章。

(5) 各级技术机构都要设置可供查询使用的技术资料书柜(标准、规范、工艺、图集等)。书柜须有专人负责,并应定期整理补充。

(6) 各级技术机构在接到新规范、新文件、新资料、新信息后,应及时宣贯。并应定期将有关新规定整理汇编,发布下达。

(7) 各级技术负责人每年应组织人员,对企业内部的技术规范、管理规定等进行一次修订和整理。废止的规范、规定等可移交档案部门。本年度颁发的文件应进行汇编。上述各种调整均须发文说明。

(8) 除按有关规定必须编制的施工资料以外,质量、技术管理范围的日常工作,与质量、技术、文明施工有关的活动、事件、对外交涉等,也均应以书面形式表述、记载。必要时,应能表明事情的起始、过程和结果。诸如请示、审批、交代、交出(或接到)等事项或环节应清楚、详备。

(9) 文书应规范化,词义表达应明确、正确,应具有法律意义上的严谨性。

1.4 质量事故分析

质量事故分析的目的是吸取教训,减少损失。

1. 分析的作用

工程质量事故一旦发生,或影响结构安全,或影响功能使用,或两者都受到影响。

重视质量事故分析，预防在先，在施工全过程中尤为重要。质量事故分析的主要作用如下。

1) 防止事故进一步恶化

建筑工程出现质量事故或质量缺陷后，为了弄清原因、界定责任、实施处理方案，施工单位必须停止有质量问题的部位和与其有关联的部位及下道工序的作业，这样就从"过程"中防止事故恶化的可能性。例如，在施工过程中发现现浇混凝土结构强度达不到设计的要求，不能进入下道工序，采取补救和安全措施的本身，遏制了事故恶化。

事故得到了处理，排除了质量隐患，又为下道工序正常施工创造了条件。

2) 创造正常的施工条件

例如，发现预埋件等偏位较大，影响了后续工程的施工，必须及时分析与处理后，方可继续施工，以保证结构安全。

3) 排除隐患

例如，砌体工程中，砂浆强度不足、砂浆饱满度很差、组砌方法不当等都将降低砌体的承重能力，给结构留下隐患，发现这些问题后，应从设计、施工等方面进行周密的分析和必要的计算，并采取适当的措施，及时排除这些隐患。

4) 总结经验教训，预防事故再次发生

例如，承重砖柱毁坏、悬挑结构倒塌等类事故，在许多地区连年不断，因此应及时总结经验教训，进行质量教育，或做适当交流，将有助于杜绝这类事故的发生。

5) 减少损失

对质量事故进行及时的分析，可以防止事故恶化，及时地创造正常的施工条件，并排除隐患，从而取得明显的经济与社会效益。此外，正确分析事故，找到发生事故的原因，可为合理地处理事故提供依据，达到尽量减少事故损失的目的。

6) 有利于工程交工验收

施工中发生的质量问题，若能正确分析其原因和危害，找出正确的解决方法，使有关各方认识一致，可避免到交工验收时发生不必要的争议，而延误工程的验收和使用。

7) 为制定和修改标准规范提供依据

例如，通过对砖墙裂缝的分析，可为制定变形缝的设置和防止墙体的开裂方面的标准规范提供依据。工程质量事故分析的过程，是总结经验、提高判断能力、增长专业才干、提高工程质量的过程。

2. 分析的依据

质量事故的分析必须依据客观存在的事实，尤其需要与特定工程项目密切相关的具有特定性质的依据。质量事故分析的主要依据如下。

1) 质量事故周密详实的报告

报告的主要内容：事故发生的时间、部位，事故的类型、分布状态、波及的范围，严重程度或缺陷程度，事故的动态变化及观察记录等。

2) 与施工有关的技术文件、档案和资料

与施工有关的技术文件、档案和资料应主要包括：有关的施工图、设计说明及其他设计文件；施工组织设计或施工方案；施工日志记载的施工时环境状况，施工现场质量管理和质量控制情况，施工方法、工艺及操作过程；有关建筑材料和现场配置材料的质量证明材料和检验报告等。

3) 建筑施工方面的法规和合同文件

建筑施工方面的法规是具有权威性、约束性、通用性的依据。合同文件是与工程相关的具有特定性质和特定指向的法律依据。

3. 分析的方法、过程、性质和基本原则

施工阶段是业主及工程设计意图最终实现并形成工程实物的阶段。物质形态的转换在施工过程中完成，无不受4M1E(即人、材料、机械设备、方法和环境)的影响。

人，主要指管理者、操作者素质；材料，主要指原材料、半成品、构配件质量，建筑设备、器材的质量；机械设备，主要指生产设备、施工机械设备质量；方法，主要指施工组织设计或施工方案、工艺技术等；环境，主要指现场施工环境(施工场地、空间、交通、照明、水、电等)、自然环境(地质、水文、气象等)、工程技术环境(图纸资料、技术交底、图纸会审等)、项目管理环境(质量体系、质量组织、质量保证活动等)。

由4M1E所包含的因子，可以加深理解影响施工质量的方方面面的因素。

掌握质量事故分析的方法，首先要把握分析的对象，做到有所选择，有所侧重。

1) 分析的方法

(1) 深入调查。充分了解和掌握事故或缺陷的现象和特征。例如，某大旅店为框架结构，7层，钢筋混凝土独立柱基础，柱网3.8m×7m。该工程主体封顶后，发现地梁严重开裂。现场调查，测得不均匀沉陷，柱子最大沉降为41cm；大部分楼层梁、柱、墙出现裂缝(最大裂缝宽度30mm)；在现场旁1.8m的地方取土测定，其天然含水量为65%～75%，桩基底压力与地基允许承载力相差近4倍。调查研究提供的资料表明，结构设计严重错误，必然倒塌。

(2) 收集资料。一切与施工特定阶段有紧密关联的各种数据，都要全面准确地进行收集，然后分类比较。例如，对某住宅工程房间地面起砂进行了调查统计，收集资料如下。

调查的房间数：100间，其中有50间是因砂粒径过细引起地面起砂；有25间是因砂含泥量过大引起地面起砂；其他35间是分别由养护不良、砂浆配合比不当、水泥强度等级过低或兼有上述原因等原因引起的。通过对这些数据的采集比较，就容易分析出地面起砂的主要原因是砂粒径过细，次要原因是砂含泥量超过允许范围。

(3) 数理统计。质量事故分析应遵循"一切用数据证明"的原则。数据就是质量信息。对数据进行统计分析，找出其中的规律，发现质量存在的问题，就可以进一步分析原因。对质量波动及变异，及时采取相应的对策。

2) 分析过程、性质和基本原则

建筑结构质量事故发生后必须认真地进行分析，找出产生事故的真正原因，吸取经验教训，提出今后的防治措施，杜绝类似事故再次发生。

质量事故分析全过程大体要经历以下几个基本阶段。

(1) 观察、记录事故现场的全部实况。

① 保持现场原状，留下实况照片，尽力找出事故发生的原因。

② 针对可能是发生事故的地段，对倒塌后的构件残骸进行描述、测绘、取样；其他地段也应做相应描述、取样，以示对比。

③ 对现场地基土层或岩层进行补充钻探或用其他办法进行补充勘察，了解实际基础持力层和下卧层及地下水情况。

④ 开挖了解实际的基础做法。

⑤ 量测原建筑物的有关实际资料(如房屋主要尺寸，各种结构构件的位置、尺寸、构造做法、存在缺陷等)。

⑥ 对现场结构所用材料(混凝土、钢筋、钢材、焊缝和焊接点试件、砌体的块材和砂浆等)进行取样。

⑦ 向施工现场的管理人员、质量监督人员、工人、设计代表、抢救指挥人员和幸存者进行详尽的询问和访谈。

⑧ 对施工时提供建筑材料、建筑构配件的厂家进行实地调查，取样检测。

⑨ 其他。

(2) 收集、调查与事故有关的全部设计和施工文件。

① 各种报建文件、招标发包文件和委托监理文件。

② 建设单位的委托设计任务书，要求更改设计的文件。

③ 设计、勘察单位的勘察报告，全部设计图纸，设计说明书，结构计算书，以及作为设计、勘察依据的本地区专门规定。

④ 施工记录、质量文件(质量计划、手册、记录)、隐蔽工程验收文件、设计变更文件等。

⑤ 材料合格证明、混凝土试块记录和试验报告、桩基试桩或检测报告等。

⑥ 经监理工程师签字的质量合格证明。

⑦ 竣工验收报告等。

(3) 找出可能产生事故的所有因素：设计方案、结构计算、构造做法；材料、半成品构配件的质量；施工技术方案、施工中各工种的实施质量；地质条件、气候条件；建设单位在设计或施工过程中的不合理干预、不正常的使用、使用环境的改变等。

(4) 从上述全部因素中分析导致原发破坏的主导因素，以及引起连锁破坏的其他原因——这里指的是初步分析判断它对下一步工作会产生的影响。最后要等待下一步工作做完后才能确定。

(5) 通过现场取样的实际检测、理论分析或结构构件的模拟试验对破坏现象、倒塌原因加以论证。理论分析指根据设计和实际荷载，实际支承和约束条件，实际跨度、高度和截面尺寸，实际材料强度，用结构力学的方法进行分析；或者根据实用材料、实用配合比、实际介质环境用化学的方法进行分析。模拟试验宜采用足尺模型或缩尺比例不太小的模型；可以做构件模型，也可以做节点模型；可以做原材料模型，也可做其他材料(如光弹性材料)的模型。

(6) 解释发生质量事故的全过程(要听取设计、施工、建设单位的分析报告，以此作为参考)。

(7) 提出质量事故的分析结论和应该吸取的教训，对事故责任进行仲裁。

上述几个基本阶段可用框图表示，如图 1.5 所示。

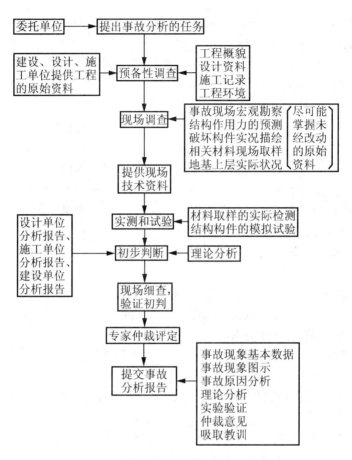

图 1.5　破坏或倒塌事故分析过程框图

由此可见，质量事故分析具有对事故进行判别、诊断和仲裁的性质，它与一般认识事物有所不同。如果说，"认识"指人脑对一些明确的事物所属客观属性和联系的反映，它体现的是具体事物的规律和尺寸，是客观性的认识过程和结果，那么，"事故分析"则是对一堆模糊不清的事物和现象所属客观属性和联系的反映。它的准确性和参与分析者的学识、经验和认真态度有极大关系，它的结果不单是简单的信息描述，而且必须包括分析者所做的应吸取教训和怎样防治的推论，因此，"事故分析"是一种主体性的认识过程和结果。

一项高质量的质量事故分析必然要遵循以下 6 点基本原则。

(1) 信息的客观性：指正确的分析来自大量的客观信息，这些信息包括上述基本阶段(1)、(2)的内容。设计图纸、施工记录、现场实况、责任单位分析报告是信息来源的重要组成部分。收集信息时必须持客观态度，切忌有主观猜测和推断的成分。

(2) 原因的综合性：指准确的分析来自多种因素的综合判断，这些因素包括上述基本阶段(3)、(4)的内容。综合分析时必须用辩证思维，对具体事物做具体分析，把握全部因素，找出占主导地位的现象，看到事物主要矛盾可能的转化。

(3) 方法的科学性：指可信的分析来自严密的科学方法，这些方法包括上述基本阶段(5)的内容。现场实测、材料检测、构件或结构模拟试验和理论分析是科学方法的 4 个重要组成部分，都要用各自相应的手段认真地进行，才能得出可信的结果。

(4) 过程的回顾性：指完整的分析来自全面的回顾，达到上述基本阶段(6)中解释所发生事故全过程的目的。全面回顾是分析倒塌事故的最大特色，难度很大，主观判断的成分多。它必然要在掌握大量客观信息，用科学方法进行综合分析的基础上才能做到。

(5) 判断的准确性。指有价值的分析来自准确的判断，这是上述基本阶段(7)的需要。质量事故分析的重要目的是有一个既准确又有价值的结论，以便于"分清是非"、"明确责任"、"引起警觉"、"教育后人"，这4点正是质量事故分析的价值所在。

(6) 结论的教育性：指分析的结果要起到教育的作用。一次事故的损失必然是惨重的，从一次事故中可总结出的经验教训也必然是丰富的。

本 章 小 结

通过本章学习，可以加深对土木建筑工程事故的理解和掌握，明确工程质量缺陷和工程质量事故之间的关系，土木建筑工程事故发生的原因，了解土木建筑工程事故分类及报告程序；在建筑工程质量技术部分，重点介绍了工程建设各环节的工作要点；在建筑工程质量事故分析部分，先介绍了事故分析的作用和依据，重点介绍了质量事故分析的方法、过程、性质和基本原则。

在我国高速城镇化的形势下，作为土木工程建设者，面对可能发生的各种工程质量事故，要予以足够的重视，并采取相应的措施，以减少事故带来的损失。

习　　题

1. 产生质量事故有哪些主要因素？
2. 工程质量事故有哪些特点？
3. 质量事故分析的主要依据有哪些？
4. 质量事故分析为什么要"一切用数据证明"？
5. 质量事故分析的方法有哪些？你经常采用的是哪几种？比较各方法的异同点。
6. 为什么"现场调查"在质量事故分析中非常重要？

第**2**章
地基基础工程

教学目标

本章的主要内容为地基工程、基础工程、基坑工程中常见的质量事故及处理，以及地基和基础的加固技术。通过本章学习，应达到以下目标。

(1) 掌握地基、基础、基坑工程缺陷事故分析与处理方法。

(2) 了解常见地基处理工程缺陷事故分析与处理方法。

(3) 掌握地基基础加固技术。

教学要求

知识要点	能力要求	相关知识
地基工程	(1) 理解地基工程的施工及质量控制要点 (2) 掌握地基工程的质量事故分析及处理方法	(1) 地基沉降缺陷造成的工程事故 (2) 地基失稳缺陷造成的工程事故
基础工程	(1) 理解基础工程的施工及质量控制要点 (2) 掌握基础工程的质量事故分析及处理方法	(1) 多层建筑基础工程 (2) 高层建筑基础工程 (3) 桩基础工程
基坑工程	(1) 理解基坑工程的施工及质量控制要点 (2) 掌握基坑工程的质量事故分析及处理方法	(1) 平整场地 (2) 开挖与回填 (3) 排水与降水 (4) 深基坑支护
事故分析与处理	了解常见地基处理工程缺陷事故分析与处理	各种地基处理事故
加固技术	掌握地基基础加固技术	(1) 地基处理技术 (2) 基础处理技术 (3) 纠偏处理技术

 基本概念

地基工程、基础工程、基坑工程、地基处理、地基加固、基础加固。

引例

"我国地铁修建史上最大的事故"——杭州地铁工地坍塌事故

2008 年 11 月 15 日下午，杭州萧山湘湖段地铁施工现场发生塌陷事故。风情大道长达 75m 的路面坍塌，并下陷 15m。正在路面行驶的 11 辆车陷入深坑，数十名地铁施工人员被埋。在行驶中陷落深坑的车辆，包括一辆 327 路公交车、一辆大货车、一辆面包车及多辆私家车、出租车等，如图 2.1 所示。我国建设城市地铁已有几十年的历史，发生如此重大人员伤亡、如此大面积工程损毁的事故还是第一次。

图 2.1 杭州地铁工地坍塌事故现场

我国地铁修建史上最大的事故——杭州地铁工地坍塌事故造成多人死亡失踪。事故原因之一是工程存在着转包、外包等因素，没有达到安全标准。这次事故是十足的"人祸"。

我国工程院院士、北京交通大学教授王梦恕在察看了地铁工地事故现场，调阅了相关数据并与其他专家交换意见后，认为工程项目建设存在规划、设计、施工、运营 4 道风险。王梦恕说，杭州地铁边上的道路规划错误，不应从施工区域通过，原因是发生事故的工地离公路太近，交通繁忙，每天约有 3 万辆的车流量，其中 40%是大车、重车，而且工地附近有水塘，一旦出现问题，就可能造成群死群伤事故。对这一点，施工方事先缺少分析。类似这样复杂的环境，一般不适宜建设地铁。如果一定要动工，也应完善方案，事前采取限行等措施，并对路面加固。另外，如采用"暗挖"法施工，相对来说安全性更高，但实际上这里采用的是花费较少的"明挖"法施工。"加上连续几天下雨，工地水管又破裂渗水，几个因素加起来，酿成了事故。"王梦恕表示，此次事故原因是综合性的，是长期积累问题的总暴露。

工人未经安全培训。在杭州地铁坍塌事故中幸存的工人，大多从事扎钢筋、木工、防水工、泥工等工作，不少人是刚刚种完小麦来到城里打工的农民。他们几乎无一例外地对记者说，自己只知道干活，在上岗前没有经过起码的技术培训或者安全培训。由于没有经过培训，在事故发生时，现场施工的工人大多惊慌失措。"有人吓得四处躲；有的跑错了方向，钢柱一倒，人就不见了；有的被倒塌的钢柱死死压住，发出撕心裂肺的呼叫。"不止一位目击者这样说。

地铁工地塌陷事故早有端倪。在杭州地铁塌陷事故发生前一个月，就曾有人发现施工路段的路面出现裂缝；事发前，工地工友也已经发现基坑维护墙面出现一道明显的裂缝，长度超过 10m，宽度能伸进去一只手。此外，杭州当地安全部门负责人称，杭州地铁工程很可能存在转包的情况，这就带来比较大的风险。另据报道，现场施工工人有些没有经过严格培训，安全管理人员不到位。杭州市委书记曾表示，事故发生后应急预案竟然等于零。

最令人气愤的是，施工现场出现较大的裂缝后，按有关规定，应该立即停工整改，结果却是在等待领导批示的时候"带病"施工，地铁也在等待批示的过程中"突然"坍塌。有逃生的老工人透露，塌方前工人们已预感不测。据他介绍，他参与过很多地方的地铁建设，发现这里与别的地方不一样，在基坑里越往里深挖，越发现全是稀泥，几乎没一块石头。由此观之，"人祸"不除，杭州地铁施工出事故是必然的，只是时间早晚而已。

反复转包层层扒皮，施工"潜规则"造就豆腐渣工程。在建筑行业中一直有"一流队伍中标，二流队伍进场，三流队伍施工"的"潜规则"。

明知有风险，还要赶工期。追溯杭州地铁工地事故源头，一个个怪象令人匪夷所思：前一天还在家里种菜的农民，第二天就被招进地铁工地干活；戴顶安全帽就算有了"安全措施"；施工路面裂缝一天天扩大，就浇上沥青一填一抹，既不停工检修，又没采取进一步的预防与补救措施，反而马不停蹄地日夜赶工期——一个个悲剧中，或可以看到对利益不择手段的追逐；或可以看到官员意识、官僚作风；或可以看到钱权交易的腐败；或可以看到急功近利的盲目赶超。目前国内基础设施建设最大的问题是"急着抢工期"——合理工期本应该为3年的杭州地铁一号线湘湖站，在签合同之时，被"提速"了整整一年。后因拆迁未能及时完毕，又拖了一年，最后留给施工方的时间只剩下一年。就这样，处于进退两难之间的施工方，只能"明知有风险，还要赶工期"。

一边建设一边修改，前期准备不足，中途变更失控。曾参加过杭州地铁一号线初期的征求意见稿的浙江大学区域与城市规划系教授周复多表示，杭州地铁存在边规划、边建设、边修改的"三边"现象。前期准备不足，中途变更失控，是地铁施工事故频发的另一个诱因。我国城市轨道交通专业委员会专家表示，对线路设计的前期论证做得不够扎实，为后期工作带来隐患。一些工程实施甚至没有听取专家意见，在危险情况下进行施工，极易导致事故的发生。

地基和基础是建筑物的重要组成部分，任何建筑物都必须有可靠的地基和基础。建筑物对地基的要求可概括为以下三个方面：可靠的整体稳定性；足够的地基承载力；在建筑物的荷载作用下，其沉降值、水平位移及不均匀沉降差需要满足某一定值的要求。若地基的整体稳定性、承载力不能满足要求，在荷载作用下，地基将会产生局部或整体剪切破坏、冲剪破坏。天然地基承载力的高低主要与土的抗剪强度有关，也与基础形式、大小和埋深有关。在建筑物的荷载(包括静、动荷载的各种组合)作用下，地基将产生沉降、水平位移及不均匀沉降。若地基变形(沉降、水平位移、不均匀沉降)超过允许值，将会影响建筑物的安全与正常使用，严重的将造成建筑物破坏甚至倒塌。其中不均匀沉降超过允许值造成的工程事故比例最高，特别是在深厚软粘土地区。天然地基变形大小主要与荷载大小和土的变形特性有关，也与基础形式有关。再者，地基中动水压力超过其允许值时，地基土在渗透力作用下产生潜蚀和管涌，这两种现象均可导致地基土局部破坏，严重的将导致地基整体破坏。天然地基渗透问题主要与地基中动水压力和土的渗透性有关。

地基与基础的质量，对建筑物的安全使用和耐久性影响甚大。基础或地基的质量事故常常带来地面的塌陷、各种梁的拉裂、墙体开裂、柱子倾斜等，轻则使人对建筑有不安全感，重则影响建筑物的正常使用，甚至危及人们的生命。据有关单位对43起房屋不均匀沉降过大原因的调查分析得知，属于设计不周者占21%，属于施工问题者占70%，属于使用单位管理不善者占69%。由此可见，尽管事故产生的原因是多方面的，而注意施工质量，则是避免事故发生的重要措施。

2.1 常见地基工程缺陷事故分析与处理

建筑地基土的种类很多，而且很复杂。它一般可分为岩石、碎石、砂土、粉土、粘性土、新近沉积粘性土、湿陷性黄土、膨胀土、软土、人工填土、冻土等。

为了保证建筑物及构筑物的安全和正常使用，首先，要求地基在荷载作用下不致产生破坏；其次，组成地基的土层因某些原因产生的各种变形，如湿陷、冻胀、膨胀收缩和压缩、不均匀沉陷等不能过大，否则将会使建筑物遭受破坏，从而无法满足使用要求。

常见的地基工程事故是由于勘察、设计、施工不当或环境和使用情况改变而引起的，其最终反应是地基产生过量的变形或不均匀变形，从而造成上部结构出现裂缝、倾斜，削弱和破坏了结构的整体性和耐久性，并影响建筑物的正常使用。事故严重者会使地基失稳，导致建筑物倒塌。

2.1.1 地基沉降缺陷造成的工程事故

建筑物沉降过大，特别是不均匀沉降超过允许值，影响建筑物正常使用造成的工程事故在地基与基础工程事故中占多数。

建筑物均匀沉降对上部结构影响不大，但沉降量过大，可能造成室内地坪低于室外地坪，引起雨水倒灌、管道断裂及污水不易排出等影响正常使用的问题。

不均匀沉降过大是造成建筑物倾斜和产生裂缝的主要原因。造成建筑物不均匀沉降的原因很多，有地基土质不均匀、建筑物体型复杂、上部结构荷载不均匀、相邻建筑物的影响、相邻地下工程施工的影响等。建筑物不均匀沉降过大对上部结构的影响主要反映在下述几个方面。

1. 墙体产生裂缝

不均匀沉降使砖砌体承受弯曲而导致砌体因受拉应力过大而产生裂缝。长高比较大的砖混结构，若中部沉降比两端沉降大则可能在墙体中产生八字形裂缝，若两端沉降比中部沉降大则可能在墙体中产生倒八字形裂缝。图 2.2 为某建筑物不均匀沉降偏大引起墙体开裂的情况。

2. 柱断裂或压碎

不均匀沉降将使框架结构中心受压柱产生纵向弯曲而导致拉裂，严重的可造成压碎失稳。浙江地区某建筑物 2～4 层为住宅，整体刚度很好，一层为商店，框架结构，基础为独立桩基。在建筑物一侧市政管道挖沟期间，发现建筑物产生不均匀沉降，不均匀沉降导致 3 根钢筋混凝土柱子压碎破坏。图 2.3 是其中一根柱子破坏的情况。

图 2.2　不均匀沉降引起的墙体开裂

图 2.3　不均匀沉降引起柱子压碎破坏

3. 建筑物发生倾抖

建筑物发生倾斜的主要原因是当同一建筑物各部分地基土软硬不同，或受压层范围内压缩性高的土层厚薄不均，基岩面倾斜，其上覆盖层厚薄悬殊，以及上部建筑层数不一，结构荷载轻重变化较大时，地基将产生不均匀沉降。此外，建筑物设计与使用不当，也会发生倾斜事故。

若倾斜较大，则影响结构正常使用。若倾斜不断发展，重心不断偏移，严重的将引起建(构)筑物倒塌破坏。图 2.4 为因倾斜而闻名于世的比萨斜塔。

沉降和不均匀沉降过大将会导致上部结构倾斜和产生裂缝，超过允许值则影响正常使用，严重的将引起破坏。控制建筑的沉降和不均匀沉降在允许范围内是很重要的，特别在深厚软粘土地区，按变形控制设计逐渐受到人们的重视。

当发现建筑物产生不均匀沉降导致建筑物倾斜或产生裂缝时，首先要搞清不均匀沉降发展的情况，然后再决定是否需要采取加固措施。若不均匀沉降还在继续发展，首先要通过地基基础加固遏制沉降继续发展，如采用锚杆静压桩托换或其他桩式托换，或采用地基加固方法。沉降基本稳定后，再根据倾斜情况决定是否需要纠倾。倾斜未影响安全使用可不进行纠倾。对需要纠倾的建筑物视具体情况可采用迫降纠倾法、顶升纠倾法或综合纠倾法。

2.1.2　地基失稳缺陷造成的工程事故

在荷载作用下，当地基承载力不能满足要求时，地基可能产生整体剪切破坏、局部剪切破坏和冲切剪切破坏等破坏形式。地基的破坏形式与地基土层分布、土体性质、基础形状、埋深、加荷速率等因素有关。当土体较硬不易压缩，且基础埋深较浅时，将形成整体剪切破坏；当土体较弱易压缩且基础埋深较深时，将形成冲切或局部剪切破坏。产生整体剪切破坏前，在基础周围地面有明显隆起现象。此外，当建筑物地基为砂或粉土时，地下水位埋藏浅，可能产生振动液化，使地基土呈液态，丧失承载能力，导致工程事故发生。

地基失稳破坏往往引起建(构)筑物的倒塌、破坏，后果十分严重，土木工程师应予以充分重视。建筑物不均匀沉降不断发展，日趋严重，也将导致地基失稳破坏。

地基失稳缺陷造成的工程事故在建筑工程中较为少见，在交通水利工程中的道路和堤坝中较多，这与设计中安全度的控制有关。在工业与民用建筑工程中对地基变形控制较严，造成地基稳定安全储备较大，因而地基失稳缺陷事故较少；在路堤工程中对地基变形要求较低，相对工业与民用建筑工程，其地基稳定安全储备较小，地基失稳缺陷事故也就相对较多。

地基失稳破坏导致建筑物倒塌，并容易造成人员伤亡，对周围环境产生不良影响，而且地基失稳缺陷造成的工程事故补救比较困难，往往需要重新建造建筑物。因此，对地基失稳缺陷造成的工程事故重在预防。除在工程勘察、设计、施工、监理各方面做好工作外，进行必要的监测工作也是重要的。若发现沉降速率或不均匀沉降速率较大时，应及时采取措施，进行地基基础加固或卸载，以确保安全。在进行地基基础加固时，应注意在某些加固施工过程中可能产生附加沉降的不良影响。图2.5为2013年2月15日山西省洪洞县曲亭水库灌溉输水洞洞顶垮塌现场。

图2.4 比萨斜塔

图2.5 山西省洪洞县曲亭水库灌溉输水洞洞顶垮塌

 案例 2-1

一些著名的地基基础工程事故

(1) 意大利比萨斜塔。这是举世闻名的建筑物倾斜的典型实例。该塔自1173年9月8日动工，至1178年建至第4层中部，高度约为29m时，因塔明显倾斜而停工。94年后，于1272年复工，经6年时间，建完第7层，高48m，再次停工中断82年。于1360年再次复工，至1370年竣工。全塔共8层，高度为55m。

塔身呈圆筒形，1～6层由优质大理石砌成，顶部7、8层采用砖和轻石料。塔身每层都有精美的圆柱与花纹图案，是一座宏伟而精致的艺术品。1590年伽利略曾在此塔做自由落体实验，创建了物理学上著名的自由落体定律。自此斜塔成为世界上最珍贵的历史文物，吸引了世界各地无数游客。

全塔总荷重约145MN，基础底面平均压力约50kPa。地基持力层为粉砂，下面为粉土和粘土层。目前塔向南倾斜，南北两端沉降差为1.80m，塔顶距离中心线已达5.27m，倾斜5.5°，成为危险建筑。1990年1月14日此塔被封闭。现除加固塔外，正用压重法和取土法对其进行地基处理，尚无明显效果。

(2) 上海展览中心馆。上海展览中心馆原称上海工业展览馆，位于上海市区延安中路北侧。展览馆中央大厅为框架结构，箱形基础；展览馆两翼采用条形基础。箱形基础为两层，埋深 7.27m。从箱基顶面至中央大厅顶部塔尖，总高 96.63m。地基为高压缩性淤泥质软土。展览馆于 1954 年 5 月开工，当年年底实测地基平均沉降量为 60cm。1951 年 6 月，中央大厅四周的沉降量最大达 146.55cm，最小为 122.8cm。

1957 年 7 月，应邀来我国讲学的原苏联土力学专家库兹明和清华大学陈梁生教授，赴上海展览中心馆进行调查研究。在仔细观察展览馆内严重的裂缝情况，分析沉降观测资料并研究展览馆勘察报告和设计图纸后，他们做出将展览馆裂缝修补后可以继续使用的结论。

1979 年 9 月，其再次对上海展览中心馆调查。当时展览馆中央大厅累计平均沉降量为 160cm。从 1957—1979 共 22 年的沉降量仅 20 多 cm，不及 1954 年下半年沉降量的一半，说明沉降已趋向稳定，展览馆开放使用情况良好。

但由于地基严重下沉，不仅使散水倒坡，而且对于建筑物室内外连接，内外网之间的水、暖、电管道的断裂，都需付出相当的代价。

(3) 加拿大特朗斯康谷仓。该谷仓平面呈矩形，南北向长 59.44m，东西向宽 23.41m，高 31.00m，容积 36 368m³。谷仓为圆筒仓，每排 13 个圆筒仓，有 5 排，共计 65 个圆筒仓。谷仓基础为钢筋混凝土筏板基础，厚度 61cm，埋深 3.66m。

谷仓于 1911 年动工，1913 年秋完工。谷仓自重 20 000t，相当于装满谷物后满载总质量的 42.5%。此谷仓 1913 年 9 月装谷物，10 月 17 日当谷仓已装了 91 822m³ 谷物时，发现 1h 内竖向沉降达 30.5cm。结构物向西倾斜，并在 24h 内谷仓倾倒，倾斜度离垂线达 26° 53′，谷仓西端下沉 7.32m，东端上抬 1.52m，上部钢筋混凝土筒仓坚如磐石。

谷仓地基土事先未进行调查研究，据邻近结构物基槽开挖试验结果，计算地基承载力为 352kPa，应用到此谷仓。1952 年经勘察试验与计算，谷仓地基实际承载力为 193.8~276.6kPa，远小于谷仓破坏时发生的压力 329.4kPa，因此，谷仓地基因超载发生强度破坏而滑动。

(4) 日本新潟市 3 号公寓。新潟市位于日本本州岛中部东京以北，西临日本海，市区存在大范围砂土地基。1964 年 6 月 16 日，当地发生 7.5 级强烈地震，使大面积砂土地基液化，丧失地基承载力。新潟市机场建筑物震沉 915mm，机场跑道严重破坏，无法使用。当地的卡车和混凝土结构沉入土中。地下一座污水池浮出地面高达 3m。高层公寓陷入土中并发生严重倾斜，无法居住。据统计，1964 年新潟市大地震，共毁坏房屋 2 890 幢，3 号公寓为其中之一，上部结构完好。

2.2 常见基础工程缺陷事故分析与处理

2.2.1 多层建筑基础工程

多层建筑大多采用浅基础。常见的基础形式有条形基础、片筏基础、独立基础等。按材料分，基础有砖砌基础和钢筋混凝土基础。选用何种形式的基础，受到地质条件、上部荷载的大小、主体结构形式等因素的影响。基础工程发生质量事故，都有可能对建筑物的功能、安全等造成极大影响。基础工程常见的工程质量事故有基础轴线偏差、基础标高错误、预埋洞和预埋件的标高和位置错误等，还包括基础变形、沉降等基础工程质量事故。

1. 基础错位

基础错位事故主要包括基础轴线偏差、基础标高错误、预留洞和预埋件的标高和位置错误等。造成基础错位事故的主要原因如下。

1) 勘测失误

例如，勘测不准确造成滑坡而引起基础错位，甚至引起过量下沉和变形等。

2) 设计的错误

(1) 制图错误，审图时又未及时发现纠正。

(2) 设计措施不当。例如，对软弱地基未做适当处理，选用的建筑结构方案不合理等。

(3) 土建、水、电、设备施工图不一致。

3) 施工问题

(1) 测量放线错误，如读图、测量错误，测量标志移位，施工放线误差大及误差积累等。

(2) 施工工艺方面。例如，场地平整及填方区碾压密实度差；基础工程完成后进行土方的单侧回填造成的基础移位或倾斜，甚至导致基础破裂；模板刚度不足或支撑不良；预埋件由于固定不牢而造成水平位移、标高偏差或倾斜过大等；混凝土浇筑工艺和振捣方法不当等。

(3) 地基处理不当。例如，地基暴露时间过长，或浸水、或扰动后，未做处理；施工中发现的局部不良地基未经处理或处理不当，造成基础错位或变形。

(4) 相邻建筑影响或地面堆载大而引起的基础错位。

2. 基础变形

基础变形事故是建筑工程较严重的质量事故，它可能对建筑物的上部结构产生较大的影响。常见的基础变形事故有基础下沉量偏大、基础不均匀沉降、基础倾斜。

基础变形事故发生的原因是多方面的，因此，分析必须从地质勘测、地下水位的变化、设计、施工及使用等方面综合分析。造成基础变形事故的常见原因主要有以下几点。

1) 地质勘测

(1) 未经勘测即设计、施工。

(2) 勘测资料不足、不准或勘测深度不够，勘测资料错误。

(3) 勘测提供的地基承载力太大，导致地基剪切破坏形成斜坡。

2) 地下水位的变化

(1) 施工中采用不合理的人工降低地下水位的施工方法，导致地基不均匀下沉。

(2) 地基浸泡水，包括地面水渗入地基后引起附加沉降，基坑长期泡水后承载力降低而产生的不均匀下沉，形成倾斜。

(3) 建筑物动用后，大量抽取地下水，造成建筑物下沉。

3) 设计方面

(1) 建造在软弱地基或湿陷性黄土地基上，设计时没有采用必要的措施或采用的措施不当，造成基础产生过大的沉降或不均匀沉降等。

(2) 地基土质不均匀，其物理力学性能相差较大，或地基土层厚薄不均，压缩变形差异大。

(3) 建筑物的上部结构荷载差异大，建筑体形复杂，导致不均匀沉降。

(4) 建筑上部结构荷载重心与基础形心的偏心距过大，加剧了偏心荷载的影响，增大了不均匀沉降。

(5) 建筑整体刚度差，对地基不均匀沉降较敏感。

(6) 对于整板基础的建筑物，当原地面标高差很大时，基础室外两侧回填土厚度相差过大，会增加底板的附加偏心荷载。

(7) 地基处理不当，如挤密桩长度差异大，导致同一建筑物下的地基加固效果不均匀。

4) 施工方面

(1) 施工程序及方法不当。例如，建筑物各部分施工先后顺序错误，在已有建筑物或基础底板基坑附近，大量堆放被置换的土方或建筑材料，造成建筑物下沉或倾斜。

(2) 人工降低地下水位。

(3) 施工时扰动或破坏了地基持力层的地质结构，使其抗剪强度降低。

(4) 施工中各种外力，尤其是水平力的作用，导致基础倾斜。

(5) 室内地面大量堆载，造成基础倾斜等。

2.2.2　高层建筑基础工程

从 20 世纪 70 年代中期以来，尤其是近年来通过大量的工程实践，我国的高层建筑施工技术得到快速的发展。在基础工程方面，高层建筑多采用桩基础、筏式基础、箱形基础或桩基与箱形基础的复合基础，涉及深基坑支护、桩基施工、大体积混凝土浇筑、深层降水等施工问题。有关工程质量事故有些在前面的章节中已有所分析，本节重点分析在基础工程中大体积混凝土施工中常见的质量事故。大体积混凝土具有结构厚、钢筋密、混凝土数量大、工程条件复杂和施工技术要求高等特点。大体积混凝土结构的截面尺寸较大，由外荷载引起裂缝的可能性很小，但水泥在水化反应过程中释放的水化热所产生的温度变化和混凝土收缩的共同作用，会产生较大的温度应力和收缩应力，是大体积混凝土结构出现裂缝的主要原因。

在大体积混凝土施工中，施工不当引起的温度裂缝主要有表面裂缝和贯穿裂缝两种。大体积混凝土施工阶段产生的温度裂缝，是其内部矛盾发展的结果。一方面是混凝土由于内外温差产生应力和应变，另一方面是结构物的外约束和混凝土各质点的约束阻止了这种应变，一旦温度应力超过混凝土能承受的极限抗拉强度，就会产生不同程度的裂缝。产生裂缝的主要原因如下。

(1) 没有选用矿渣硅酸盐水泥和低热水泥，水泥用量过大，没有充分利用掺加粉煤灰等掺合料来减少水泥的用量。

(2) 没有注意原材料的选择，如骨料级配差、含泥量大、水灰比偏大等。

(3) 混凝土振捣不密实，影响了混凝土的抗裂性能。

(4) 没有严格加强混凝土的养护，加强温度监测。

(5) 发现混凝土温度变化异常，没有及时采取有效的技术措施。

(6) 没有有效地减少边界约束作用。

(7) 没有选择合理的混凝土浇筑方案。

(8) 原大体积基础拆模后，没有及时回填土以保温保湿，使混凝土长期暴露。

(9) 混凝土掺用 UEA 等外加剂时，品种、用量的使用不合理，没有达到预期效果。

2.2.3　桩基础工程缺陷事故

1. 预应力管桩质量缺陷事故原因分析及处理

预应力管桩的质量包括产品质量(严格来说应为商品质量)和工程质量两大方面。工程质量又有勘察设计质量和施工质量之分。就施工质量来说，也不单指打桩质量，还包括吊装、运输、堆放及打桩后的开挖土方、修筑承台时的质量问题。

衡量管桩产品质量最终、最直观的尺度是它的耐打性。评价管桩工程质量最主要的指标是桩的承载力，检查桩体的完整性、桩的偏位值和斜倾率就是为了保证桩的承载力。

常见的预应力管桩质量缺陷事故如下。

(1) 桩顶破碎事故。这主要是由于混凝土强度不足或设计强度偏低，桩顶构造不妥、混凝土配合比不符合设计要求，以及桩身外形质量不符合规范要求(如顶面不平、桩顶垫层不良等原因)造成的。此外，桩顶不放垫层或未及时更换损坏的垫层，使桩顶因直接承受冲击荷载而破坏。

(2) 桩身断裂事故。常见的原因有：桩身弯曲超过规定，桩尖偏离桩轴线过大，或者沉桩时桩身发生倾斜与弯曲，以及一节桩的长细比过大，沉桩时遇到较硬的土层或大块坚硬障碍物，使桩尖挤向一侧，造成桩身断裂；另外，桩的接头错位、焊接接头焊缝饱满度不足，以及接桩平面不平、垫层局部有空隙，也会使桩断裂；再者，当采用硫磺胶泥接头时，由于胶泥材料不符合要求、配合比不合适、熬制温度控制不当等原因，造成硫磺胶泥粘结强度低，以及锚孔过大、锚筋弯曲，承受不住锤击，使接头处断裂。

(3) 打入桩侧移、倾斜及断桩事故。打入式桩会产生挤土效应，引起桩身侧移、倾斜，甚至断桩。尤其在软土地基中打人预制桩会对周围土体产生挤压，使桩周围土体结构遭受破坏。在饱和软翻土中打入桩，会因产生超孔隙水压力，使扰动的软土抗剪强度降低，产生土体的触变与蠕变。当沉桩入土排挤的土体体积占沉桩范围土体体积 5% 以上时，就会产生明显的挤土效应，造成土体隆起和侧移，使已完成的邻桩产生向上抬起和侧移、弯曲，严重时会使桩身断裂、桩接头松脱。

(4) 锤击沉桩桩端持力层选择不合理。对于埋深较大(15m 以上)，且遇坚硬粘土层(层厚在 6m 以上)或中密以上的砂层(层厚在 3m 以上)，穿透有一定困难时，往往会导致桩尖达不到持力层，造成单桩承载力不足事故。这主要是由于勘探点不够或勘探资料粗略，对工程地质情况不明，尤其是持力层起伏标高不明，致使设计考虑持力层或选择桩尖标高有误，也有时因为设计要求过严，超过施工机械能力或桩身混凝土强度。

由于预应力管桩各类质量缺陷事故引发的原因不同，其处理或加固的对策也不相同：

(1) 对于桩顶破碎的预制桩，应凿去破碎层，浇捣高强度等级混凝土桩头，养护后再锤击沉桩。

(2) 当桩身侧移或倾斜过大造成断桩事故时，应采取复打、补桩和加大承台宽度等办法加以处理。

(3) 对于打入桩，因挤土效应发生，引起桩身侧移、倾斜的情况，应立即采取有效措施加以纠正。常见的措施有：在桩间设置深度为桩长 1/3 左右的排水道通以减少超孔隙水压力，或者在场地四周挖深度为 2m、宽 1～1.5m 的防挤沟以解决表层的挤土效应，也可以根据地面变形情况确定每天沉桩数量，采取停停打打、隔日沉桩的方式，确保桩基质量。

(4) 当预制桩下沉未达到设计持力层造成承载力不足的质量事故时，常用补桩复打、压密注浆及静压锚杆桩进行加固处理。

2. 沉管灌注桩质量缺陷事故原因分析与处理

所谓沉管灌注桩是指用机械作用力把下端封闭的钢管挤入土层内，接着在钢管内灌注混凝土，然后再用机械力将钢管从土中拔出后而形成的桩体，它是以挤压并排开四周土体的方式而成桩的。沉管灌注桩常见的缺陷事故及其原因如下。

(1) 桩身在地表面下 1～5m 处产生水平环状裂缝，甚至断桩。这主要是因为：机械运动引起振动挤压而形成的水平力对邻桩产生剪应力，使桩产生水平或倾斜断裂；或者在饱和粘土中密集打桩，使土体产生超孔隙水压力，拔管后因回淤力而切断桩身；或者桩管顶部混凝土不多，自重压力低，拔管速度快，混凝土受桩模管的阻力下落速度慢而造成断桩。此外，桩间距过小或者桩头承受集中冲击力及桩体内混凝土嵌入土体等原因，都会使桩体产生环向裂缝，甚至断裂。

(2) 桩身缩颈、夹泥砂和形成吊脚桩。这主要是混凝土配合比不良、和易性和流动性不好、骨料粒径过大及提管速度过快等因素造成的。尤其在饱和、高压缩性软土地区，桩体周围的泥土，因受土层中沉管的挤压而积蓄的能量和增加的超孔隙水压力，压缩塑性状态的桩身，使桩缩颈。另外，混凝土浇注时间过快，管内混凝土部分与模管粘结，当拔管后，混凝土桩身变细，也会产生桩身缩颈和夹泥。再者桩尖不密实或沉管后停滞时间过长，使模管内进水、进泥，则会造成桩端夹泥。此外，桩尖采用钢活瓣头时，由于拔管期间，活瓣没有打开或未完全打开，混凝土无法流出管内，使桩端混凝土悬空，没有牢固地支承在持力层中而形成吊脚桩。

(3) 桩身出现蜂窝、空洞等质量问题。桩身有蜂窝的主要原因是混凝土太干，拔管后又没有振捣。产生空洞的原因是桩身范围内粘性土层夹有一层或几层较薄的砂层；混凝土砂石级配不良，粗骨料粒径过大，和易性差；或在地下动水压力的渗透压力作用下，将混凝土中水泥浆冲刷，形成仅有骨料的砂石段桩体。在有钢筋笼的部位由于振捣不实也易造成混凝土空洞。在桩身上段由于管内混凝土没有压力，扩散性小，如果被扰动的泥水挤入混凝土中则会造成事故。

此外，振动沉管灌注桩还会因桩管没有打到持力层而造成桩长不够；钢筋笼固定不当而造成桩身弯曲、倾斜，桩位纵横轴线偏位超过规范要求等。

针对产生缺陷事故的原因，可采用如下措施。

(1) 沉管灌注桩混凝土骨料粒径不宜大于 40mm，有钢筋笼时粗骨料粒径不宜大于 30mm，并不宜大于钢筋间距最小净距的 1/3，混凝土坍落度宜控制在 6～8cm，若用泵送混凝土，坍落度宜为 14～18cm。

(2) 成桩孔和拔管工艺要正确。从管外随时检查混凝土下落的数量，核对是否达到要求的充盈系数。灌注桩的混凝土充盈系数是实际灌注混凝土体积与按设计桩身直径计算的体积之比。充盈系数一般为 1.1～1.2，在软土地区为 1.2～1.3。如每段下落的混凝土充盈系数达不到以上数值，该段桩身可能存在缩颈、空洞、断桩等事故。此时可采取反插或复打措施。

(3) 根据孔的土层情况控制拔管速度。对于饱和淤泥质粘土或淤泥层，要密振慢拔(拔管速度不得超过 0.5m/min)，或密振不拔加大管内混凝土的压力。模管内的混凝土应保持高度在 2m 以上。接近地面时，应加振加压，使混凝土有较大的扩散性。

(4) 在饱和粘土中打桩时，为了降低超孔隙水压力和土体的横向挤压与隆起，可采取砂井排水、塑料板排水、井点降水及控制打桩速率等措施以减轻横向变形对桩身的影响。对桩距较小的采取间隔成桩的方法，在邻近混凝土强度达到 70%时才能进行新桩沉管打桩。从单打沉管灌注桩混凝土至复打浇灌混凝土成桩完毕的时间，应严格控制在 2h 以内，不允许超过混凝土的初凝时间。

3. 钻孔灌注桩质量缺陷事故原因分析与处理

钻孔灌注桩的成桩形式有回旋钻进成孔、挖孔取土成孔及冲击成孔。回旋钻进成孔一般适宜于粘性土、砂土及人工填土地基；挖孔取土成孔主要是用螺旋取土钻机进行，适宜于地下水埋藏较深的粘性土或地下水埋藏较浅的饱和软粘土；冲击成孔适宜于碎石、块石和杂填土及风化岩地基等。一般说来，钻孔灌注桩的质量缺陷事故有如下几类。

(1) 孔壁坍塌，其主要原因是没有根据土质条件，采用合适的成孔工艺和相应质量的泥浆。尤其在砂性土中更要采用优质护壁泥浆，如果密度太小或护筒埋置太浅、护筒的回填土和接缝不严密、漏水漏浆，以致孔内液面高度不够或孔内出现承压水，降低了对孔壁的静水压力等都是造成坍孔的原因。

(2) 桩身倾斜事故，即在钻孔的过程中遇到障碍物或孤石，以及在软硬土层交界处和岩石倾斜处，钻头受阻力不均而偏移，造成桩孔倾斜事故。另外，由于钻杆弯曲或连接不当，使钻头、钻杆中心线在不同轴线，也会导致桩孔偏斜。此外，场地不平整或钻架就位后没有调整，或因地面不均匀沉降使钻机、转盘、底座不平而倾斜，也会使桩身倾斜造成事故。

(3) 桩身混凝土质量低，出现蜂窝、孔洞及断桩事故，其常见的原因有：混凝土原材料不符合规定，配合比不当，如水泥过期结块；强度偏低、加水量与外掺剂控制不严、骨料含泥量过大等。由于混凝土的和易性、坍落度不符合要求，在灌注混凝土过程中，会发生卡管事故，在饱和淤泥质粘性土中，成孔后由于粘性土的回淤力和超孔隙水压力压缩孔壁和塑性混凝土而造成缩颈，或者由于塑性土膨胀而造成缩孔。新浇注混凝土在承压水的水流作用下，使浇注在孔内的混凝土水泥浆被水冲刷无法硬化而形成松散层，混凝土的外加剂过量或地下水中含有侵蚀介质使混凝土无法结硬成为松散层和稀释状态。

(4) 钢筋笼不符合设计要求的事故，其常见的原因有：钢筋笼在制作、堆放、起吊、运输等过程中由外部因素发生了变形、扭曲；钢筋笼配制过长或过短，或者钢筋笼成形时，未按 2～2.5m 间距设加强箍和撑筋；或者吊放钢筋笼入桩孔中时，不是垂直缓慢放入，而是倾斜式插入。此外，孔底沉渣过厚使钢筋笼放不到底部，以及钢筋笼因孔深较大需分段焊接时，其焊接长度不符合要求，也会使钢筋笼不符合设计要求而引发事故。

根据不同缺陷事故产生的原因，应有针对性地采取相应的处理措施。对于孔壁坍塌，沉渣过多事故，首先要明确坍孔的位置，然后将粘土和砂土回填到坍孔以上 1～2m。如坍孔严重，应全部回填，等回填物沉积密实后方可重新钻孔。沉渣过多时，应再次清孔，至沉渣符合要求为止，对于端承桩不得大于 10cm，对于摩擦桩不得大于 30cm。对于桩身混凝土强度达不到设计的要求而造成蜂窝、孔洞和断桩事故，可采取桩身混凝土中钻孔，用压力灌浆加固，或者采用换桩芯及补桩等方案处理。至于桩身倾斜事故的处理，除了针对其原因采取相应措施外，还应根据受荷情况进行加固处理。钢筋笼不符合设计要求的，要在灌注桩的上段增加局部钢筋，并设固定装置以防钢筋笼上浮或下沉，或者采取其他有效措施进行处理。

 案例 2-2

武汉沌口工业园高层桩基承载力不足问题

1）问题来源

2000 年 10 月，武汉经济技术开发区高科技产业园综合楼经静载试验和高、低应变检测，发现部分人工挖孔桩不合格。

2）工程概况

(1) 场区工程地质情况如下。

武汉经济技术开发区高科技产业园综合楼主体为 10 层框架结构，人工挖孔桩基础，采取一柱一桩的布桩形式。

场区工程地质资料表明，场区原地表面低注，是开发区场地平整时的填方区。自地面起，第①层为厚 4.5～6.5m 的杂填土，$f_k=75kPa$，$E_s=2.5MPa$；第②层为厚 1.4～3.8m 的粉质土，$f_k=135kPa$，$E_s=5.5MPa$；第③$_{-1}$ 层为厚 3.8～7.0m 的老粘土，$f_k=350kPa$，$E_s=14MPa$，第③$_{-2}$ 层为厚 1.0～5.4m 的粘土夹碎石，$f_k=400kPa$，$E_s=16MPa$；第④层为厚 3.7～4.7m 的粉质粘土夹卵石，$f_k=400kPa$，$E_s=18MPa$；第⑤层为基岩，最大揭露厚度为 4.2m。

(2) 桩基设计及变更情况如下。

综合楼的±0.000 较现场地表面高 1.33～2.03m，桩顶标高为－5.24m，桩端持力层为第④层，总桩数为 70 根。主体结构柱网较大，单桩设计承载力为 1 114～12 031kN，桩径 800～1 600mm，桩端扩孔圆孔形的直径为 1 200～4 000mm，椭圆形的长轴为 3 800～4 400mm，短轴为 3 000～3 400mm。

首批 11 根桩孔开挖时，因孔底涌水，未能按原设计深度继续施工，故进行桩基设计变更，将未施工的 59 根桩的原设计持力层第④层改为第③$_{-2}$ 层，桩底约提高 4～6m，桩底标高为-17m。

(3) 桩基施工及检侧如下。

桩基于 2000 年 8 月 25 日开工，首批 11 根桩呈离散状分布，因圆孔底涌水而中途停工。2000 年 9 月 6 日按设计变更通知要求，施工其余 59 根，施工中挖孔、扩头和混凝土浇筑均为干作业。10 月 6 日，首批 11 根桩复工，采用抽水掏土、扩头及水下浇筑混凝土的方法。据介绍，孔底抽水时先浑后清，水量先小后大，施工困难，单桩复工后，平均费时约 10d。

在首批施工的 11 根桩中，抽检 2 根做桩基静载检测，承载力结果分别达到设计值的 30%和 79.4%，同时高应变检测中发现有Ⅲ类桩，说明首批 11 根桩存在承载力严重不足的质量问题。第二批干法施工的 59 根桩，其静载及高、低应变检测均为合格。

3）质量问题原因分析

人工挖孔桩属于"端承桩"桩型，其承载力主要由桩端持力层提供，所以首批 11 根桩承载力不合格的直接原因是持力层经水浸泡后软化。据对其中 3 根桩所做的取芯试验证明，在桩底存在约 0.3m 厚且承载力低的软塑土层，而该层软弱土是由原硬状土软化后的产物。造成持力层软化的主要因素有3种：一是孔底渗水量大，土层浸泡时间长；二是孔底扩大后，桩端土层隆起和施工扰动；三是孔底地下水补给充分，且有一定压力，长时间抽水导致桩端下土层中土颗粒流失。

此外，勘察、设计、业主和施工单位对该工程场区的地下水缺乏深入了解，也是造成质量问题的一个重要原因。在桩基施工中，若能严格按程序施工，即按先做3根试桩，然后再施工工程桩的正确程序进行，那么这11根桩也可像第二批施工的59根桩那样，避免地下水对其质量产生的危害。

4) 质量问题处理

上述静载检测结果表明，首批施工的11根桩的桩端土软化对其承载力影响的离散性很大(30%与79.4%相差两倍多)，加之高应变检测数据可靠性不足，如何定量地利用其承载力是很困难的，所以这批桩在未做桩底软化土层加固处理时，不宜加以利用。首批11根桩在复工后，长时间和大量抽水可能会对其桩底及扩大头周边的下部土层造成不利影响，这种因素将直接影响质量问题的处理范围、方法和效果，是至关重要的。

(1) 桩基质量问题处理的原则和范围如下。

① 处理原则。一是处理后的承载力必须满足设计要求；二是要考虑变形协调。所以方案设计中要注意，补强部分的桩(新桩)不宜采用嵌岩桩，新桩不应置于原桩扩大头底面积范围的上方，当新桩利用上部③$_{-1}$或③$_{-2}$土层作为持力层时，应考虑下部(原桩底)软土层的不利影响。

② 处理范围。一是首批11根桩；二是经补充勘察查明，确定存在抽水不利影响的其他桩。

(2) 质量问题的处理措施如下。

鉴于该综合楼基础埋置较深，原来的桩不宜利用(桩顶为-5.24m)，所以不妨将埋深增加一些，这样还可增设一层地下室，可取得较大的使用空间，并对底板以下的填土及第②层土采用CFG桩复合地基全代换处理，底板仅承受水压反力，桩和底板连接如图2.6所示。

CFG桩复合地基设计桩径400mm，设计有效桩长8.0m，进入③$_{-1}$老粘土层不小于3.3m，桩身混凝土强度等级为C15，单桩承载力设计值为320kN，复合地基承载力标准值为220kPa，工程总桩数771根，平面布置示意图如图2.7所示。

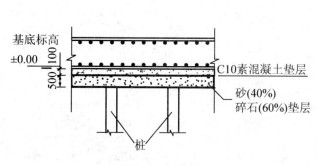

图2.6 桩和底板连接

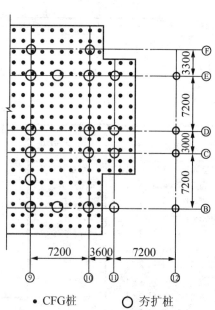

● CFG桩　○ 夯扩桩

图2.7 桩基平面布置示意图

5) 处理效果

2001 年 2 月，开发商委托武汉金石建筑科技公司对该工程原有人工挖孔桩实施了 CFG 桩复合地基全代换处理。

CFG 桩复合地基荷载试验检测共进行了 3 组，测点布置如图 2.8 所示。其中两组在最大试验荷载 372kPa 的作用下，累计沉降量分别为 20.44mm、15.56mm，一组(试桩)在最大试验荷载 382kPa 的作用下，累计沉降量为 18.75mm，均未出现明显破坏现象。

CFG 桩复合地基低应变检测抽检了其中的 77 根，占全部桩数的 10%。其中 I 类桩 63 根，占 81.8%；II 类桩 14 根，占 18.2%；无 III 类桩，符合有关规范要求。

2001 年 4 月，在基础加固处理并经检测合格后，进行了主体结构的施工，施工期间进行了沉降观测，结果见表 2-1。

可见，在采用 CFG 桩复合地基全代换处理后，经桩基静载试验和施工沉降观测，结果表明 CFG 桩复合地基符合设计要求，主体自重加载后，基础沉降快速趋于收敛。

6) 经验与教训

本工程出现人工挖孔桩承载力不足的原因是清楚的，教训却是深刻的。

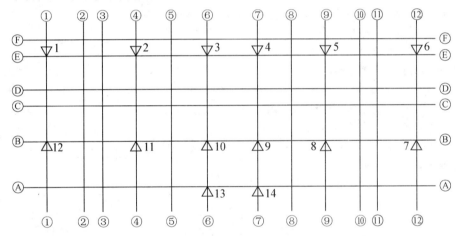

图 2.8　沉降观测点布置示意图

表 2-1　沉降观测结果

观测日期	间隔天数/d	平均沉降速率 /(mm/d)	平均沉降量 /mm	平均累计 沉降量/mm	备注
2001 年 4 月 6 日					
2001 年 4 月 29 日	13	−0.011	−0.79	−0.79	施工至一层
2001 年 5 月 9 日	10	−0.010	−0.74	−1.53	施工至二层
2001 年 5 月 14 日	5	−0.002	−0.22	−1.75	施工至三层
2001 年 5 月 21 日	7	−0.074	−0.51	−2.26	施工至四层
2001 年 6 月 4 日	13	−0.050	−0.70	−3.36	施工至五层
2001 年 6 月 8 日	4	−0.140	−0.57	−3.93	施工至六层
2001 年 6 月 18 日	10	−0.100	−1.01	−4.94	施工至七层
2001 年 6 月 28 日	10	−0.112	−1.11	−6.05	施工至八层
2001 年 7 月 9 日	11	−0.117	−0.28	−6.33	施工至九层
2001 年 7 月 25 日	16	−0.062	−0.95	−7.28	施工至十层

2.3 常见基坑工程缺陷事故分析与处理

土方工程施工往往具有工程量大、劳动繁重和施工条件复杂等特点。同时土方工程施工又受到气候、水文地质、临近建(构)筑物、地下障碍物等因素的影响较大，不可确定的因素较多，且土方工程涉及的工作内容也较多，包括土的挖掘、填筑和运输等过程及排水、降水、土壁支护等准备工作和辅助工作。由于上述土方工程施工特点，稍有不慎，极易造成安全事故，一旦事故发生，造成的损失是巨大的。因此，在土方工程施工前，应进行充分的施工现场条件调查(如地下管线、电缆、地下障碍物、临近建筑物等)，详细分析与核对各项技术资料(如地形图、水文与地质勘察资料及土方工程施工图)，正确利用气象预报资料，根据现有的施工条件，制定出安全、有效的土方工程施工方案。

土方工程中，土方的开挖关键是如何保证边坡的稳定，否则不但会使地基扰动，影响其承载能力，而且还会出现塌方等重大安全事故。

土方回填往往与建筑物基础施工并行或稍拖后，其质量的重要性也往往被人们忽视。而各类回填土会从各种方面影响基础、底层地面乃至整个建筑物的工程质量和使用寿命。

降低地下水位和排水是土方工程施工中十分重要的辅助工作。降低地下水位在南方地区尤为常见。做好降水工作，避免事故出现，对后续土方开挖和基础施工都十分重要。

分析深基坑工程支护施工中容易出现的质量事故，是本节学习的重点。

土方工程施工中造成的质量事故的危害性往往十分严重，如引起建筑物沉陷、开裂、位移、倾斜，甚至倒塌。

2.3.1 平整场地

在建筑平整场地过程中或平整完成后，如场地范围内局部或大面积出现积水，不仅影响场地平整的正常施工，而且给场地平整后的工程施工及其工程质量，带来较大的影响。

造成场地积水的主要原因如下。

(1) 场地平整填土面积较大或较深时，未分层回填压(夯)实，土的密实度很差，遇水产生不均匀下沉。

(2) 场地排水措施不当。例如，场地四周未做排水沟，或排水沟设置不合理等。

(3) 填土土质不符合要求，加速了场地的积水。例如，填土采用了冻土、膨胀土等，遇水产生不均匀沉陷，从而引起积水。积水的后果又加速了沉陷，甚至引起塌方。

 案例 2-3

某基坑水泥土重力式挡墙整体失稳破坏

沿海某城市一大厦坐落在软粘土地基上，土层描述如下：第一层为杂填土，厚 1.0m 左右；第二层为粉质粘土，$c_{cu}=12kPa$，$\phi_{cu}=12°$，厚 2.2m 左右；第三层为淤泥质粉质粘土，$c_{cu}=9kPa$，$\phi_{cu}=12°$；第四层为淤泥质粘土，$c_{cu}=10kPa$，$\phi_{cu}=7°$，厚 10.0m 左右；第五层为粉质粘土，$c_{cu}=9kPa$，$\phi_{cu}=16°$，厚 6.2m 左右；第六层为粉质粘土，$c_{cu}=36kPa$，$\phi_{cu}=13°$，厚 8.0m 左右。主楼部分二层地下室，裙房部分有一层地下室，平面位置如图 2.9 所示。主楼部分基坑深 10m，裙房部分基坑深 5m。设计采用水泥土重力式式挡土结构作为基坑围护体系，并分别对裙房基坑(计算开挖深度取 5m)和主楼基坑(计算开挖深度取 5m)分别进行设计。水泥土重力式挡墙围护体系剖面示意图如图 2.10 所示。

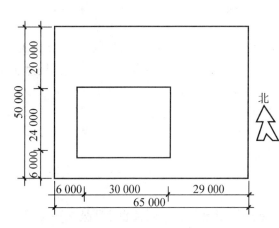

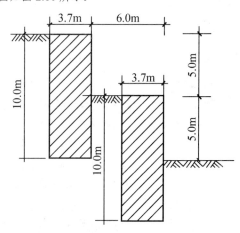

图 2.9　某大厦主楼和裙房平面位置示意图　　图 2.10　围护体系剖面示意图(主楼西侧和南侧)

当裙房部分和主楼部分基坑挖至地面以下 5.0m 深时，外围水泥土挡墙变形很小，基坑开挖顺利。当主楼部分基坑继续开挖，挖至地面以下 8.0m 左右时，主楼基坑西侧和南侧围护体系，包括该区裙房基坑围护墙，均产生整体失稳破坏，整体失稳破坏示意图如图 2.11 所示。主楼基坑东侧和北侧围护体系完好，变形很小。围护体系整体失稳破坏造成主楼工程桩严重移位。

图 2.11　整体失稳破坏示意图

该工程事故原因是围护挡土结构计算简图错误。对主楼西侧和南侧围护体系，裙房基坑围护结构和主楼基坑围护结构分别按开挖深度 5.0m 计算是错误的。当总挖深超过 5.0m 后，作用在主楼基坑围护结构上的主动土压力值远大于设计主动土压力值，提供给裙房基坑围护结构上的被动土压力值远小于设计被动土压力值。当开挖深度接近 8.0m 时，势必产生整体失稳破坏。另两侧未产生破坏，说明该水泥土围护结构足以承担开挖深度 5.0m 时的土压力。

该工程实例较典型，但类似错误并不鲜见。在围护体系设计中，为了减小主动土压力，也为了减小围护墙的工程量，往往挖去墙后部分土，进行卸载，如图 2.12 所示。为数不少的设计人员计算作用在挡土结构上的土压力值时，开挖深度取图中 H 值，这样是不安全的。当 l 值较小时，一定要计算厚度为 h 的土层对作用在围护墙上土压力值的影响。作用在悬臂挡土结构上的土压力分布是深度的一次函数，围护结构的剪力是深度的二次函数，弯矩是深度的三次函数。围护结构是抗弯结构，对深度是很敏感的，设计人员应予重视。

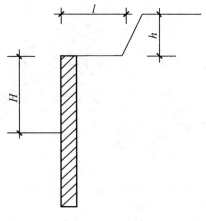

图 2.12 墙后卸载示意图

2.3.2 土方开挖与回填

1. 土方开挖

为了保证土方开挖的顺利进行和基础的正常施工，基槽或基坑的土方开挖通常首先选择放坡。边坡的稳定与工程的各种因素有关，如果土方开挖过程中或土方开挖后处理不当，就会引起边坡土方局部或大面积塌陷或滑塌，使地基土受到扰动，承载力降低，严重时会影响到建筑物的安全和稳定。

引起土方开挖塌方或滑坡的主要原因如下。

(1) 基坑(槽)开挖较深，放坡坡度不够，或开挖不同土层时，没有根据土的特性分别放成不同的坡度，致使边坡失去稳定造成塌方。

(2) 在有地表水(雨水、生产用水、生活用水)、地下水作用的情况下，未采取有效的降水、排水措施，致使土体自重增加，土的内聚力降低，抗滑力下降，在重力作用下失去稳定而引起边坡塌方。

(3) 边坡坡顶堆载过大或离坡顶过近。例如，边坡坡顶不适当的堆置弃土或建筑材料、在坡顶附近修建建筑物、施工机械离坡顶过近或过重等，都可能引起下滑力的增加，从而引起边坡失稳。

 案例 2-4

某土坡滑动及治理对策

由于在土坡坡脚开挖形成 4 级垂直陡坎，造成土坡失稳，形成滑坡。滑坡后缘顶点标高 50m，前缘标高 30m 左右，相对高差 16～20m，滑坡未开挖段地面坡度 10°～25°，平均长约 40m，宽约 50m；开挖段平均长约 30～40m，宽约 85m，滑面最大埋深约 15m。滑体物质总体积约 $4×10^4m^3$，属中小型土质滑坡。滑坡后缘发育有拉张裂隙，中部发育有一条近东西向剪裂隙，前缘发育两处鸭舌状隆起，隆起部发育一组张裂隙，密度 5～8 条/m。以剪裂隙为界，根据隆起的先后次序，把滑坡体分成两个滑体：1 号滑体和 2 号滑体，如图 2.13(a)所示。

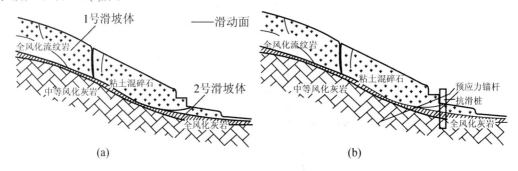

图 2.13　滑坡剖面及滑坡治理示意图

据钻探揭示，滑坡滑体的物质由上至下依次为以下几种。

(1) 粘土混碎石：主要由粘性土组成，混有强风化砂岩碎石，局部夹全风化基岩，厚 4～13m。

(2) 全风化流纹岩：岩石风化为土状(下部高岭土化)，一般直接覆于中等风化灰岩之上，主要分布于 1 号滑坡，厚 5～9m。

(3) 强风化流纹岩：岩石风化强烈，仅由 Z3 钻孔揭示。

(4) 全风化灰岩(红粘土)：灰岩风化成红粘土，性质较差，薄层状，分布于 2 号滑坡，直接覆于中等风化灰岩之上。

(5) 中等风化(微风化)灰岩：包括三种岩性，即灰黑色灰岩、灰白色白云质灰岩、灰色钙质泥岩。滑坡体范围内下伏基岩主要为灰白色白云灰岩，硬度较大。

1 号滑体由粘土混碎石和全风化流纹岩组成，土体力学性质相近，滑带不明显，推断滑动面为风化土体与中等风化基岩接触面处。2 号滑体滑带明显，滑带土为浅紫红色全风化灰岩(红粘土)，成分以浅紫红色粘土为主，夹少量灰白色中等风化灰岩角砾、碎石，滑动(面)较为平缓，后缘张裂缝近直立。滑坡的滑床是震旦系基岩，岩性为中等微风化灰黑色灰岩、灰白色白云质灰岩。

本工程采用锚固抗滑桩作为抗滑支挡结构，并辅以滑坡地表排水措施的滑坡综合整治方案。

抗滑桩具有受力明确、抗滑力强、桩位灵活、施工简便等优点。锚固抗滑桩是在抗滑桩基础上，在桩的顶部设置预应力锚杆并锚入稳定岩层，使抗滑桩形成简支梁受力系统。它使抗滑桩避免了悬臂梁受力，从而使桩截面大大减小，配筋减少，节省投资，而且主动受力。抗滑桩采用人工挖孔桩，桩身混凝土 C25，矩形截面，截面尺寸 2m×3m，长边方向与滑坡运动方向一致。抗滑桩间距 6m，桩顶标高 31.200m，桩端进入中等风化灰岩深度不少于 3m。每根抗滑桩顶压顶梁处设一预应力锚杆，预应力锚杆采用 $\phi15(7\phi5/1\ 470MPa)$钢绞线。预应力锚杆方位与滑坡运动方向一致，并且与抗滑桩身成 45° 角，锚杆钻孔进入中等风化灰岩深度不小于 4m。抗滑桩及预应力锚杆设置如图 2.13 所示。

2. 土方回填

在建筑工程中，对低凹的地基、室内地面、已开挖的基坑、基槽都需要进行土方回填。

在基槽(坑)土方回填施工中，因施工不当而造成基槽(坑)填土局部或大片出现沉陷，从而造成室外道路、散水等空鼓下沉、开裂，建筑物基础积水，有的甚至引起建筑结构的不均匀沉降和开裂；在房心土回填时，引起房心回填土局部或大片下沉，造成建筑物底层地面空鼓、开裂甚至塌陷破坏。

造成上述事故的主要原因归纳如下。

(1) 回填土质不符合要求。例如，回填土干土块较多，受水浸泡易产生沉陷；回填土中含有大量的有机杂质、碎块草皮；大量采用淤泥和淤泥质土等含水量较大的土质做回填土。

(2) 回填土未按规定的厚度分层回填、夯实；或者底部松填，仅表面夯实，密实度不够。

(3) 回填时，对基坑(槽)中的积水、淤泥杂物未清除就回填；对室内回填处局部有软弱土层的，施工时未经处理或未发现，使用后，负荷增加，造成局部塌陷。

(4) 回填土时，采用人工夯实，或采用水泡法沉实，致使密实度未达到要求。

2.3.3　排水与降水

人工降低地下水位是土方工程、地基与基础工程施工中的一项重要技术措施，能保证处于地下水位以下基坑(槽)的施工，稳定边坡、清除流沙，提供正常的施工条件，保证工程质量和施工安全。如果降水排水的施工不能满足工程的需要，或是降水施工质量不佳，造成降水失效或达不到预定的要求，都会影响土方工程、地基与基础工程的正常施工，甚至危及邻近建筑物、构筑物或市政设施的安全和使用功能。

目前常用的人工降水方法有集水坑降水、井点降水、集水坑与井点相结合的降水方法。井点降水根据其设备不同又可为轻型井点、喷射井点、电渗井点、管井井点和深井井点等，如图 2.14 所示。

图 2.14　基坑降水现场

1. 地下水位降低深度不足

在人工降低地下水位时，如果地下水位降深没有达到施工组织设计的要求，水就会不断渗透到坑内；基坑内土的含水量较大，基坑边坡极易失稳；还有可能造成坑内流沙现象的出现。分析其原因主要有以下几点。

(1) 水文地质资料有误，影响了降水方案的选择和设计。

(2) 降水方案选择有误，井管的平面布置、滤管的埋置深度、设计的降水深度不合理。

(3) 降水设备选用或加工、运输不当，造成降水困难或达不到所需的要求。

(4) 施工质量有问题，如井孔的垂直度、深度与直径，井管的沉放，砂滤料的规格与粒径，滤层的厚度，管线的安装等质量不符合要求。

(5) 井管和降水设备系统安装完毕后，没有及时试抽和洗井，滤管和滤层被淤塞。

2. 地面沉陷过大

在人工降水过程中，在基坑外侧的降低地下水位影响范围内，地基土产生不均匀沉降，导致受其影响的邻近建筑物或构筑物或市政设施发生不同程度的倾斜、裂缝，甚至断裂、坍塌。发生的主要原因有以下几点。

(1) 由于人工降水漏斗曲线范围内的土体压缩、固结，造成地基土沉陷，这一沉陷随降水深度的增加而增加，沉陷的范围随降水范围的扩大而扩大。

(2) 如果人工降水采用真空降水的方法，不但使井管内的地下水抽汲到地面，而且在滤管附近和土层深处产生较高的真空度，即形成负压区；各井管共同的作用，在基坑内外形成一个范围较大的负压地带，使土体内的细颗粒向负压区移动。当地基土的孔隙被压缩、变形后，也形成了地基土的沉陷。真空度越大，负压值和负压区范围也越大，产生沉陷的范围和沉降量也越大。

(3) 由于井管和滤管的原因，使土中的细颗粒不断随水抽出，由于地基土中的泥沙不断流失，引起地面沉陷。

(4) 降水的深度过大，时间过长，扩大了降水的影响范围，加剧了土体的压缩和泥沙的流失，引起地面沉陷增大。

3. 轻型井点降水时真空度失常

在降水过程中，可能会出现真空度很小，真空表指针剧烈抖动，抽出水量很少；或者真空度异常大，但抽不出水；甚至可能地下水位降不下去，基坑边坡失稳，有流沙现象。

分析其原因主要有以下几点。

(1) 井点设备安装不严密，管路系统大量漏气。

(2) 抽水机组零部件磨损或发生故障。

(3) 井点滤网、滤管、集水井管和滤清器被泥沙淤塞，或砂滤层含泥量过大等，以致抽水机组上的真空表指针读数异常大，但抽不出地下水。

(4) 土的渗透系数太小，井点类别选择不当，或井点滤管埋设的位置和标高不当，处于渗透系数较小的土层中。

因此，井点管路的安装必须严密；抽水机组安装前必须全面保养，空运转时的真空度应大于 93kPa；轻型井点的全部管路应认真检查、保养，并按照合理的程序施工。

 案例 2-5

<h2 align="center">广州地铁二号线延长线塌方事故</h2>

2004 年 9 月 25 日凌晨 0 时 20 分，广州地铁二号线延长线新港东路琶洲路段地铁隧道基坑旁的地下自来水管被工程车压破爆裂，大量自来水注入基坑并引发了大面积塌方，该路段琶洲塔附近由西往东方向

约两个篮球场大小的路面塌陷，三辆当时经过的摩托车跌落坑中。事故还导致琶洲村和教师新村数千居民近 8 个小时内处于停水状态，如图 2.15 所示。

图 2.15　广州地铁二号线延长线塌方

事发的原因是由于工地北侧道路下方一条自来水管受工地施工运泥重型车的作用爆裂，引发漏水造成基坑和路段出现局部塌方。位于琶洲塔下的塌方现场成了一个有两个篮球场大的"水塘"，地铁工地靠新港东路一边的墙壁已经倒塌，新港东路路面上由东往西方向的车道也有部分下陷，一辆挖泥车还被淹没在这片汪洋中。"当时是晚上 10 点多钟，施工的运泥车刚刚滑过路面，便听到'噗嗤'的一声。"在工地值班的一位工人说，好像是地下的水管爆裂了，两个小时左右，埋在地下的自来水管"吱吱"地像爆发的喷泉一样，把基坑淹没了。"幸好当时没有工人在下面作业，要不后果不堪设想！"另一位目击工人李先生讲。

事故处理如下。地铁施工人员用数台水泵排水，工程车辆进行抢修，对下陷的工地进行抽水和回填泥沙。据广州市自来水公司有关人士介绍，事故发生后，自来水公司立即派出抢修队进入事故现场进行抢修，并确定是一条直径 0.8m 的水管爆裂。为此，市自来水公司早晨派出送水车，免费为暂时停水的该村西侧部分居民送去自来水。到下午 2 时左右，该村部分停水的居民恢复了自来水供应；到下午 5 时，被压爆的 0.8m 自来水管被完全修复，该地区的自来水供应也恢复正常。

2.3.4　深基坑支护工程

随着高层建筑的不断增加、市政建设的大力发展和地下空间的开发利用，产生了大量的深基坑支护设计与施工问题，并使之成为当前基础工程的热点和难点。在深基坑工程的设计和施工中，常见的质量事故主要有基坑开挖和基坑支护两方面的问题，基坑开挖的常见质量事故和原因分析已在前面做了介绍，下面主要分析深基坑支护施工中常见的质量问题。

深基坑工程中，基坑支护常见的事故主要有以下几点。

(1) 支护结构整体失稳。常见的现象有两种：一是支护结构顶部发生较大位移，严重的向基坑内滑动或倾覆；二是支护桩底发生较大的位移，桩身后仰，支护结构倒塌。

(2) 支护结构断裂破坏。

(3) 基坑周围产生过大的地面沉降，影响周围建筑物、地下管线、道路的使用和安全。

(4) 基坑底部隆起变形。其后果一是破坏了基坑底土体的稳定性，使坑底的土体承载力降低；二是造成基坑周围地面沉降；三是当基坑内设有内支撑时，坑底隆起造成支撑体系中立柱的上抬，使支撑体系破坏。

（5）产生流沙。流沙可以发生在坑底，也可能出现在支护桩的桩体之间。

在基坑工程施工中，产生上述质量事故的主要原因归纳如下。

① 支护结构的强度不足，结构构件发生破坏。

② 支护桩埋深不足，不仅造成支护结构倾覆或出现超常变形，而且会在坑底产生隆起，有时还出现流沙。

（6）基底土失稳。基坑开挖使支护结构内外土重量的平衡关系被打破，桩后土重超过坑底内基底土的承载力时，产生坑底隆起现象。支护采用的板桩强度不足，板桩的入土部分破坏，坑底土也会隆起。此外，当基坑底下有薄的不透水层，而且在其下面有承压水时，基坑会出现由于土重不足以平衡下部承压水向上的顶力而引起隆起。当坑底为挤密的群桩时，孔隙水压力不能排出，待基坑开挖后，也会出现坑底隆起。

支护用的灌注桩质量不符合要求；桩的垂直度偏差过大，或相邻桩出现相反方向的倾斜，造成桩体之间出现漏洞；钢支撑的节点连接不牢，支撑构件错位严重；基坑周围乱堆材料设备，任意加大坡顶荷载；挖土方案不合理，不分层进行，一次挖至基坑底标高，导致土的自重应力释放过快，加大了桩体变形。

不重视现场监测，影响基坑支护结构的安全因素非常复杂，有些因素是设计中无法估计到的，必须重视现场监测，随时掌握支护结构的变形和内力情况，发现问题，及时采取必要的措施。

（7）降水措施不当。采用人工降低地下水位时，没有采用回灌措施保护邻近建筑物。

（8）基坑暴露时间过长。大量实际工程数据表明，基坑暴露时间越长，支护结构的变形就越大，这种变形直到基坑被回填才会停止。所以，在基坑开挖至设计标高后，应快速组织施工，减少基坑暴露时间。

深基坑支护工程发生事故的因素是多方面的，是各种原因综合造成的。

基坑支护事故常用处理方法如下。

（1）支挡法。当基坑的支护结构出现超常变形或倒塌时，可以采用支挡法，加设各种钢板桩及内支撑。加设钢板桩与断桩连接，可以防止桩后土体进一步塌方而危及周围建筑物的情况发生；加设内支撑可以减少支护结构的内力和水平变形。在加设内支撑时，应注意第一道支撑应尽可能高；最低一道支撑应尽可能降低，仅留出灌制钢筋混凝土基础底板所需的高度。有时甚至让在底部增设的临时支撑永久地留在建筑物基础底板中。

（2）注浆法。当基坑开挖过程中出现防水帷幕桩间漏水，基坑底部出现流沙、隆起等现象时，可以采用注浆法进行加固处理，防止事态的进一步发展。俗话说"小洞不补，大洞吃苦"，一些大的工程事故都是由于在事故刚出现苗头时没有及时处理，或处理不到位造成的。注浆法还可以用做防止周围建筑物，地下管线破坏的保护措施。总之，注浆法是近几年来被广泛地用于基坑开挖中土体加固的一种方法。该法可以提高土体的抗渗能力，降低土的孔隙压力，增加土体强度，改善土的物理性质和力学性质。

注浆工艺按其所依据的理论可以分为渗入性注浆、劈裂注浆等。

渗入性注浆所需的注浆压力较大，浆液在压力作用下渗入孔隙及裂隙，不破坏土体结构，仅起到充填、渗透、挤密的作用，较适用于砂土、碎石土等渗透系数较大的土。

劈裂注浆所需的注浆压力较高，通过压力破坏土体原有的结构，迫使土体中的裂缝或裂隙进一步扩大，并形成新的裂缝或裂隙，较适用于像软土这样渗透系数较小的土，在砂土中也有较好的注浆效果。

注浆法所用的浆液一般为在水灰比为 0.5 左右的水泥浆中掺水泥用量为 10%～30%的粉煤灰。另外，还可以采用双液注浆，即用两台注浆泵，分别注入水泥浆和化学浆液，两种浆液在管口三通处汇合后压入土层中。

注浆法在基坑开挖中有以下几种用途。

① 用于止水防渗、堵漏。当止水帷幕桩间出现局部漏水现象时，为了防止周围地基水土流失，应马上采用注浆法进行处理；当基坑底部出现管涌现象时，采用注浆法可以有效地制止管涌。当管涌量大不易灌浆时，可以先回填土方与草包，然后进行多道注浆。

② 保护性的加固措施。当由监测报告得知由于基坑开挖造成周围建筑物、地下管线等设施的变形接近临界值时，可以通过在其下部进行多道注浆，对这些建筑设施采取保护性的加固处理。注浆法是常用的加固方法之一。但应引起注意的是，注浆所产生的压力会给基坑支护结构带来一定的影响，所以在注浆时应注意控制注浆压力及注浆速度，以防对基坑支护带来新的危害。

③ 防止支护结构变形过大。当支护结构变形较大时，可以对支护桩前后土体采用注浆法。对桩后土体的加固可以减少主动土压力；对桩前土体的加固可以加大被动土压力，同时还可以防止基坑底部出现隆起，增加基底土的承载能力。

(3) 隔断法。隔断法主要是在被开挖的基坑与周围原有建筑物之间建立一道隔断墙。该隔断墙承受由于基坑开挖引起的土的侧压力，必要时可以起到防水帷幕的作用。隔断墙一般采用树根桩、深层搅拌桩、压力注浆等筑成，形成对周围建筑物的保护作用，防止由于基坑的坍塌造成房屋的破坏。

(4) 降水法。当坑底出现大规模涌砂时，可在基坑底部设置深管井或采用井点降水，以彻底控制住流沙的出现。但采用这两种方法时应考虑周围环境的影响，即考虑由于降水造成周围建筑物的下沉、地下管线等设施的变形，所以应在周围设回灌井点，以保证不会对周围设施造成破坏。

(5) 坑底加固法。坑底加固法主要是针对基坑底部出现隆起、流沙时所采取的一种处理方法。通过在基坑底部采取压力注浆、搅拌桩、树根桩及旋喷桩等措施，提高基坑底部土体的抗剪强度，同时起到止水防渗的作用。

(6) 卸载法。当支护结构顶部位移较大，即将发生倾覆破坏时，可以采用卸载法，即挖掉桩后一定深度内的土体，减小桩后主动土压力。该法对制止桩顶部过大的位移，防止支护结构发生倾覆有较大作用。但此法必须在基坑周围场地条件允许的情况下才可以采用。

2.4　常见地基处理工程缺陷事故分析与处理

地基处理的主要目的是提高软弱地基的承载能力，保证地基的稳定。地基处理的方法有很多，有强夯法、预压法、振冲法、砂桩法、水泥粉煤灰碎石桩法、水泥土搅拌法、高压喷射注浆法等。各种处理方法都有它的适用范围、局限性和优缺点，没有一种方法是万能的。具体工程情况又很复杂，工程地质条件千变万化，各个工程间地基条件差别很大，具体工程对地基要求也不同，而且机具、材料等条件也会因工作部门不同、地区不同而有较大的差别。因此，在选择地基处理方案时要对每一具体工程进行具体分析，从而找出一个比较合适的处理方法或综合应用几种处理方法。如选用不当或施工方法有误，不按规范和操作规程进行，就会形成质量缺陷，造成工程事故。本节主要对常见的地基处理工程缺陷事故进行分析与处理。

2.4.1 强夯地基处理工程缺陷事故

近年来，国内强夯技术迅速发展，应用范围更为广泛，其关键技术主要集中在大能量的强夯技术研究和饱和软土复合地基的强夯技术研究。但不能忽视强夯地基处理工程的常见的质量问题，主要有夯击不密实、夯成橡皮土、对邻近建筑物产生不利影响等。

在土木建筑工程中，造成强夯地基处理工程缺陷事故的原因大致有如下几种。

(1) 夯成橡皮土。在含水量很大的粘土、粉质粘土、腐殖土、泥炭土等原状土上进行回填，或采用这些土料作回填土，当其被夯击时，表面形成一层硬壳，而土内水分不易渗透、散发，因而形成软塑状的橡皮土。

(2) 落锤不平稳，坑壁坍塌；分层度过大，或夯击能量不够，未达到有效影响深度。

(3) 对邻近建筑物产生不利影响。因强夯引起较强的振动，施工前未充分考虑对周围建筑物的不利影响。

当发生强夯地基处理工程缺陷事故时，可选用如下方法进行处理。

(1) 夯实填土时，应控制填土的含水量，避免在含水量过大的原状上、回填土上夯打；当地表有水时，应设排水沟，若有地下水时应降水至基底，可用干土、石灰粉等吸水材料均匀掺入土中降低含水量，或将橡皮土翻松、晾干、风干至最优含水量范围，再夯压密实。

(2) 夯打时按规定程序进行。

(3) 落锤按规定做到平稳，夯位要准确。

(4) 施工前应充分考虑周围建筑物与强夯地基施工的影响范围，采取相应措施，如挖隔振沟等，或改用其他方案。

2.4.2 预压地基处理工程缺陷事故

预压地基处理工程缺陷事故的质量问题如下。

(1) 排水固结效果不明显。其主要的事故原因是设计不当，预压荷载偏小，或排水砂井、塑料排水带间距过大，或预压方式选择不当，或预压时间短，卸载过早。

(2) 预压时间过长，影响工程开工时间。产生这种事故的原因是在设计时对预压时间与工程开工时间的关系未认真考虑，或因业主改变原计划，使开工时间提前。

(3) 影响邻近建筑物的安全。由于预压荷载的增加，使地面以下的淤泥和软弱层向周边压力较小的部位滑移、流动，引起附近地面抬升、隆起、推移或变形，危及附近建筑物的安全。

当发生预压地基处理工程缺陷事故时，可选用如下措施进行处理。

(1) 选择合理的设计参数，并按设计要求施工。当地基变形量满足设计要求，且受压土层平均固结度达到 80%以上时，或经预压增长的强度满足设计要求时方可卸载。

(2) 不应随意改变原计划的安排。在采取预压地基方案时，应提醒业主要充分考虑各种影响因素。

(3) 应认真调查和考虑对附近的道路、交通、建筑物的影响，并采取相应的预防措施。

2.4.3 振冲法缺陷事故

振冲法适用于处理砂土、粉土、粉质粘土、素填土和杂填土等地基。从以往的工程实例来看，振冲地基主要存在以下几个质量问题。

(1) 桩体缩颈或断桩，导致桩孔直径减小，填料困难。

产生原因：①在粘土层中，地基成孔后，桩孔壁易回缩或坍塌；②振冲器穿过硬土层后，忽视必要的扩孔工序。

(2) 加固效果差。

产生原因：①振冲加密砂土时水量不足，未能使砂土达到饱和；②在振冲时留振时间不够，不能使砂土充分液化；③粘性土地基振冲施工时，未能适当控制水压电流，填料不足或桩体密实度欠佳。

(3) 地基发生不均匀沉降。

产生原因：①有漏孔现象；②施工过程把瞬间电流误判为密实电流，使得桩身出现填料架空不密实的现象，受载后填料重新压密产生附加沉降；③桩底投料不足；④桩顶部位密实度不足，发生侧向挤出破坏。

防治措施有：①在软弱土地基中施工时，应经常上下提升振冲器进行清孔，如土质特别软，可在振冲器下沉到第一层软弱层时，就在孔中填料，进行初步挤振，使这些填表料挤到该软弱层的周围，起到保护此段孔壁的作用。然后再继续按常规向下进行振冲，直至达到设计深度为止；②如遇硬土层时，应将振冲器在硬土层区段上下提升，并适当加大水压进行扩孔。

2.4.4 砂石桩法缺陷事故

碎石桩、砂桩和砂石桩总称为砂石桩，是指采用振动、冲击或水冲等方式在软弱地基中成孔后，再将砂或碎石挤压入已成的孔中，形成大直径的砂石所构成的密实桩体。砂石桩法早期主要用于挤密砂土地基，随着研究和实践的深化，特别是高效能专用机具出现后，应用范围不断扩大。但应注意砂石桩处理地基的常见质量问题。

(1) 应注意的问题：①塌孔。产生原因为振动电流太大，地层太弱。②缩颈，桩径偏小。产生原因为振动过快，振动电流小。③个别点试验未达设计值。产生原因为砂桩不密实，局部地层较弱，超孔隙水压力未消散。

(2) 防治措施：①施工前分析地质报告，确定适宜的方法；②控制拔管速度；③控制贯入速度，以增加对土层预振动，提高密度；④扩大桩径；⑤选择激振力，提高振动频率；⑥根据情况采用袋装砂井配合使用。

2.4.5 水泥粉煤灰碎石桩缺陷事故

水泥粉煤灰碎石桩(CFG 桩)是采用碎石、石屑、粉煤灰、少量水泥加水进行拌和后，利用各种成桩机械，在地基中制成的强度等级为 C5～C25 的桩。

(1) 主要存在的问题：①桩体强度不足；②缩颈或断桩。

(2) 防治措施：①施工前应按设计要求进行配合比试验，施工时按配合比配制混合料；②长螺旋钻孔、管内泵压混合料成桩施工在钻至设计深度后，应准确掌握提拔钻杆时间，混合料泵送量应与拔管速度相配合，遇到饱和砂土或饱和粉土层，不得停泵待料；③沉管灌注成桩时施工拔管速度应按匀速控制，拔管速度应控制为 1.2～5m/min，如遇淤泥或淤泥质土，拔管速度应适当放慢；④施工桩顶标高宜高出设计桩顶标高不少于 0.5m。

2.4.6 水泥土搅拌法缺陷事故

水泥土搅拌法是加固处理深厚层软粘土地基的新技术。它以水泥、石灰等材料作为固结剂，通过特制的深层搅拌机械，在地基深处就地将软弱土和固化剂强制拌和，使软粘土硬结成具有整体性和水稳定性的柱状、壁状和块状等不同形式的加固体，以提高地基承载力。发生水泥土搅拌地基处理工程缺陷事故的质量问题如下。

(1) 桩体直径偏小，不符合设计要求，其主要由于施工操作时对桩位控制不严，使桩径和垂直度产生较大偏差，出现不合格的桩。

(2) 桩体强度不符合设计要求，即搅拌机预搅下沉时，为加速而冲水过多，降低了桩体强度；水泥用量偏小；试件未达到规定龄期。

(3) 搅拌体不均匀，其原因是：①搅拌机械、注浆机械中途发生故障，造成注浆不连续，供水不均匀，使软粘土被扰动，无水泥浆拌和；②搅拌机械提升速度不均匀。

当发生水泥土搅拌地基处理工程缺陷事故时，可选用如下措施进行处理：

(1) 严格控制桩位，将其偏差控制在允许范围内。

(2) 当出现不合格时，应分别采取补桩或加强邻桩的措施。

(3) 严格控制搅拌机预搅下沉时的加水量，只有当遇硬土层下沉过慢时，方可适量冲水。

(4) 按设计配比要求控制用水量，一般宜为加固土重的 7%～15%。

(5) 对承重桩试件龄期应取 90d，对支护桩试件龄期应取 28d。

2.4.7 高压喷射注浆法缺陷事故

常见的高压喷射注浆地基处理工程缺陷事故如下。

(1) 在有承压水的地下水地基中，高压喷射注浆加固效果差。因地下水是承压水，流速过大，将使高压喷射注浆不能固结。同时因没有对承压的地下水采取相应的导流降压措施，达不到对地基加固的目的。

(2) 加固范围不能满足设计要求，加固效果差。这是由于注浆深度和孔位设计不当，或施工未达到设计要求的注浆深度，影响注浆效果。

(3) 桩体不均匀。其原因是浆液使用双液化学加固剂时，由于分别注入，在土中出现浆液混合不均匀,影响加固工程质量;化学浆液的稠度、浓度、温度、配合比和凝结时间,直接影响灌浆工程的顺利进行。

当发生高压喷射注浆地基处理工程缺陷事故时,可选用如下措施进行处理。

(1) 应尽量避免在流速过大或有一定压力的承压地下水地区采用高压喷射注浆加固地基;当有必要采用时,应采取相应的导流降压措施,确保高压喷射注浆的效果。

(2) 用于深基坑底部加固时,加固范围应满足按复合地基计算圆弧或抗管涌的要求。

(3) 用于深基坑挡土时,应根据承受的土压力计算注浆深度和孔位。

(4) 用于防水帷幕时,应根据防渗要求计算。

 案例 2-6

动力排水固结法预处理成功案例

1) 工程概况

广东科学中心是广东省政府投资兴建的大型公益性科普教育基地,总投资 19 亿元。该工程位于正在建设的广州大学城小谷围岛西部,三面环水,总用地面积 453 873m²。其主体建筑宛如一艘漂浮在水中的航空母舰和一朵盛开的木棉花,上部采用巨型钢框架结构,建筑面为 12.75 万 m²,建筑高度为 64m。

其场地整体地势偏低,地块内多为鱼塘与河涌,属河漫滩地貌。地层自上而下分别如下。

(1) 人工填土(Q^{ml}):主要为冲填土,冲填土主要由中、细砂冲填而成,结构松散,层厚 1.00~2.00m。

(2) 第四系冲积层(Q$_4^{ml}$):该层主要由淤泥、粉质粘土及砂组成,地层多呈交错、互层状分布。其中,淤泥的厚度为 5~15m。

(3) 残积层(Q^{el}):主要为泥质粉砂岩风化残积而成的粉质粘土,局部坚硬,含较多砂,夹粉土,层厚 0.60~9.80m。

(4) 白垩系基岩(K):该层岩性主要为泥质粉砂岩,自上而下分别为全风化、强风化、中风化和微风化。

场地具有以下特点。

(1) 软弱土层厚度较大。场地普遍分布有第四纪海陆相沉积的由淤泥、淤泥质土、粘性土、粉土及砂土组成的软土,厚度为 5~15m。

(2) 淤泥含水量高,孔隙比大,压缩性高,强度低。

(3) 场地抗震性能差。上部的淤泥、淤泥质土存在震陷,其深部的粉土及砂土存在液化现象。

(4) 渗透性相对较好,淤泥层局部含砂,夹砂及粉质粘土。

2) 采用的地基处理方法

从工期、估算投资、达到预期效果等方面考虑,动力排水固结法施工工期短,造价低,既可以加快软弱地基的排水固结,提高地基承载力,又可以消除地基液化,因此优先采用动力排水固结法处理。

该工程采用"吹砂填淤、动静结合、分区处理,少击多遍、逐级加能、双向排水"新技术进行地基预处理。其中,采用动力排水固结法处理的面积约为 17 万 m²,于 2004 年 8 月开始。动力排水固结区根据场地使用功能的不同,又可分为两大区域:第一区域为室外道路、停车场部分即动力排水固结 1 区;第二区域为主体结构部分。其中,第二区域又根据主体结构地坪的标高分为动力排水固结 2 区、动力排水固结 3 区、动力排水固结 4 区等,可分区进行处理,如图 2.16 所示。

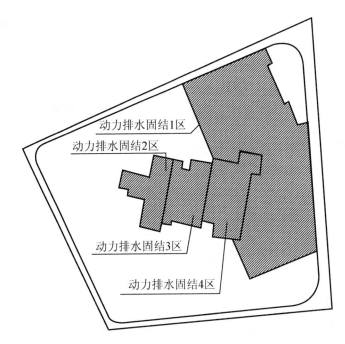

图 2.16　动力排水固结法地基处理分区布置图

强夯施工前先施工塑料排水板或袋装砂井,形成竖向排水通道,与地表冲填砂层一起构成有效的排水系统。将动力排水固结区按 20～30m 间隔分成若干个小的施工段,并在每一施工段之间设置排水沟,排水沟内每 30m 间隔设置集水井,每个小施工段内设置两个孔隙水压力观测点,检测超静孔隙水压力的消散情况,以指导施工。

强夯施工时采用"少击多遍、逐级加能、双向排水"的方式。强夯时,采用圆形夯锤,夯锤直径 $D=2.1\mathrm{m}$,底面积 $A=3.14\mathrm{m}^2$,锤重分别为 13t 和 15t。夯点按 5.0m×5.0m 方形布置,隔点夯击,点夯 3～4 遍,单点夯击 6～8 击,夯击能依次加大,夯击能分别为 800kN·m,1 050kN·m,1 300kN·m,每遍夯击的收锤标准以 6 击或 8 击、总沉降量不大于 1 300mm 或 1 600mm 为准。最后以低能量满夯一遍,夯击能为 800kN·m,挨点梅花形夯打,锤印搭接 1/3。

2004 年 10 月,完成了动力排水固结区的地基处理。

3) 预处理效果

采用上述地基预处理技术,完成了近 38.7 万 m^2 的动静结合排水固结法饱和软土地基预处理工程,其中动力排水固结法约为 17 万 m^2,堆载预压约 21.7 万 m^2。

通过孔隙水压力监测、分层沉降监测、测斜和地表沉降监测,利用常规土工试验、载荷试验、静力触探试验、瑞利波检测和联合应用液氮真空冷冻制样、微结构扫描电镜分析和计算机图像处理技术开展饱和软土微结构试验等方法,获得了大量的科学研究数据,开展了相关的定量分析,证明该地基处理技术处理饱和软土地基具有显著效果:软弱土层得到排水固结,各项物理力学指标均有大幅度提升,场地地基承载力得到提高、深部砂层液化得到改善。

2004 年 11 月底开始基础工程开挖工作,基础底面标高与基坑边沿标高相差 2.5m,按 1:4 放坡。大部分开挖面已经处在淤泥层中,开挖过程没有出现挤淤现象,挖出的淤泥已经基本固结完成,流塑性和触变性也基本消除。工程桩承台处淤泥不放坡开挖,泡在水中而无塌方现象发生,如图 2.17 所示,根据广东科学中心工程经济效益分析结果,采用经优化后的饱和软土地基预处理技术进行地基处理,节约工程造价 1 亿元左右。

图 2.17　承台基坑开挖情况图

案例 2-7

上海在建大楼倒塌事故原因分析

　　2009 年 6 月 27 日凌晨 5 点 30 分左右，当大部分上海市民还在睡梦中的时候，家住上海市闵行区莲花南路、罗阳路附近的居民却被"轰"的一声巨响吵醒，伴随的还有一些震动。没过多久，他们知道不是发生地震，而是附近的小区"莲花河畔景苑"中一栋 13 层的在建住宅楼倒塌了，如图 2.18 所示。

图 2.18　倒塌事故现场

　　发生事故的小区位于上海市闵行区莲花南路与罗阳路交界处，开发商是上海梅都房地产开发有限公司。小区一共有十一栋楼盘，全是十三层的建筑。

　　2009 年 7 月 3 日，上海市政府召开新闻发布会称，事故主要原因为楼房北侧短期内堆土高达十米，南侧正在开挖 4.6 米深的地下车库基坑，两侧压力差导致过大的水平力，超过了桩基的抗侧能力。

　　1）原因分析

　　由涉及勘察、设计、地质、水利等多方面专业的 14 人专家组，对倒塌原因进行了分析。

　　上海莲花河畔景苑"6.27"事故专家调查组组长、中国工程院院士、上海现代建筑设计集团有限公司结构设计专家江欢成先生在事故处理会上谈到："这个建筑整体倒塌，在我从业 46 年来，从来没有听说过，也没有见到过。"

事故调查显示：原勘察报告，经现场补充勘察和复核，符合规范要求；原结构设计，经复核符合规范要求；大楼所用 PHC 管桩，经检测质量符合规范要求。

据分析，楼房倒覆事故的直接原因是：紧贴 7 号楼北侧，在短期内堆土过高，最高处达 10m 左右；与此同时，紧邻大楼南侧的地下车库基坑正在开挖，开挖深度 4.6m，大楼两侧的压力差使土体产生水平位移，过大的水平力超过了桩基的抗侧能力，导致房屋倾倒。

房屋倒塌的间接原因：一是土方堆放不当。在未对天然地基进行承载力计算的情况下，建设单位随意指定将开挖土方短时间内集中堆放于 7 号楼北侧。二是开挖基坑违反相关规定。土方开挖单位，在未经监理方同意、未进行有效监测，不具备资质的情况下，也没有按照相关技术要求开挖基坑。三是监理不到位。监理方对建设方、施工方的违法、违规行为未进行有效处置，对施工现场的事故隐患未及时报告。四是管理不到位。建设单位管理混乱，违章指挥，违法指定施工单位，压缩施工工期；总包单位未予以及时制止。五是安全措施不到位。施工方对基坑开挖及土方处置未采取专项防护措施。六是围护桩施工不规范。施工方未严格按照相关要求组织施工，施工速度快于规定的技术标准要求。

倒塌楼房下的古河道淤积层也是造成事故的诱因之一。7 号楼下面的古河道淤积层有 30m 深，前段时间上海的大雨，导致淀浦河河水的起伏，7 号楼的桩基周围的土有可能受河水影响流失。

另外，先建主体后挖地下室的违规施工，也是造成事故的原因之一。

2) 事故处理措施

事故发生后，首当其冲的工作是"抢救"与倒覆的 7 号楼情况类似的 6 号楼。6 号楼紧邻 7 号楼，也是后方有堆土、前方有基坑，只是 6 号楼距离基坑的距离比 7 号楼远些。经过清除堆土、回填基坑的抢险施工，6 号楼第二天即向北复位约 8mm。清除堆土工作完成后，6 号楼已经复位 29mm。

在 7 号楼塌楼处增建公共配套设施或绿地，提升功能，改善环境，降低容积率，提升住宅小区的居住品质。

对 6 号楼进行加固。加固方案为：一是对原有桩基采取全部替换，不考虑原有的 112 根 PHC 管桩的好坏，保留在原地，新增加 116 根钢桩。二是在原基础梁之间的房间区格内设置基础底板。原房屋结构中基础梁由桩基支撑，相当于多个点支撑着纵横的基础梁。增加基础底板后，桩基支撑点被连接在一起形成"墙面"，支撑范围由点扩展到面，支撑力度更大，房屋更稳固。

小区除 6 号楼外，1～5 号楼、8～11 号楼的倾斜均未超过千分之四的标准，上部主体结构工程、基础工程和桩基工程的总体施工质量满足设计和规范要求，结构安全性和抗震性能满足规范要求。故不对 1～5 号楼、8～11 号楼进行加固。

长期以来，对房地产投资属性的过多渲染，使得普通的购房者都在买房时最先考虑 "房子有没有升值空间"这样的问题。然而一栋 13 层在建楼房的突然倒塌，提醒买房自住的人一个常识：安全才是第一位的。投资客买房的黄金准则是"地段，地段，地段"，而自住者的首要要求应该是"质量，质量，质量"。该楼房倒塌事故再次警醒人们：无论任何时候都要把安全施工、保证质量放在突出位置。

2.5 地基基础加固技术

地基基础缺陷事故的处理，指因地基发生过大不均匀变形或地基中的渗流造成建筑结构开裂、倾斜时，对地基和基础的处置和治理(区别于建筑物施工前的地基处理)。它包括地基处理、基础处理和纠偏处理三个组成部分，如图 2.19 所示。

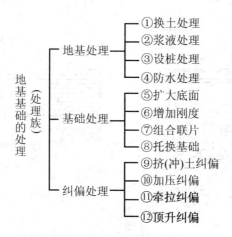

图 2.19　地基基础缺陷事故的处理方法

2.5.1　地基处理技术

1. 换土处理

这是指采用强度较大的纯净素土，或砂卵石，或灰土(1∶9 或 2∶8)，或煤渣等材料代替一部分过硬地基或过软地基，并夯至密实的措施。其目的是使浅基下地基的承载力得到提高，使建筑物各处沉降差保持在许可范围以内。换土处理多用于建筑物建成后出现局部轻度塌陷，或表现为建筑物的个别部位发生墙体开裂的情况，如图 2.20(a)、(b)所示。为保证换土质量，应认真选择填料。若采用砂垫层以中粗砂为好，可掺入一定数量碎石但要分布均匀；若采用粘性土，塑性指数宜取 7～14，接近最优含水量。每层铺土 200～300mm，压实后需进行干重力密度测试，必须达到合格标准。

2. 浆液处理

这是指采用水泥浆液或者硅酸钠(水玻璃)类、环氧树脂类、丙烯酰胺类等化学浆液在已建基础两侧，通过有孔注射孔，在竖向、斜向或水平方向压入土中，利用压力浆液的扩散作用强化基础以下周边的土体，达到提高这部分土体的强度，减少其压缩性，消除其湿陷性的目的，如图 2.20(c)、(d)所示。浆液处理也称化学处理，目前我国应用较多的是水泥浆液；其他化学浆液处理造价昂贵，应用并不广泛，只在重要工程及特殊工程中采用。浆液处理采用的条件是基础埋深较浅，需加固处理的土层不太厚，以及中等或较严重的湿陷性地基。

3. 设桩处理

这是指在已建基础周围设置一排或多排砂桩、灰土桩、石灰桩或旋喷桩，甚至混凝土桩的方法，利用成桩孔时的侧向挤密作用加强基础底下的部分地基，如图 2.20(e)所示。

砂桩，对于砂土来说，可以通过挤压作用增加砂土地基的相对密度；对于粘性土来说，可以使它与砂土共同作用形成复合地基，它们都可以达到提高地基承载力、减少基础沉降的作用。但砂桩仅适用于处理深层松砂、杂填土和粘土含粒量不高的粘性土，而不适用于饱和软粘土地基。

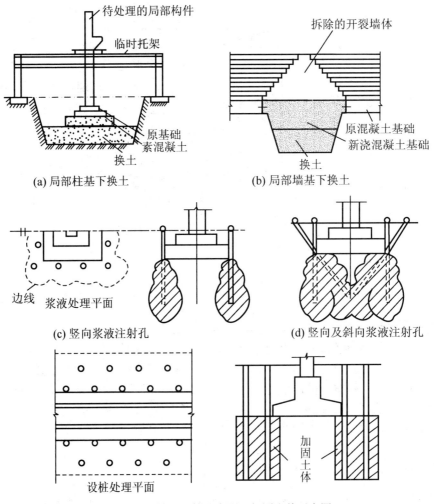

(a) 局部柱基下换土　　　　　　　(b) 局部墙基下换土

(c) 竖向浆液注射孔　　　　　　　(d) 竖向及斜向浆液注射孔

(e) 设桩处理桩孔布置及加固土体示意图

图 2.20　换土和浆液、设桩处理示意

　　灰土桩的作用是利用分层夯实灰土的效果在基础周围形成一个密实的土围幕,使基础底部土体的侧向变形受到一定的约束,从而提高地基土的承载力,减少其压缩性、减少其湿陷变形。灰土挤密桩适用于下沉变形较小或下沉已趋稳定的一般建筑物。

　　石灰桩是指在成孔后灌入生石灰块,使石灰吸收土中水分水解为熟石灰,体积膨胀,把周围湿土挤密,从而减少土的含水量和孔隙比达到加固处理的目的。故石灰桩适用于地下水位较低、基础较窄的建筑物。

　　旋喷桩的原理是强制浆液与土体进行搅拌混合,在喷射力(工作压力在 20MPa 以上)的有效射程内形成圆柱形的凝固柱体,其极限强度可达 3～5MPa,能起到加固地基的目的(旋喷桩也是一种浆液处理方法),适用于静压灌浆难以改良的软弱地基,尤其是 $N_{63.5}<10$ 的砂土或 $N_{63.5}<5$ 的粘性土。

4. 防水处理

这是指遇到湿陷性黄土地基或膨胀土地基时的综合处理。其防治措施是围绕建筑物四周设置良好的排水系统(如设置宽散水、排水沟、能使排水畅通的地坪等)，确保建筑物内的管道、贮水构筑物不漏水，做好有灰土或砂石、炉渣垫层的室内地坪，移走建筑物附近吸水量或蒸发量大的树木等。

2.5.2　基础处理技术

1. 扩大基础底面、增加基础刚度

这是指采用钢筋混凝土套的方法扩大已建基础的底面积，增加已建基础高度的措施。它往往在以下两种情况下进行。

(1) 勘察、设计或施工错误，造成基础底面积偏小，不能满足承载力要求时；或者建筑物的沉降量超过允许值时；或者建筑物需要增层时。

(2) 基础构件设计有误或施工有误，使得它的承载力或刚度不足时，如砌体强度不足、混凝土标号过低、钢筋配置有误及基础高度不足等。

增设钢筋混凝土套加固基础做法的关键在于新旧混凝土的连接。一般可采用锚筋连接或嵌入连接两种做法。前者是将扩大部分挖至与待加固基础的基底，将柱子根部和旧基础表面打毛，并在旧柱基四周直壁上钻孔，用环氧树脂锚入短筋，把新旧基础连接起来，如图 2.21(a)所示；后者是将钢筋混凝土套的下端嵌入旧基础底部边缘，呈环抱状，同时将旧基础表面和柱子根部打毛，这就能使新旧基础共同工作，如图 2.21(b)所示。嵌入连接做法的缺点是在施工过程中会扰动旧基础下的持力土层，因而在施工时要对柱加临时支撑。

2. 组合联片

这是指在做好单独基础扩大底面套的同时，再做基础梁伸入混凝土套的两侧，并在基础梁下设置底板，利用钢筋混凝土底板将待加固的基础组合联片，达到进一步扩大基底面积的目的，如图 2.21(c)所示。

3. 托换基础

这是指在原基础两旁新设基础，把由原基础承受的荷载通过另设的传力体系转移到新基础的地基上。通过的传力体系是在墙体两侧设置贴墙的托架次梁，次梁所受的作用力传给穿越墙体的主梁再传给新设基础墩台，如图 2.21(d)所示。

近年来有时采用锚杆静压桩托换基础。它将压桩架通过锚杆与原基础连接，利用建筑自重荷载作为压桩反力，用千斤顶将桩分段压入地基中，通过静压桩承担部分荷载，如图 2.22 所示。锚杆静压桩适用范围广，可用于粘性土、淤泥质土、杂壤土、粉土、黄土等地基。其优点是机具简单，施工作业面小，技术可靠，效果明显。

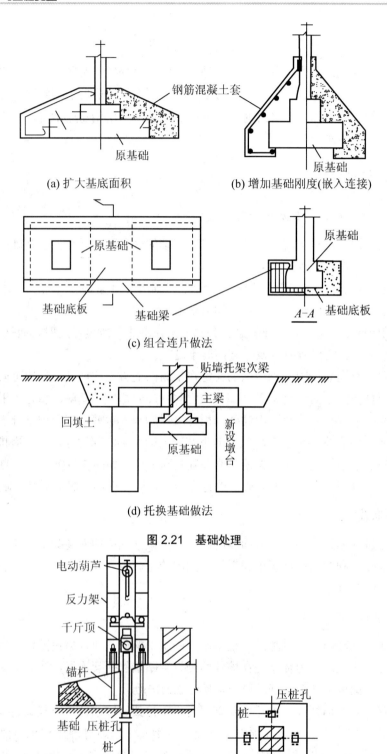

(a) 扩大基底面积　　　　　(b) 增加基础刚度(嵌入连接)

(c) 组合连片做法

(d) 托换基础做法

图 2.21　基础处理

(a) 锚杆静压桩装置示意图　　(b) 压桩孔和锚杆位置图

图 2.22　锚杆静压桩装置示意图及压桩孔和锚杆位置图

2.5.3 纠偏处理技术

1. 挤(冲)土纠偏

这是指利用挤出(或冲掏)地基中一些土体的办法来纠正建筑物因不均匀沉降而产生的倾斜。其构造做法一般是在倾斜基础一侧设置若干沉井或者钻若干孔洞，使得基础底部土体受压后向一侧挤出以纠偏；或者在沉井内向基础底部钻孔，使得基础底部一侧土体受压下沉以纠偏；或者在沉井中连续抽水使一侧土体压缩以纠偏；或者在沉井中用水枪冲水掏走部分土体以纠偏等。

2. 加压、牵拉、顶升纠偏

这是指采用各种在倾斜结构一侧施加作用力的办法，使基础下部的部分地基土进一步压缩，达到纠偏的目的。其中，加压纠偏是常用的一种方法。它可以用重物压沉，如图2.23(a)实线部分所示，或施加外力压沉，如图2.23(a)虚线部分所示，使基础在附加偏心荷载作用下所发生一侧附加沉降的过程中逐渐消除两侧的沉降差，达到矫正建筑物倾斜的效果。它适用于地基沉降已趋稳定、上部结构不需再作加固处理的工程。而牵拉或顶升纠偏则是用牵引或顶升设备直接纠正倾斜的上部构件和基础就位的方法，如图2.23(b)、(c)所示。由于倾斜的结构具有整体性，牵引或顶升设备的作用力不可能将倾斜的整体结构矫正过来，故往往要解除被矫正构件和基础的周围联系，设置临时支护措施，矫正就位后尚需用垫块临时固定，最后才能做弥合处理。牵拉或顶升纠偏有时可用于纠正单层工业厂房柱的倾斜。

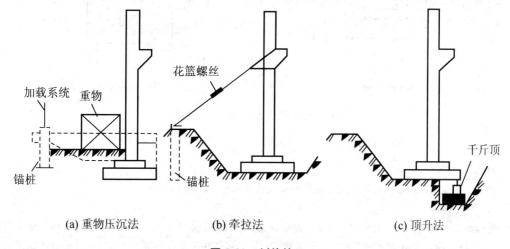

(a) 重物压沉法　　　　(b) 牵拉法　　　　(c) 顶升法

图2.23 纠偏处理

对整个建筑物进行顶升纠偏可将建筑物基础和上部结构沿某一特定位置加以分离。在分离区设置若干支承点，通过安装在支承点的顶升设备，使建筑物沿某一直线(点)作平面运动或转动，使有偏差的建筑物得到纠正，如图2.24所示。为确保与上部结构连成一体的分离器的整体性和刚度，要采用加固措施，通过分段托换，形成一个全封闭的顶升支承梁(柱)结构体系。显然，在实施顶升前，应对顶升支承梁的结构体系、施工平面图(分段施工顺序和千斤顶位置等)顶升量和顶升频率进行设计。

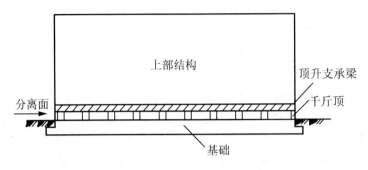

图 2.24 顶升法对整个建筑物纠偏

 案例 2-8

基础错位事故处理实例

1) 工程事故概况

四川某厂机加工车间扩建工程,边柱截面尺寸 400mm×600mm,施工时,柱基础分段开挖,在挖完 5 个基坑后即浇筑垫层、绑扎钢筋并浇混凝土。完成后,检查发现每个基础错位 300mm,如图 2.25(a)所示。

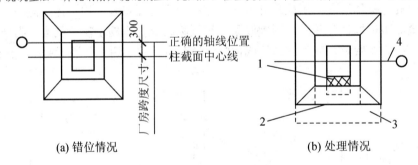

图 2.25 柱基础错位处理示意图

1—凿除的杯口部分;2—基础凿毛部分;3—扩大基础;4—轴线

2) 事故原因

经查,事故原因为放线时误把边柱截面中心线当成轴线,因而产生了错位。

3) 事故处理

现场施工人员认为,为避免返工损失,建议以已完工的 5 个基础为准,完成其余柱基,即厂房跨度加大了 300mm,考虑此方案有以下弊端未予采纳:一是上部结构出现非标准构件,需重新设计,施工、安装均麻烦;二是桥式吊车也是非定型产品,要增加设备费用。

根据现场的设备条件,未采用顶推和吊移法,而是采用局部拆除后扩大基础的方法进行处理。处理步骤如下。

(1) 将基础杯口一侧短边混凝土凿除。

(2) 凿除部分基础混凝土,露出底板钢筋。

(3) 将扩大部分与基础的连接面全部凿毛。

(4) 浇筑扩大基础下的混凝土垫层,接长底板钢筋。

(5) 清洗接触面,浇筑打入部分基础。

4) 处理效果

此方案施工简单，费用低，不需专用设备，结构安全可靠。外侧的部分杯口用同强度混凝土补浇，如图 2.25(b)所示。

本 章 小 结

通过对本章的学习，可以加深对地基、基础和基坑工程事故分析与处理方法的理解和掌握，掌握各种地下工程事故的成因。在地基工程中，介绍了地基沉降和地基失稳事故；在基础工程中，介绍了多层、高层和桩基础；在基坑工程中，介绍了场地平整、开挖回填、降排水和深基坑支护；最后介绍了常见地下工程事故分析与处理和加固技术。

习　　题

1. 选择题

(1) 不均匀沉降会导致(　　)。
　　A. 建筑物出现晃动　　　　　　　B. 建筑物出现整体下沉
　　C. 梁断裂或压碎　　　　　　　　D. 建筑物瞬时倾覆

(2) 施工裂缝不包括(　　)。
　　A. 碱骨料反应致使混凝土中产生拉应力而开裂
　　B. 反拱过大，构件顶面产生裂缝
　　C. 不均匀沉降导致的裂缝
　　D. 模板吸收混凝土中的水分而膨胀，使初凝的混凝土拉裂

2. 思考题

(1) 试对基坑工程事故产生的原因进行综述。

(2) 为什么说砂土和碎石土地基的沉降在施工期间大体已完成，而粘土地基的沉降却要延续多年？

(3) 地下水对建筑工程有哪些不利影响？为什么说地下水位下降或上升都会对建筑物的不均匀沉降有重要影响？

(4) 基坑支护结构有哪些形式？它们有哪几种失效的可能？

(5) 为什么新建建筑要与已建建筑之间相隔一段距离？如果两者必须贴近，应采取什么措施？

3. 案例分析题

某建筑工程位于近郊区，建筑面积 $123\,000\text{m}^2$，混凝土现浇结构，筏形基础，地下 2

层，地上 15 层，基础埋深 10.2m。工程所在地区地下水位于基底标高以上，从南流向北，施工单位的降水方案是在基坑南边布置单排轻型井点。基坑开挖到设计标高后，施工单位和监理单位对基坑进行验槽，并对基底进行了钎探，发现地基东南角有约 250m² 的软土区，监理工程师随即指令施工单位进行换填处理，换填级配碎石。

问题：

(1) 施工单位和监理单位两家单位共同进行工程验槽的做法是否妥当？请说明理由。

(2) 发现基坑基底软土区后，应按什么工作程序进行基底处理？

(3) 上述描述中，还有哪些是不符合规定的？正确的做法应该是什么？

第**3**章
砌体结构工程

教学目标

本章重点分析了砖砌体产生裂缝的原因，并进行了梳理和归纳。开裂、屋面渗漏、基础沉降是砌体结构常见的质量问题。

对小型砌块砌体工程容易产生的"热、裂、漏"质量缺陷，从多方面进行分析，并掌握砖砌体承载力和稳定性不足的加固方法。

通过本章学习，应达到以下目标。

(1) 掌握引起砖、石砌体结构开裂的原因。

(2) 了解混凝土小型空心砌块砌体工程开裂的原因及分析。

教学要求

知识要点	能力要求	相关知识
砖、石砌体工程	(1) 理解砖砌体质量事故有关的概念 (2) 掌握砖砌体质量控制要点	(1) 地基不均匀沉降 (2) 温差收缩变形 (3) 设计不当或设计构造处理不当 (4) 承载力不足
混凝土小型空心砌块砌体工程	(1) 了解"热、裂、漏"质量缺陷原因分析 (2) 掌握砖砌体结构裂缝的种类、开裂原因 (3) 掌握砖砌体结构裂缝的处理方法	(1) 热的原因分析 (2) 裂的原因分析 (3) 漏的原因分析 (4) 砌体抗压强度不足的处置措施

基本概念

不均匀沉降，收缩变形，"热、裂、漏"，质量控制。

引例

灰砂砖墙体严重开裂事故

1) 事故概况

由我国塔里木石油开发指挥部投资，在新疆库尔勒市石油物资基地修建四幢危险品仓库。库房施工刚刚结束，准备办理交工手续时，发现墙体出现裂缝，并不断增多、增宽，最大裂缝宽度达 2.1mm，一般为

1mm 左右，不得不停办交工事宜。请专家检查墙体开裂原因。

2) 工程概况

该工程由新疆石油管理局克拉玛依设计院设计，由新疆兵团农二师工程团承建，手续完备，程序合格，设计和施工管理均合乎要求。库房为砖混结构，每幢面积为 937.7m²，库房长 60.5m，宽 5.5m，墙体高 4.32m。中间无任何内隔墙，前后墙上每隔 6m 有一外凸壁柱(370mm 墙，370mm×370mm 垛子)。两壁柱间墙上离地面 3.12m 处两个高窗(1.5m×1.2m)，窗上设一道圈梁(240mm×180mm)。前墙上开有两个 2.1m×2.4m 的大门。屋盖为钢筋混凝土 V 型折板，上铺珍珠岩保温层，采用二毡三油防水层，上铺小豆石。地基为戈壁土，地质勘测报告建议承载力为 180kN/m²。基础采用 C10 毛石混凝土。

裂缝大多从窗下口开始，大致垂直向下发展，370mm 厚墙由外向里裂透，裂缝发展了 3 个月，基本上稳定，最终在两壁柱间均有一道大裂缝，山墙上有 1~2 道裂缝。

3) 事故分析

本工程原设计采用红砖 MU7.5，因红砖供应短缺，经协商改用 MU10 灰砂砖，但对灰砂砖的性能缺乏深入了解，只是按等强度替换。其实，灰砂砖的性能有一定的特点。

① 其抗压性能与普遍粘土砖相当，但抗剪强度的平均值只有普通粘土砖的 80%，并且与含水率有很大关系，其含水量对抗剪强度的影响如表 3-1 所示。

表 3-1　含水量对抗剪强度的影响

含水率/%	砂浆强度/MPa	砌体抗剪强度/MPa
3(烘干)	3.79	0.09
7.24(自然状态)	3.79	0.14
16.2(饱和)	3.79	0.12

可见，灰砂砖的含水量过低或过高均使其抗剪强度降低。

② 新出厂的灰砂砖，其含水量随时间而减小，收缩变形较大，约于 25d 后趋于稳定。

③ 灰砂砖的饱和吸水率为 19.8%，与红砖相当，但其吸水速度比红砖慢。

如对以上性能掌握不好，处置不当，则易造成开裂事故。

该工程使用灰砂砖，由于灰砂砖供应也很紧张。所有使用的砖都是在砖厂堆放不到 4d 就运到工地砌筑，有的一出窑便装车运往工地。施工时工人不懂灰砂砖的特点，考虑到新疆库尔勒属干燥地区，施工时又猛浇了水，使砖的干燥时间大为延长。施工时值 7、8 月间，天气炎热，地表温度有时可高达 60℃，这些因素加剧了砖的干缩变形，从而造成大面积开裂。

鉴于上述事故，对使用灰砂砖的墙体工程在设计和施工时应注意以下几点。

① 对空旷库房，车间纵墙很长时，最好不采用灰砂砖。

② 灰砂砖一定在出窑后停放 1 个月后再使用。堆放时要防水、防潮，以防含水率过高。

③ 一般情况下，灰砂砖含水率为 5%~7.5%，可以不要浇水湿润。在干燥高温时可适当浇些水，但应提前一些，因为灰砂砖吸水速度很慢，临时浇水形成水膜而未吸收，反而降低砌体强度。

④ 采用灰砂砖的砌体宜适当增加圈梁。在窗下、墙顶两皮砖位置可施置 $\phi 4$ 钢筋网片，两端各伸如墙内 500mm。

3.1　砌体结构工程质量概述

砌体结构工程是指砖砌体、混凝土小型空心砌块砌体、石砌体、填充墙砌体、配筋砖砌体工程。由于砌体结构材料来源广泛、施工可以不用大型机械、手工操作比例大、相对造价低廉，因而得到广泛应用。许多住宅、办公楼、学校、医院等单层或多层建筑大多采用砖、石或砌块墙体和钢筋混凝土楼盖组成的混合结构体系。砌体结构子分部中如砖砌体、小型砌块砌体、配筋砖砌体等用于建筑的受压部位还占有一定的比例，虽然施工技术比较成熟，但质量事故仍屡见不鲜。引起质量事故的主要原因是砌体的强度不够和结构不稳定。

确保砌体结构质量，先要从块材和砂浆的材料控制，以及砌体工程砌筑的质量控制做起。

鉴于砌体结构所使用材料的特点和施工工艺的特殊性，砌体结构中存在一些内在的缺陷，主要表现在以下几个方面。

(1) 砌体结构的结构性能较差。一般来讲，砌体结构的强度较低，比普通混凝土的强度要低很多，所以需要的柱、墙表面尺寸大。又因为材料用量增多，导致结构自重增大，随之而来的后果就是结构承担的地震作用增加。由于结构构件的抗剪性能相对较差，所以结构的抗震性能差，这一点对无筋砌体而言尤为明显。

(2) 砌体结构对地基变形比较敏感。砌体结构属于整体刚性较大的结构。因为砌块与砌块之间依靠砂浆粘结在一起，整体抗剪、抗拉、抗弯性能差。当地基有沉降不均时，上部结构极易产生裂缝。

(3) 砌体结构对施工质量比较敏感。砌体结构的施工主要依靠手工方式来完成。一般民用建筑的砖混住宅楼砌筑工作量要占整个施工工作量的 25%以上，工作量较大。所以结构的质量和工作人员的素质、材料的选择有极大关系。

(4) 砌体结构对温度比较敏感。在砌体结构中，根据构造要求，应设置多道钢筋混凝土圈梁和钢筋混凝土构造柱，这样在结构中就存在两种不同材料。由于两种材料的温度线膨胀系数不同，所以在温度作用下就会产生不同的伸缩变形，造成结构墙体开裂。

(5) 砌体结构本身存在大量微裂缝。砌体结构是由砂浆(水泥砂浆或混合砂浆)将砌块粘结在一起构成的结构，砂浆在固化过程中要蒸发水分，砂浆体要收缩，而砌块限制其收缩，就容易产生微裂缝。

砌体结构质量控制的主要措施如下。

1) 块材的质量控制

(1) 粘土砖的各项技术性能应符合《烧结普通砖》(GB 5101—2003)的规定。

(2) 混凝土小型空心砌块的各项技术性能应符合《普通混凝土小型空心砌块》(GB 8239—1997)的规定。

2) 砂浆的质量控制

(1) 材料选用控制(采用质量比)应符合相应规范要求。

(2) 砂浆应采用机械拌制，搅拌自投料结束算起不得少于 1.5min；若人工拌制，要拌和充分和均匀；若拌和过程中出现泌水现象，应在砌筑前再次搅拌；要求随拌随用，不得使用隔夜或已凝结的砂浆；已拌制砂浆须在 3～4h 内用完。

(3) 强度要求(分 M15、M10、M7.5、M5、M2.5、M1、M0.4 这 7 个等级)由标准养护的试块的抗压强度确定。对于每一层楼或每 250m³ 砌体中的各种强度的砂浆，每台搅拌机至少制作一组(每组 6 个试块，每个分项工程不少于两组)。

(4) 和易性要求，沉入度应符合要求，分层度不应大于 20mm(混合砂浆)、30mm(水泥砂浆)。过大分层度的砂浆易离析，分层度约为零时，砂浆易干缩。

3) 砌筑时的质量控制

砖墙墙体尺寸控制、砖墙砌筑方法控制、砖墙墙体砌筑时的构造控制均应符合要求。混凝土小型砌块宜采用"铺浆法"砌筑，铺灰长度为 2～3m，砂浆沉入度 50～70mm。水平和竖向灰缝厚度 8～12mm。应尽量采用主规格砌块砌筑和对孔错缝搭砌(搭接长度不小于 90mm)。纵横墙交接处也应交错搭接。砌体临时间断处应留踏步槎，槎高不得超过一层楼，槎长不应小于槎高的 2/3。每天砌体的砌筑高度不宜大于 1.8m。

3.2 砖、石砌体工程

砌体工程的质量事故从现象上来看，有砌体裂缝、砌体错位变形、砌体倒塌等。

引起砌体裂缝的主要原因：地基不均匀沉降、温差收缩变形、砖砌体承载力不足。

在建筑工程中，砌体裂缝频率高，有的裂缝也难于避免。《砌体结构工程施工质量验收规范》(GB 50203—2011)对砌体开裂做了如下规定。

对有可能影响结构安全性的砌体裂缝，应由有资质的检测单位检测鉴定，需返修或加固处理的，待返修或加固满足使用要求后进行二次验收。

对不影响结构安全性的砌体裂缝，应予以验收，对明显影响使用功能和观感质量的裂缝，应进行处理。

从上述规定来看，完全避免砌体裂缝有一定的难度。

引起砖、石砌体裂缝的原因如下。

1. 地基不均匀沉降

(1) 地基沉降差大，造成砌体下部出现斜向裂缝。

(2) 地基局部塌陷，使墙体出现水平或斜向裂缝。

(3) 地基冻胀造成基础埋深不足。

(4) 填土地基浸水产生不均匀沉降。

(5) 地下水位较高的软土地基，因人工降低地下水位，引起附加沉降。

2. 温差收缩变形

(1) 温差影响不同材质或使同一材质不同部位线膨胀产生差异。

(2) 在北方寒冷地区，砌体胀缩受到地基约束。

3. 设计不当或设计构造处理不当

1) 设计方面原因

(1) 设计马虎，不够细心。有许多是套用图纸，应用时未经校核。有时参考了别的图纸，但荷载增加了，或截面减少了而未做计算。有的虽然做了计算，但因少算或漏算荷载，使实际设计的砌体承载力不足，如再遇上施工质量不佳，常常引起房倒屋塌。

(2) 整体方案欠佳，尤其是未注意空旷房屋承载力的降低因素。一些机关会议室、礼堂、食堂或农村企业车间，层高大，横墙少，大梁下局部压力大，若采用砌体结构应慎重设计、精心施工。目前，随着农村经济的发展，农用礼堂、车间采用的空旷房屋结构迅速增加，但未重视有关空旷房屋的严格要求，造成事故很多。

(3) 有的设计人员注意了墙体总的承载力的计算，但忽视了墙体高厚比和局部承压的计算。高厚比不足也会引起事故，这是因为高厚比过大的墙体过于单薄，容易引起失稳破坏。支承大梁的墙体总体上承载力可满足要求，但大梁下的砖柱、窗间墙的局部承压强度不足，如不设计梁垫或设置梁垫尺寸过小，则会引起局部砌体被压碎，进而造成整个墙体的倒塌。

(4) 未注意构造要求。重计算、轻构造是没有经验的工程师的一些不良倾向。在构造措施中，圈梁的布置、构造柱的设置可提高砌体结构的整体安全性，在意外事故发生时可避免或减轻人员伤亡及财产损失，必须注意。

2) 施工方面原因

(1) 砌筑质量差，砌体结构为手工操作，其强度高低与砌筑质量有密切关系。施工管理不善、质量把关不严是造成砌体结构事故的重要原因。例如，施工中雇用非技术工人砌筑，砌出墙体达不到施工验收规范的要求。其中，砌体接槎不正确、砂浆不饱满、上下通缝过长，砖柱采用包心砌法等引起的事故频率很高。

(2) 在墙体上任意开洞，或拆除脚手架，脚手眼未及时填好或填补不实，以致过多地削弱了断面。

(3) 有的墙体比较高，横墙间距又大，在其未封顶时，未形成整体结构，处于长悬臂状态。施工中如不注意临时支撑，则遇上大风等不利因素将造成失稳破坏。

(4) 对材料质量把关不严。对砖的强度等级未经严格检查，砂浆配合比不准、含有杂质过多，因而造成砂浆强度不足，从而导致砌体承载力下降，严重的会引起倒塌。

4. 承载力不足

砌体承载力不足，主要原因是砌体的强度不够和砌体的稳定性差，存在这两个原因，就容易引起砌体裂缝。

1) 影响砌体抗压强度不够的主要原因

(1) 砖和砂浆的标号是确定砌体强度的两个主要因素。在施工中如降低了标号，势必降低砌体的强度。

(2) 砖的形状和灰缝厚度不一会影响砌体的强度。如果砖表面不平整或厚薄不均匀，就会造成砂浆层厚度不一，引起较大的附加弯曲应力，使砖破裂；砂浆和易性差、灰缝不饱满也会增加单砖内受到的弯曲和剪切应力，降低砌体的强度。据有关科研单位试验结果表明，当竖缝砂浆很不饱满或完全无砂浆时，砌体的抗剪强度会降低 40%～50%。

2) 影响砌体稳定性的主要原因

(1) 墙、柱的高厚比超过了规范允许的高厚比，使其刚度变小，稳定性差。

(2) 砌体受温差收缩变形影响，当收缩引起的应力超过砌体的抗拉强度时，容易在纵墙中部沿砌体高度方向产生上下贯通的竖向裂缝，降低砌体的稳定性。

(3) 砖砌组合不当。砖通过一定的排列，依靠砂浆的粘结形成一个整体(砌体)。例如，砌体是在受压状态承受压力，为了使所有砖均能平均承受外力和自重，必须使将受到的压力沿 45° 线向下传递，使整个砌体由交错 45° 应力线联为整体。如果在砌筑砖砌块时，排序不合理，就会降低砌体抗压强度和稳定性，引起裂缝。

(4) 在砌筑石料时，因料石自重大，表面又不规则，没有使石料的重心尽量放低，又忽视设置拉结石，或设置的拉结石没有相互错开，或每 $0.7m^2$ 墙面拉结石少于 1 块，会造成砌体不稳定，如图 3.1 所示。此外，造成砌体裂缝，还有使用方面的原因。

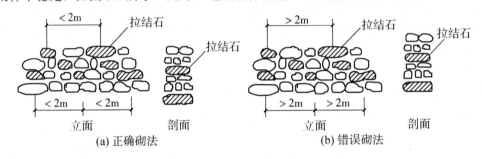

图 3.1　石砌体组砌示意

砌体常见裂缝如下。

1) 温度变形造成的裂缝

(1) 裂缝的位置。裂缝多出现在房屋顶部附近，以两端最为常见。

(2) 裂缝的形态。常见的裂缝为斜裂缝，裂缝呈一头宽一头细或两头细中间宽；其次是水平裂缝，形态为中间宽两头细，呈断续状；再次是竖向裂缝，缝宽不均匀。

(3) 裂缝出现的时间。裂缝多出现在冬夏两季以后。

(4) 裂缝的变化。裂缝会随温度变化产生裂缝宽度和长度的变化，但不会无限制增宽和增长。

2) 地基不均匀沉降造成的裂缝

(1) 裂缝的位置。裂缝多出现在房屋下部；对于等高的一字形房屋，裂缝一般出现在房屋两端；其他形状的房屋，裂缝多出现在沉降最为剧烈处；一般裂缝都发生在纵墙体。

(2) 裂缝的形态。常见的裂缝为斜向裂缝，位于门窗洞口处，较宽；贯穿房屋全高的裂缝上宽下细。地基局部塌陷呈水平裂缝，缝宽比较大。

(3) 裂缝出现的时间。裂缝一般在房屋建成后不久出现，施工期间出现裂缝不多见。

(4) 裂缝的变化。随地基的不均匀沉降，裂缝增多、增宽、增长，地基变形稳定后，裂缝不再变化。

3) 砌体承载能力不足造成的裂缝

(1) 裂缝的位置。裂缝多数出现在砌体应力较大的部位。轴心受压柱裂缝常发生在柱下部 1/3 处，如梁或梁垫下的因局部承压强度不足出现的裂缝。

(2) 裂缝的形态。裂缝方向与应力一致，裂缝两头细中间宽，受拉裂缝与应力垂直，受弯裂缝在受拉区外边缘较宽，受剪裂缝与剪力作用方向一致。

(3) 裂缝出现的时间。大多数裂缝发生在荷载突然增加时。

(4) 裂缝的变化。随荷载和作用时间的增加，裂缝宽度增大。

 案例 3-1

因砖柱采用低质量包心砌法房屋倒塌

1) 工程及事故概况

某地区建一座 4 层住宅楼，长 61.2m、宽 7.8m。砖墙承重、钢筋混凝土预制楼盖，局部(厕所等)为现浇钢筋混凝土。图纸为标准住宅图。唯一改动的地方为底层有一个大活动室，去掉了一道承重墙，改用 490mm×490mm 砖柱，上搁钢筋混凝土梁。置换时，经计算确认其承载力足够。但在楼盖到 4 层时，有大房间的这一间砖柱压坏而引起房屋大面积倒塌。

2) 计算复核

房屋结构为标准图，地基良好，经察看无下沉及倾斜等失效情况。从现场查看、初步估计来看，倒塌是由大房间砖柱被压酥引起的。设计砖的强度等级为 MU7.5，有出厂证明并经验收合格。设计砂浆强度等级为 M5，经验查，含水泥量过少，倒塌后呈松散状，只能达 M0.4。砖柱采用包心砌法，如图 3.2 所示。中间填心为碎砖及杂灰，根本不能与外皮砌体共同受力。

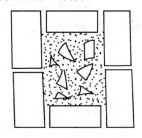

图 3.2 砖柱包心砌法

现验算如下。

经荷载计算：结构恒载 $N_G=140.5$kN，使用活载 $N_Q=80.37$kN，则设计荷载 $N_设=1.2N_G+1.4N_Q=1.2×140.5+1.4×80.37≈281$(kN)。

采用刚性方案，砖柱高取 $H_0=3.2+0.5$(地面以下到大放脚)$=3.7$(m)，高厚比 $\beta=\dfrac{3.7}{0.49}≈7.55$。

砖 MU7.5，砂浆 M5，查得砌体强度 $f=1.37$N/mm²。

承载面积 $A=0.49×0.49≈0.24$(m²)<0.3m²，故应取强度降低系数 $\gamma_a=0.7+A≈0.7+0.24=0.94$。

按中心受压柱计算由 $\beta=0.55$ 及 M5 查得 $\phi^{\gamma3}=0.915$，可得 $N_u=\phi^{\gamma3}fA=0.915×0.94×1.37×0.24×10^6N≈0.282\ 8×10^6N=282.8kN>281$kN。

可见原设计可满足要求。

但施工过程中采用包心砌法，且砂浆强度达不到要求，按实际情况计算，按 MU7.5，M0.4 查得 $f=0.79N/mm^2$，考虑到柱芯起不到作用，承载面积减为 $0.49 \times 0.49 - 0.24 \times 0.24 = 0.182\ 5(m^2)$。

这样，砖柱承载力 $N_u = 0.915 \times 0.94 \times 0.79 \times 0.182\ 5 \times 10^6 N \approx 0.124 \times 10^6 N = 124kN$。

可见与设计承载力相差太远。

$\gamma_0 = \dfrac{124}{281} \approx 0.441$，属 d 级，是随时有可能发生倒塌的。且因 $N_u < N_G = 140.5kN$，连对恒载的承载力都不足，发生倒塌是必然的。

由以上分析可知，包心砌法只图外观看得过去，质量往往不能保证。若填心为散灰(落地砂浆等)及碎砖杂物时，砖心往往不能起承载作用，其总承载力会大大降低。因包心砌法而引起的事故屡见不鲜，施工规程禁止采用这种砌法，在施工中必须遵守。

混合结构砌体的裂缝比较普遍，河北省某设计院对该市的 73 栋新建砖混结构建筑物进行了调查，发现 68 栋房屋的砖墙都有较明显的裂缝，占调查建筑物的 93.2%。裂缝不仅影响建筑物美观，而且有的造成渗、漏水，保温、隔热、隔声性能下降等；有的降低或削弱建筑结构的强度、刚度、稳定性、整体性和耐久性，缩短使用年限；有的甚至发展成倒塌事故。因此，一旦发现砌体裂缝，就应定期观测、及时分析，并采取必要的应急措施。砌体裂缝种类甚多，形态各异，原因又较复杂，分析的关键是区别裂缝的种类与成因。造成砌体裂缝的原因是多方面的：90%的裂缝是温度变形和地基变形造成的，少量裂缝是由设计不合理、材料质量低劣、施工不规范、施工环境和外部影响等因素引起的。

▌3.3 混凝土小型空心砌块砌体工程

墙体材料的用量几乎占整个房屋建筑总质量的 50%左右。长期以来，房屋建筑的墙体砌筑一直以沿袭使用粘土砖为主，破坏良田又耗用大量能源。发展混凝土小型空心砌块建筑体系和轻墙体系是必然趋势。当前，新型墙体材料的生产与应用发展很快。

混凝土小型空心砌块是一种新型的建筑材料，它的出现给古老的砌体结构注入了新的生命力。鉴于诸多优点，它已经成为替代传统的粘土砖最有竞争力的墙体材料。

但是调查发现，小型空心砌块房屋的裂缝比砖砌体房屋多发且更普遍，引起了工程界的重视。由于种种原因可能出现各种各样的墙体裂缝，从大的方面来说墙体裂缝可分为受力裂缝与非受力裂缝两大类。在各种荷载直接作用下墙体产生的相应形式的裂缝称为受力裂缝。而由于砌体收缩、温湿度变化、地基沉降不均匀等引起的裂缝则为非受力裂缝，又称变形裂缝。

小型空心砌块砌体与砖砌体相比，力学性能有着明显的差异。在相同的块体和砂浆强度等级下，小型砌块砌体的抗压强度比砖砌体高许多(表 3-2)。这是因为砌块高度比砖大 3 倍，不像砖砌体那样受到块材抗弯指标的制约。

表 3-2　砌体抗压强度设计值　　　　　　　　　　　　（单位：MPa）

砌体种类	块体强度等级	砂浆强度等级			
		M10	M7.5	M5	M2.5
砖砌体	MU15	2.44	2.19	1.94	1.69
	MU10	1.99	1.79	1.58	1.38
	MU7.5	1.73	1.55	1.37	1.19
小型空心砌块砌体	MU20	4.29	3.85	3.41	2.97
	MU15	2.98	2.67	2.37	2.06
	MU10	2.30	2.06	1.83	1.59
	MU7.5	—	1.43	1.27	1.10

　　但是，相同砂浆强度等级下小砌块砌体的抗拉、抗剪强度却比砖砌体小了很多，沿齿缝截面弯拉强度仅为砖砌体的 30%，沿通缝弯拉强度仅为砖砌体的 45%～50%，抗剪强度仅为砖砌体的 50%～55%(表 3-3)。因此，在相同受力状态下，小型空心砌块砌体抵抗拉力和剪力的能力要比砖砌体小很多，所以更容易开裂。这个特点往往没有被人重视。

表 3-3　砌体抗拉、抗剪强度设计值　　　　　　　　　　（单位：MPa）

受力形式	砌体种类	砂浆强度等级			
		M10	M7.5	M5	M2.5
轴拉	砖砌体	0.20	0.17	0.14	0.10
	砌块砌体	0.10	0.08	0.07	0.05
齿弯受拉	砖砌体	0.36	0.31	0.25	0.18
	砌块砌体	0.12	0.10	0.08	0.06
通缝弯拉	砖砌体	0.18	0.15	0.12	0.09
	砌块砌体	0.08	0.07	0.06	0.04
抗剪	砖砌体	0.18	0.15	0.12	0.09
	砌块砌体	0.10	0.08	0.07	0.05

　　此外，小型空心砌块砌体的竖缝比砖砌体大 3 倍，其薄弱环节更容易产生应力集中。砌筑混凝土小型空心砌块的墙体，容易出现的质量缺陷是"热、裂、漏"。

　　1. 热的原因分析

　　(1) 混凝土砌块保温、隔热性能差，这是因混凝土本身传热系数高所致。

　　(2) 砌块使用了单排孔的规格品种，使起保温隔热作用的空气层厚 130mm，没有充分发挥空气特别具有的保温隔热作用(块型如图 3.3 所示)。

　　(3) 单排孔通孔砌块墙体，上下砌块仅靠壁肋面粘结，上下通孔，产生空气对流，热辐射大。

　　(4) 外墙内面没有粉刷保温砂浆。

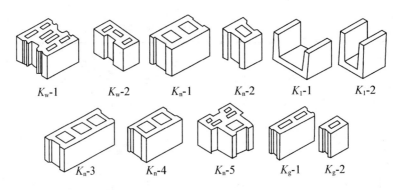

图 3.3　轻集料混凝土小型砌块

2. 裂的原因分析

混凝土小型空心砌块墙体,产生裂缝的部位及裂缝的原因(如沉降裂缝、温差裂缝、收缩裂缝)大致相同。

现根据砌块本身的特性及其他方面做一些分析。

1) 砌块本身变形特征引起墙体裂缝

轻集料混凝土小型空心砌块受温度、湿度变化影响比粘土砖大,存在着潮湿膨胀、干燥收缩的变形特征。若养护龄期不足 28d,其还没有完成自身的收缩变形便砌筑墙体,因自身的制作产生的应力还没有消除,变形仍在继续,势必造成墙体开裂。

(1) 砌块墙体对温度特别敏感,线膨胀系数为 1.0×10^{-5},是粘土砖的两倍,空心砌块壁薄,抗拉力较低,当胀缩拉应力大于砌体自身抗拉强度时,产生裂缝。

(2) 砌块干燥稳定期一般要一年,第一个月仅能完成其收缩率的 30%～40%,砌块墙体与框架梁、柱连接处也会因收缩率不一致,产生裂缝。

2) 构造不合理造成墙体裂缝

(1) 砌块墙柱高厚比、砌块墙体伸缩缝、沉降缝的间距等超过了空心砌块规范规定的限值。

(2) 砌体与框架、柱连接缝处没有采取防裂技术措施。

(3) 没有针对砌体的抗剪、抗拉、抗弯的特性,提高砂浆的粘结强度。

3) 施工质量的影响

(1) 使用了龄期不足、潮湿的砌块。

(2) 砌块的搭接长度不够(小于 90mm)或通缝。

(3) 砌筑砂浆强度低,灰缝不饱满。

(4) 预制门窗过梁直接安放在非承重砌块上,没设梁垫或钢筋混凝土构造柱,造成砌体局部受压,造成墙体裂缝。

(5) 采用砌块和粘土砖混合砌筑。

3. 漏的原因分析

(1) 砌块本身面积小,单排孔砌块的外壁为 30～35mm,上下砌块结合面约为 47%。

(2) 水平灰缝不饱满,低于净面积 90%,留下渗漏通道。

(3) 砌筑顶端竖缝铺灰方法不正确,先放砌块后灌浆,或竖缝灰浆不饱满,低于净面积 80%。

(4) 外墙未做防水处理。

案例 3-2

某仓库砖墙裂缝分析

北京某厂仓库，木屋架，密铺塑板。纵墙为 240mm 厚砖墙，130mm×240mm 砖垛，山墙砖垛尺寸同前。墙体皆用 MU10、M2.5 砂浆砌筑。室内空旷无横墙，室内地坪至屋架下弦高 4.50m。该仓库建成后发现两端山墙中部外鼓 20～25mm，不符合墙面垂直度偏差限值规定。推测这个缺陷是由高厚比过大和承载力不足两种原因造成的。

1) 缺陷原因分析

经核算，山墙及纵墙承载力均无问题，但高厚比均大于限值。

(1) 山墙。可按刚性方案做静力计算。算得折算墙厚 $d'=27.0$cm，计算高度 $H_0=740$cm，故墙体高厚比 $\beta=H_0/d'=740/27.0\approx27.4>[\beta]([\beta]=22)$。

(2) 纵墙。由于山墙间距 59.4m>48m，故应按弹性方案做静力计算。算得折算墙厚 $d'=28.4$cm，计算高度 $H_0=1.5H=1.5\times(450+50)=750$(cm)，$\mu_1=1.0$，$\mu_2=1-0.4\times\dfrac{1500}{3300}\approx0.82$，$[\beta]=22$，$\mu_1\mu_2[\beta]\approx1.0\times0.82\times22=18.04$，故

墙体高厚比 $\beta=H_0/d'=750/28.4\approx26.4>18.04$。

根据以上验算，证明缺陷多半是由于墙体高厚比过大引起，应对该仓库墙体进行加固。加固方案：对于山墙，增砌 240mm×370mm 砖柱，如图 3.4(a)所示；对于纵墙，考虑到使用条件允许，在房屋中间加设两道横墙，使弹性方案变成刚性方案，$H_0=500$cm，$\beta=H_0/d'=500/28.4\approx17.6<18.04$，保证了纵墙墙体高厚比的条件，如图 3.4(b)所示。

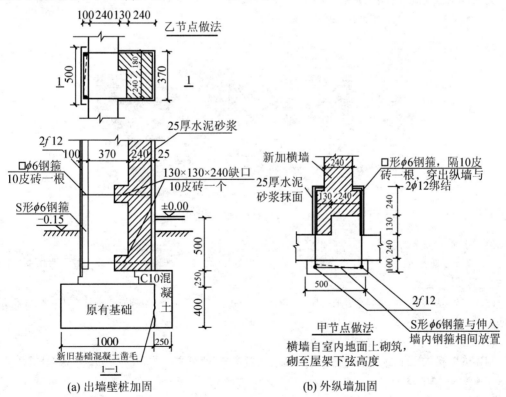

(a) 出墙壁桩加固   (b) 外纵墙加固

图 3.4 加固措施

2) 经验教训

这起质量事故充分说明"高厚比"问题在砖构件设计中的重要性。

由于砖构件多为受压构件,它的高厚比涉及受压构件的稳定和侧向刚度问题。高厚比是保证砖砌体能够充分发挥其抗压强度,使砖受压构件能够充分发挥其承载力的前提,因而在设计计算中首先应该加以验算。

有些设计人员认为在砌体结构设计规范和各种砌体结构的教科书及专著中,都把高厚比列为"构造要求",因而对它重视不足。在设计计算过程中,首先考虑的是砖构件的承载力,其次才验算砖构件的高厚比,甚至有时将高厚比验算这一重要步骤忘掉了。其实,在设计砖受压构件时,应该做到首先验算高厚比,在高厚比满足规定要求的前提下,再对其截面承载力和构件承载力进行验算。

 案例 3-3

武汉龚徐湾违章建造私房倒塌事故

1) 问题来源

2004 年 2 月 6 日,该工程 4 层墙体正在砌筑时,房屋顷刻倒塌。

2) 工程概况

倒塌的私房系一幢占地面积约 200m²,建筑面积约 1 000m² 的 4 层(局部 5 层)砖砌体房屋。该房于 2004 年 1 月 29 日破土动工,按合同约定工期为 10d,即于 2004 年 2 月 8 日完工。2 月 6 日晚正在砌筑 4 层墙体时,房屋顷刻坍塌,酿成重大伤亡事故,如图 3.5 所示。

图 3.5 在建私房倒塌情况图

3) 事故原因分析

(1) 违背建设程序。该私房建造无规划、无报建审批手续、无设计图纸、无工程监理,施工全过程处于失控状态。

(2) 违背客观规律。该房建设合同工期仅 10d,实际 6d 已施工至 4 层,合同包工不包料,工费 20 元/m²,严重违背建筑施工的客观规律。

(3) **房屋结构严重违背现行工程建设规范。**

墙体结构采用全斗(无眠砖)空斗墙,未设圈梁、构造柱,部分楼层楼面结构采用圆木搁栅和胶合板,房屋整体性差,如图 3.6 所示。

墙体砌筑砂浆采用含泥量高的石屑(系采石场废料)掺合少量石灰膏拌和,既无粘结力又无强度,如图 3.6 所示。

图 3.6　砌筑情况图

由此可见，在建房屋坍塌是因墙体承压破坏所致。该房上下 4 层墙体 6d 砌成，加载速度快，砂浆既无粘结力又无强度，且为空斗墙，不堪承载，导致墙体(尤其是承重墙)破坏而坍塌。事故责任在于以下两方面。

(1) 房主违背建设程序抢建房屋，提出违背现行规范的建造要求，提供不符合要求的建筑材料及 10d 工期要求，对塌房事故应负主要责任。

(2) 施工承包者盲目按业主要求进行施工，对事故也应负一定的责任。

4) 经验与教训

事故现场地处即将被征购的地块范围内，有人为了索取高额拆迁补偿金，违章抢建私房，完全不顾建筑工程质量和人身安全。本案例就是由于这种原因而酿成重大事故的典型实例。

事故现场周围的同类违法建筑已经强令拆除，但目前全国各地均还可见建筑的违章加层和违章扩建，尤其是利用既有建筑外墙扩建的房屋，其整体性更差，安全更无保证。故在违章建筑拆除的同时，同样要重视违章加层和扩建问题的解决，以防止坍塌事故的再次发生。

4. 砌体抗压强度不足的处置措施

(1) 如因砖的质量低劣、砂浆强度不足，又是包心砌法砌的砖柱，可采用"托梁换柱"的方法，则一定要用支撑撑牢承重梁。支撑必须经过计算，要确保安全和稳定。然后，拆除不合格的砖柱，换合格的优质砖，并提高砌筑砂浆强度等级，重新砌好砖柱和放置预制梁垫。安装梁垫时，先浇水湿润砖柱顶面，铺 1：2 水泥砂浆 10mm 左右，将预制梁垫就位，用 4 个铁楔子楔紧加压，使梁垫下与砖柱接触紧密，上与梁底经铁楔子楔紧的空隙用硬性 1：2 水泥砂浆填满，堵塞紧密，湿养护 7d。当砌筑砂浆强度达到设计要求，填缝砂浆强度达到 M5 以上时，将梁下支撑慢慢拆除。

(2) 若砖柱的承压力不足主要是因截面偏小时，加固方法为外包配筋的砖砌体。每隔 5 皮砖高要在砖缝中插两根钢筋和新砌砖搭接。也可在原有砖柱外配钢筋浇混凝土的方法，扩大截面，提高砖柱的抗压强度等。

(3) 在设计时，应验算砖柱结构的强度和稳定性。柱顶要设置钢筋混凝土垫块，垫块可预制，也可现浇。

(4) 加强砖柱的施工管理。例如，砖需用整砖，强度等级必须满足设计要求；浇水湿润；砂浆成分严格按配合比计量，搅拌均匀，随拌随用；砌筑砂浆稠度控制在 70mm 左右，分层度不应小于 90mm。另外，砌筑前必须先立皮数杆，并根据进场砖块的平均厚度排列；控制灰缝厚度不小于 8mm、不大于 12mm；严禁采用包心砌法；正确掌握砌砖的平整度和垂直度，每砌高 5 皮砖后，要吊直 4 个头角。严禁砌好后发现偏差，用砸砖法纠正偏差。

经检查合格后，及时浇水养护 7d。冬季要做好防冻保暖工作；加强成品保护，防止碰撞，防止大风吹倒。当砌好的砖柱没有及时安梁和承重构件时，要加设支撑撑稳。

案例 3-4

湖南凤凰桥倒塌事故分析

1) 事故概况

2007 年 8 月 13 日下午 4 时 40 分左右，湖南省湘西土家族苗族自治州凤凰县正在建设的堤溪沱江大桥发生坍塌事故，桥梁将凤凰县至山江公路塞断，当时现场正在施工，造成 64 人死亡，22 人受伤，直接经济损失 3 974.7 万元，如图 3.7 所示。

图 3.7　倒塌现场资料

相关技术资料显示，堤溪沱江大桥是凤凰县至大兴机场二级路的公路桥梁，桥身设计长 328m，跨度为 4 孔，每孔 65m，高度 42m。按照交通运输部的标准，此桥属于大型桥。

堤溪沱江大桥上部构造主拱券为等截面悬链空腹式无铰拱，腹拱采用等截面圆弧拱。基础则奠基在弱风化泥灰或白云岩上，混凝土、石块构筑成基础，全桥未设制动墩。

2) 原因分析

湖南凤凰县沱江大桥在竣工前出现了整体坍塌，这是新中国成立以来建桥史上的先例。沱江大桥突然坍塌存在以下几个问题。

(1) 为了州庆缩短大桥养护期。沱江大桥施工工期过紧，施工中变更了主拱券砌筑的程序，拱架拆卸过早。据了解，因为湘西土家族苗族自治州要进行 50 年州庆，所以沱江大桥施工采取了项目倒计时。6 月 20 日主拱券的砌筑完成，第 19 天开始卸架，养护期不够，比规定少了 9d。按规定，大桥养护是 28d。因为养护期减短，大桥拱券承载能力减弱。

(2) 桥下地质复杂，桥墩严重裂缝。施工中，就已经发现桥墩的地质构造比较复杂，而且还发现 0 号桥墩下面有严重裂隙。施工中虽然对此处进行了一些处理，但没有从根本上解决问题。大桥垮塌的方向从 0 号桥墩开始，像积木一样顺一个方向垮塌。

(3) 所用沙石含土量过高。主拱券砌筑质量有问题。砌筑要使用料石，才能够相互咬合。但事故后发现，塌下来的主拱券中还有片石，而且砌筑的砂浆混凝土不饱和，未填实，有空隙、空洞。另外，沙石含土量比较高。沙石应该用水洗过的沙，一含土就影响混凝土的凝结力。

(4) 工程层层分包，质量管理混乱。施工中施工单位有变更，却没有及时告知监理单位，监理单位对发现的问题也没有及时向上级工程质量监督管理部门反映，而且中层分包单位多，层层分包。

桥梁专家认为桥梁坍塌是由拱圈下沉造成的。其主要原因如下。

沱江大桥是四跨连拱，四个拱圈产生的推力通过桥墩实现相互平衡，一方面要求桥墩自身有足够的质量；另一方面，桥墩要足够牢固，两者是相辅相成的，因此石拱桥的桥墩体积一般都十分庞大。由于拱圈之间互有推力，只要一个拱圈出现问题，大桥就会像多米诺骨牌一样出现"一垮俱垮"的情形。

(1) 混凝土灌注太少。根据媒体报道，沱江大桥一号拱圈在 2007 年 5 月曾下沉 10cm。如果报道准确，说明桥墩没有打牢，这可能跟灌注的混凝土太少有关，也有可能和当地的地质条件有关。但不管什么原因，拱圈下沉对沱江大桥造成的影响都是致命的。因为石拱桥的特点是不怕压力，最怕变位，石头属刚性，承重能力好，但不能承受弯曲和挠曲。桥墩位移会导致拱圈弯曲，对拱圈产生附加力，打破石拱桥各个部位之间的受力均衡，从而导致大桥垮塌。

(2) 修建拱圈石料规格不一。修建石拱桥对石材的质量要求较高，这样形成的拱圈才能确保足够紧密，如果拱圈不紧密，就会出现漏水的情形。另外修建拱圈所用的石料规格不统一也是导致事故发生的原因之一。除了比较整齐的石块，大桥还使用了许多碎石。石料不规整，灌注的混凝土又不够饱满，就很容易出现经常掉石头的情况。

(3) 过早拆除拱圈。拱圈建好后，还要等一段时间让灌注的混凝土将石料凝结成一个整体，时间长短有明确规定，一般是 28d。如果时间太短，拱圈还没有形成整体，就拆掉了起支撑作用的拱圈架，也会出现意外事故。此外，为了确保拱圈的安全性，在拆卸拱圈架之前，一般会做一个初步的荷载实验，测试拱圈的承重能力。

3) 专家视点

著名桥梁专家黎宝松接受采访时提出以下观点：拱圈下沉对桥造成致命影响。

湖南凤凰沱江大桥骤然坍塌，留下问号一串。媒体和社会各界纷纷质疑大桥在建造过程中是否存在偷工减料的情况，大桥本身是否为"豆腐渣工程"或从一开始选址设计就存在问题。

带着对沱江大桥的种种疑问，记者咨询了广东省政协委员、著名桥梁专家黎宝松教授。

(1) 问题一：设计方案是否合理？

据媒体报道，沱江大桥跨度达 328m，有网友质疑桥梁跨度这么大，设计者仅设计了 4 个拱圈，设计方案是否有问题？此外网友反映"大桥东岸是石灰石覆盖的黄泥地质，西岸是强风化砂土地质"，认为此地不应该建石拱桥。

黎教授表示，由于自己不在现场，不清楚河流的水文情况，仅就媒体报道的情况来看，桥型的设计看不出有什么错误。

至于地质情况，即使当地的地质像网友说的是"石灰石、强风化砂土地质"，也不能说就完全不能建桥，关键是看设计与施工怎么根据具体情况加以处理。此外，在建桥之前，必须要做的沉降变形检测足以让大桥避开因地质原因可能造成的不利影响。

(2) 问题二：大桥是否"豆腐渣"？

不少网友指出，从塌桥照片来看，混凝土中看不见几根钢筋，水泥、砂子、石子不成比例，几乎尽是石头，和"豆腐渣"非常相似。

对此，黎教授解释道，沱江大桥是石拱桥，桥墩里可以放钢筋也可以不放钢筋。假如水泥很少，可能会影响到桥梁的两个方面：一方面是桥墩的牢固度，尽管是石拱桥，桥墩也需要灌注大量的混凝土，才能保证桥足够牢固；另一方面，桥身也需要足够的混凝土、砂浆将石块粘合在一起，如果混凝土少，桥身无法牢固地粘成一个整体，就会出现媒体报道的那样"经常有碎石头掉下来"。

(3) 问题三：大桥仅靠脚手架支撑？

大桥是在工人们拆卸脚手架的时候垮掉的，有网友质疑"难道这座桥竟是靠脚手架来支撑的吗？"

对这个问题，黎教授首先纠正了许多媒体及网友所说的"脚手架"的概念。他说，工人们拆卸的并不是脚手架，而是拱圈架，也就是承接沱江大桥 4 个拱圈的架子。在石拱桥的各个部件中，拱圈是大桥的主要承重构件，而拱圈及桥身上的一些附件(如小拱圈)的质量又都要拱圈架一力承受。所以拱圈架的作用十分重要，拱圈架扎得好不好直接关系到石拱桥的质量。如果大桥质量本身有问题，工人在拆卸拱圈架时会垮塌也就不奇怪了。

中国工程院土木水利建筑学部陈肇元院士的观点：事故由结构设计标准的低要求造成。

包括桥梁在内的建筑安全问题，早在 5 年前就引起了专家们的注意。"我国结构设计在安全设置水准上的低要求，在世界上是非常突出的。"从 2003 年起，就有 14 位中国工程院院士两次向国家有关部门递交咨询报告，时间分别在 2003 年和 2005 年 3 月。

"公路桥梁的短寿首先源于设计规范对耐久性的低标准要求。"陈肇元院士在咨询报告中写道。他是该咨询项目的负责人和编写人。

报告中说，一方面，我国规范规定的车辆荷载安全系数为 1.40，低于美国的 1.75 和英国的 1.73。另一方面，在估计桥梁构件本身的承载能力时，我国规范规定的材料设计强度又定得较高，因而对车辆荷载来说，我国桥梁的设计承载能力仅为美国的 68%、英国的 60%。

桥梁土木工程经常处于干湿交替、反复冻融和盐类侵蚀的环境中，以致一些桥梁包括大型桥梁不需大修的使用寿命仅有一二十年，甚至不到十年就被迫大部分拆除重建。按照交通运输部以往的桥涵设计规范，室外受雨淋(干湿交替环境)的混凝土构件，钢筋保护层最小设计厚度尚不到国际通用规范规定的一半。

"如果规范上没有确切要求，怎么能追究设计者的责任呢？"我国著名桥梁专家范立础院士在做学术报告时认为，我国的桥梁规范应及时修改。

在报告中，院士们还说，我国已经面临已建工程过早劣化的巨大压力。在今后二三十年的时间内，仍将处于持续大规模建设的高潮期。由于土建工程的耐久性设计标准过低，施工质量较差，如再不采取措施，将会陷入永无休止的大建、大修、大拆与重建的怪圈中。

本 章 小 结

通过本章学习，可以加深对砖、石砌体工程和混凝土小型空心砌块砌体工程质量事故的分析和理解，能根据事故现场判断事故成因。在砖、石砌体工程中，地基不均匀沉降、温差收缩变形、设计不当或设计构造处理不当、承载力不足都是引起事故的主要原因。在混凝土小型空心砌块砌体工程中，重点介绍了"热、裂、漏"质量缺陷。最后介绍了砖砌体承载力和稳定性不足的加固方法。

习　题

1. 选择题

(1) 下图中砌体结构上的裂缝是什么裂缝(　　)。

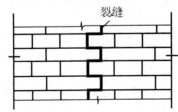

A．受剪裂缝　　　B．温度裂缝　　　C．受压裂缝　　　D．受拉裂缝

(2) 下图中砌体结构上的裂缝是什么裂缝( )。

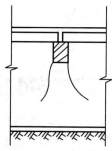

A. 受剪裂缝   B. 温度裂缝

C. 局部受压裂缝   D. 受拉裂缝

(3) 引起砌体裂缝的原因不包括( )。

A. 地基不均匀沉降   B. 温差变化

C. 砖砌体承载力不足   D. 砌块质量差

(4) 砖墙的水平灰缝厚度和竖缝宽度，一般应为( )左右。

A. 3mm   B. 7mm   C. 10mm   D. 15mm

(5) 砌砖墙留斜搓时，斜搓长度不应小于高度的( )。

A. 1/2   B. 1/3   C. 2/3   D. 1/4

2. 思考题

(1) 影响砖砌体裂缝的主要原因有哪些？

(2) 举例说明从裂缝出现的位置、出现的时间、裂缝的形态、裂缝的发展方面，分析裂缝产生的原因。

(3) 造成小型空心砌块砌体工程质量缺陷的主要原因是什么？

第**4**章
钢筋混凝土结构工程

教学目标

本章主要讲述模板工程、钢筋工程、混凝土工程和预应力混凝土工程概况，分析了钢筋混凝土结构工程质量事故及处理方法。通过本章学习，应达到以下目标。

(1) 掌握钢筋混凝土工程质量事故原因。

(2) 了解钢筋混凝土工程质量事故处理方法。

教学要求

知识要点	能力要求	相关知识
模板工程	掌握模板工程常见质量事故原因及处理	模板分类
钢筋工程	掌握钢筋工程常见质量事故原因及处理	(1) 钢筋材质不良 (2) 配筋不足 (3) 钢筋错位偏差严重 (4) 钢筋脆断、裂纹和锈蚀
混凝土工程	了解混凝土工程常见质量事故原因及处理	(1) 强度不足 (2) 裂缝 (3) 表面缺损 (4) 构件变形错位
预应力混凝土工程	了解预应力混凝土工程常见质量事故原因及处理	(1) 预应力筋及锚夹具质量事故 (2) 构件制作质量事故 (3) 预应力钢筋张拉和放张质量事故 (4) 预应力构件裂缝变形质量事故

基本概念

模板、钢筋混凝土、预应力混凝土、配筋、裂缝、张拉。

引例

广东汕尾工商银行培训中心倒塌事故

2011 年 11 月 22 日 15 时 57 分，广东汕尾市区汕尾大道的中国工商银行股份有限公司汕尾分行培训综合楼施工现场发生倒塌事故，造成 6 人因伤势过重死亡，倒塌现场如图 4.1 所示。

发生倒塌的建筑为中国工商银行股份有限公司汕尾分行培训综合楼，坍塌部分为中庭顶盖。该建筑地上共9层，建筑高度33.9m，占地面积1 118.76m²，建筑面积8 928.83m²。当时，该建筑正面右侧的第5～8层，数十名工人正在浇筑钢筋混凝土框架结构。随着"轰"的一声，4个楼层局部发生坍塌，坍塌面积约500m²，造成10多人被埋压。

图4.1 倒塌事故现场资料

该项目属有规划、有报建、有监理、有招投标建设项目，此次事故坍塌部分为5楼至顶楼(8楼)中庭约60m²顶盖。经调查发现，工商银行汕尾分行在建综合楼施工单位汕头市潮阳建筑工程总公司存在诸多问题：项目经理、资料签发假冒，施工总方案与安全施工方案没有涉及高支模项目，工程安全施工组织设计没有通过总监理审批签字，高支模方案未经过专家论证等，该公司所提供的施工人员与现场实际的施工人员不符。

经调查，事故主要原因是建筑施工单位在施工过程中，违反国家有关法律法规造成的。这是一起施工单位违反施工规范造成的生产安全责任事故。

4.1 模 板 工 程

模板的制作与安装质量，对于保证混凝土、钢筋混凝土结构与构件的外观平整和几何尺寸的准确，以及结构的强度和刚度等将起到重要的作用。由于模板尺寸错误、支模方法不妥引起的工程质量事故时有发生，应引起高度重视。

脚手架是施工现场为工人操作并解决垂直和水平运输而搭设的各种支架。脚手架在搭设、施工、使用中作业危险因素多，存在的安全问题也较多，极易发生伤亡事故，是诱发混凝土事故的重要原因之一。

《混凝土结构工程施工质量验收规范》(GB 50204—2002)中规定：模板及其支架应根据工程结构形式、荷载大小、地基土类别、施工设备和材料供应等条件进行设计。模板及其支架应具有足够的承载能力、刚度和稳定性，能可靠地承受浇筑混凝土的质量、侧压力及施工荷载。模板及其支架的拆除顺序及安全措施应按施工技术方案执行。

此规范对模板的安装提出的要求如下。

(1) 模板的接缝不应漏浆,在浇筑混凝土前,木模板应浇水湿润,但模板内不应有积水。

(2) 模板与混凝土的接触面应清理干净并涂刷隔离剂,但不得采用影响结构性能或妨碍装饰工程施工的隔离剂。

(3) 浇筑混凝土前,模板内的杂物应清理干净。

(4) 对清水混凝土工程及装饰混凝土工程,应使用能达到设计效果的模板。

从规范的要求来看,如果模板不能按设计要求成形,不能有足够的强度、刚度和稳定性,不能保证接缝严密,就会影响混凝土的质量、构件的尺寸和形状、结构的安全,产生严重的质量事故。

1. 带形基础模板

在带形基础模板施工中,常见的缺陷有沿基础通长方向,模板上口不直,宽度不准;下口陷入混凝土内;侧面混凝土麻面、露石子;拆模时上段混凝土缺损;底部上模不牢,如图 4.2 所示。其主要原因如下。

(1) 模板安装时,挂线垂直度有偏差,模板上口不在同一直线上。

(2) 钢模板上口未用圆钢穿入洞口扣住,仅用铁丝对拉,有松有紧,或木模板上口未钉木带,浇筑混凝土时,其侧压力使模板下端向外推移,以致模板上口受到向内推移的力而内倾,使上口宽度大小不一。

(3) 模板未撑牢,在自重作用下模板下垂。浇筑混凝土时,部分混凝土由模板下口翻上来,未在初凝时铲平,造成侧模下部陷入混凝土内。

(4) 模板平整度偏差过大,残渣未清除干净;拼缝缝隙过大,侧模支撑不牢。

(5) 木模板临时支撑直接撑在土坑边,以致接触处土体松动掉落。

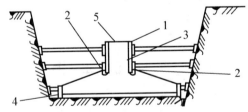

图 4.2　带形基础钢模板缺陷示意图

1—上口不直,宽度不准;2—下口陷入混凝土内;
3—侧面露石子、麻面;4—底部上模不牢;5—模板口用铁丝对拉,有松有紧

2. 杯形基础模板

在杯形基础模板施工中,常常会造成杯基中心线不准、杯口模板位移、混凝土浇筑时芯模浮起、拆模时芯模起不出,如图 4.3 所示。其主要原因如下。

(1) 杯基中心线弹线未兜方。

(2) 杯基上段模板支撑方法不当,浇筑混凝土时,杯芯木模板由于不透气,相对密度较轻,向上浮起。

(3) 模板四周的混凝土振捣不均衡，造成模板偏移。

(4) 操作脚手板搁置在杯口模板上，造成模板下沉。

(5) 杯芯模板拆除过迟，粘结太牢。

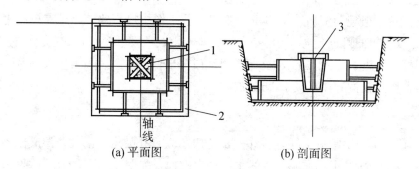

(a) 平面图　　　　　　　　(b) 剖面图

图 4.3　杯形基础钢模板缺陷示意图

1—排气孔；2—角模；3—杯芯模板

3. 梁模板

在梁模板施工中，常见的缺陷有梁身不平直，梁底不平、下挠，梁侧模炸模(模板崩坍)；拆模后发现梁身侧面有水平裂缝、掉角、表面毛糙，局部模板嵌入柱梁间、拆除困难，如图 4.4 所示。其主要原因如下。

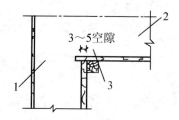

图 4.4　梁模板缺陷示意图

1—柱模；2—梁模；3—梁底模板与柱侧模相交处需稍留空隙

(1) 模板支设未校直撑牢。

(2) 模板没有支撑在坚硬的地面上。混凝土浇筑过程中，由于荷载增加，泥土地面受潮降低了承载力，支撑随地面下沉变形。

(3) 梁底模未起拱。

(4) 操作脚手板搁置在模板上，造成模板下沉。

(5) 侧模拆模过迟。

(6) 木模板采用黄花松或易变形的木材制作，混凝土浇筑后变形较大，易使混凝土产生裂缝、掉角和表面毛糙。

(7) 木模在混凝土浇筑后吸水膨胀，事先未留有空隙。

4. 深梁模板

在深梁模板施工中，常见的缺陷有梁下口炸模、上口偏歪，梁中部下挠。其主要原因如下。

(1) 下口围檩未夹紧或木模板夹木未钉牢，在混凝土侧压力作用下，侧模下口向外歪移。

(2) 梁过深，侧模刚度差，又未设对拉螺栓。

(3) 支撑按一般经验配料，梁自重和施工荷载未经核算，致使超过支撑能力，造成梁底模板及支撑不够牢固而下挠。

(4) 斜撑角度过大(大于60°)，支撑不牢造成局部偏歪。

(5) 操作脚上板搁置在模板上，造成模板下沉。

5. 柱模板

在柱模板施工中，常见的缺陷有炸模，造成断面尺寸鼓出、漏浆、混凝土不密实或蜂窝麻面；偏斜，一排柱子不在同一轴线上；柱身扭曲，如图4.5所示。其主要原因如下。

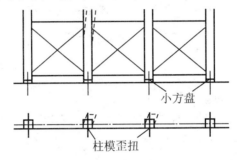

图 4.5　柱模板缺陷

(1) 柱箍间距太大或不牢，或木模钉子被混凝土侧压力拔出。

(2) 板缝不严密。

(3) 成排柱子支模不跟线，不找方，钢筋偏移未扳正就套柱模。

(4) 柱模未保护好，支模前已歪扭，未整修好就使用。

(5) 模板两侧松紧不一。

(6) 模板上有混凝土残渣，未很好清理，或拆模时间过早。

6. 板模板

在板模板施工中，处理不当可能会出现板中部下挠、板底混凝土面不平、采用木模板时的梁边模板嵌入梁内不易拆除。其主要原因如下。

(1) 板搁栅用料较小，造成挠度过大。

(2) 板下支撑底部不牢，混凝土浇筑过程中荷载不断增加，支撑下沉，板模下挠。

(3) 板底模板不平，混凝土接触面平整度超过允许偏差。

(4) 将板模板铺钉在梁侧模上面，甚至略伸入梁模内，浇筑混凝土后，板模板吸水膨胀，梁模也略有外胀，造成边缘一块模板嵌牢在混凝土内，如图4.6所示。

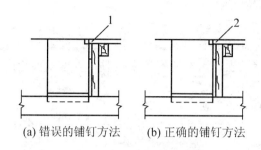

(a) 错误的铺钉方法　　(b) 正确的铺钉方法

图 4.6　模板缺陷示意图

1—板模板铺钉在梁侧模上面；2—板模板铺钉到梁侧模外口齐平

7. 墙模板

在墙模板施工中，常见的缺陷主要有：炸模、倾斜变形；墙体厚薄不一，墙面高低不平；墙根跑浆、露筋，模板底部被混凝土及砂浆裹住，拆模困难；墙角模板拆不出。

其主要原因如下。

(1) 钢模板事先未做排板设计，相邻模板未设置围檩或间距过大，对拉螺栓选用过小或未拧紧。墙根未设导墙，模板根部不平，缝隙过大。

(2) 木模板制作不平整，厚度不一，相邻两块墙模板拼接不严、不平，支撑不牢，没有采用对拉螺栓来承受混凝土对模板的侧压力，以致混凝土浇筑时炸模(或因选用的对拉螺栓直径太小，不能承受混凝土侧压力而被拉断)。

(3) 模板间支撑方法不当，如图 4.7 所示。如只有水平支撑，当①墙振捣混凝土时，墙模受混凝土侧压力作用向两侧挤出，①墙外侧有斜支撑顶住，模板不易外倾；而①与②墙间只有水平支撑，侧压力使①墙模板鼓凸，水平支撑推向②墙模板，使模板内凹，墙体失去平直；当②墙浇筑混凝土时，其侧压力推向③墙，使③墙位置偏移更大。

(4) 混凝土浇筑分层过厚，振捣不密实，模板受侧压力过大，支撑变形。

(5) 角模与墙模板拼接不严，水泥浆漏出，包裹模板下口。拆模时间太迟，模板与混凝土粘结力过大。

(6) 未涂刷隔离剂，或涂刷后被雨水冲走。

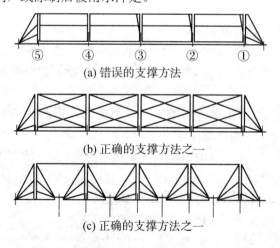

(a) 错误的支撑方法

(b) 正确的支撑方法之一

(c) 正确的支撑方法之一

图 4.7　墙模板缺陷示意图

8. 楼梯模板

楼梯模板施工常见缺陷有楼梯侧帮露浆、麻面、底部不平。其主要原因如下。

(1) 楼梯底模采用钢模板，当不能配齐模数时，以木模板相拼，楼梯侧帮模也用木模板制作，易形成拼缝不严密，造成跑浆。

(2) 底板平整度偏差过大，支撑不牢靠。

4.2　钢筋工程

钢筋是钢筋混凝土结构或构件中的主要组成部分，所使用的钢筋是否符合材料标准，配筋量是否符合设计规定，钢筋的位置是否准确等，都直接影响着建筑物的安全。国内外的许多重大工程质量事故的重要原因之一，就是钢筋工程质量低劣。

钢筋工程常见的质量事故主要有：钢筋材质达不到质量标准或设计要求，钢筋配筋不足，钢筋错位偏差严重，因钢筋加工、运输、安装不当等造成的钢筋裂纹、脆断、锈蚀等。

4.2.1　钢筋材质不良

钢筋材质不良的主要表现有：钢筋屈服点和极限强度达不到国家标准的规定；钢筋裂纹、脆断；钢筋焊接性能不良；钢筋拉伸试验的伸长率达不到国家标准的规定；钢筋冷弯试验不合格；钢筋的化学成分不符合国家标准的规定。

其中最主要的原因就是劣质钢筋使用到建筑工程中。《混凝土结构工程施工质量验收规范》(GB 50204—2002)严格规定如下。

(1) 钢筋进场时，应按《钢筋混凝土用钢第 2 部分：热轧带肋钢筋》(GB 1499.2—2007)、《钢筋混凝土用钢第 1 部分：热轧光圆钢筋》(GB 1499.1—2008)和《钢筋混凝土用余热处理钢筋》(GB 13014—1991)的规定抽取试件做力学性能检验，其质量必须符合有关标准的规定。

(2) 对有抗震设防要求的框架结构，其纵向受力钢筋的强度应满足设计要求；当设计无具体要求时，对一、二级抗震等级，检验所得的强度实测值应符合下列规定：钢筋的抗拉强度实测值与屈服强度实测值的比值不应小于 1.25；钢筋的屈服强度实测值与强度标准值的比值不应大于 1.3。

(3) 当发现钢筋脆断、焊接性能不良或力学性能显著不正常等现象时，应对该批钢筋进行化学成分检验或其他专项检查。

在《混凝土结构设计规范》(GB 50010—2010)中对钢筋材料的选用也做了具体的规定。

(1) 普通钢筋宜采用 HRB 400 级和 HRB 335 级钢筋，也可采用 HRB 235 级和 RRB 400 级钢筋。其中，HRB 400 级钢筋即通常所讲的新Ⅲ级钢筋，与旧Ⅲ级钢筋相比，解决了Ⅲ级钢筋的可焊性问题，HRB 400 级钢筋焊接性能良好，凡能焊接 HRB 335 级钢筋的熟练焊工均能进行这种钢筋的焊接。按照《钢筋混凝土用钢第 2 部分：热轧带肋钢筋》(GB 1499.2—2007)

的规定：HRB 400 级钢筋的屈服强度为 400N/mm^2，抗拉强度是 570N/mm^2，伸长率 δ_5 为 14%，冷弯 90° 弯心直径 D 为 3d；外形为月牙肋。

(2) 预应力钢筋宜采用预应力钢绞线、钢丝，也可采用热处理钢筋。

 案例 4-1

因锚固长度不足而引起大梁折断

某锻工车间屋面梁为 12m 跨度的 T 形薄腹梁，在车间建成后使用不久，梁端突然断裂，造成厂房局部倒塌，倒塌构件包括屋面大梁及大型面板。

事故发生后到现场进行调查分析，混凝土强度能满足设计要求。从梁端断裂处看，问题出在端部钢筋深入支座的锚固长度不足。设计要求锚固长度至少 150mm，实际上不足 50mm。设计图上注明，钢筋端部至梁端外边缘的距离为 400mm，实际上却只有 140～150mm，如图 4.8 所示。因此，梁端支承于柱顶上的部分接近于素混凝土梁，这是非常不可靠的。加之本车间为锻工车间，投产后锻锤的动力作用对厂房振动力的影响大，这在一定程度上增加了大梁的负荷。在这种情况下，引起了大梁的断裂。

由本事故可见，钢筋除按计算要求配足数量以外，还应按构造要求满足锚固长度等要求。

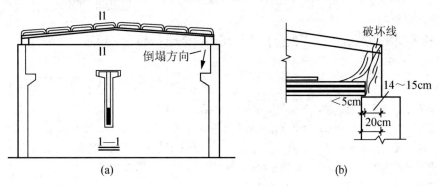

图 4.8 某锻工车间屋面梁

4.2.2 配筋不足

为了承受各种荷载，混凝土结构或构件中必须配置足够量的受力钢筋和构造钢筋。施工中，常因各种原因造成配筋品种、规格、数量及配置方法等不符合设计或规范的规定，从而给工程的结构安全和正常使用留下隐患。常见的配筋不足事故主要是受力钢筋配筋不足和构造钢筋配筋不足。

造成配筋不足的原因主要是设计和施工两方面的原因。

1. 设计方面

(1) 设计计算错误。例如，荷载取值不当，没有考虑最不利的荷载组合，计算简图选择不正确，内力计算错误及配筋量计算错误等。

(2) 构造配筋不符合要求。例如，违反钢筋混凝土结构设计规范有关构造配筋的规定，造成必要的构造钢筋没有或数量不足。

(3) 其他诸如设计中主筋过早切断，钢筋连接或锚固不符合要求等。

2. 施工方面

(1) 配料错误。例如，常见的看错图纸、配料计算错误、配料单制定错误等。

(2) 钢筋安装错误。不按施工图纸安装钢筋造成漏筋、少筋。

(3) 偷工减料。施工中少配、少安钢筋，或用劣质钢筋。

钢筋混凝土构件或结构配筋不足会造成混凝土开裂严重、混凝土压碎、结构或构件垮塌、构件或结构刚度下降等质量事故。

板、次梁、主梁相交节点处的钢筋纵横交叉，重叠密集，常因安装施工误差或钢筋高出板面而露筋，在节点处产生裂缝。其原因如下。

(1) 设计图中无节点处的钢筋排列详图，或施工单位钢筋翻样没有明确规定交叉节点处钢筋的排列方法。该处钢筋密集，安装绑扎困难，致使重叠排列有误差，节点处的钢筋已超出现浇板的板面而露筋。

(2) 梁、板钢筋的位置不符合设计和规范规定，造成有的梁负弯矩受力，钢筋下沉，降低承载力而裂缝。

(3) 技术交底不明确，操作人员技术素质差，缺乏钢筋安装经验。

 案例 4-2

某电子有限公司食堂宿舍楼建筑面积 6 600m²，4 层。此建筑上部为现浇钢筋混凝土框架结构，砖砌空斗填充墙，下部采用天然地基，钢筋混凝土独立柱基础坐落在南北不同的天然地基上，无基础梁相互联系。进深三跨布置，长度为 10 开间，每个开间为 6m。柱网平面布置图如图 4.9 所示。南北南边跨柱网为 6m×9.5m，中间柱网为 6m×8.5m，总长度为 65m，宽度为 27.5m，底层是大空间的食堂，层高 4.5m，2～4 层为员工宿舍，层高 4m，总高度为 16.5m。

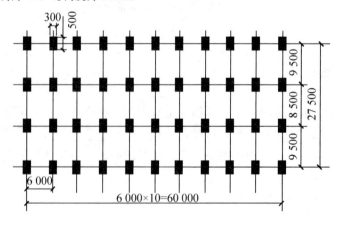

图 4.9 柱网平面布置

该工程竣工一年多后，某一天突然倒塌，4 层框架一塌到底，造成 32 人死亡，78 人受伤。据了解，在倒塌前就已发现该楼有明显的倾斜(向南倾斜)，墙体、梁、柱多处发现裂缝，特别是通向附属房的过道连梁有明显的拉裂现象，但一直没有引起重视。

原因分析如下。

(1) 设计计算严重错误。除了地基超载受力是造成房屋倒塌的主要因素之外，该房屋的上部结构计算和配筋严重不足是造成倒塌的另一重要原因。

通过对倒塌后现场的柱、梁配筋实测，和表模拟计算的结果见表 4-1 和表 4-2。

表 4-1　各层柱配筋结果表

部位	项目	需要配筋/cm²		实际配筋/cm²		实际与需要之比	
		A_y(纵向)	A_x(横向)	A_y(纵向)	A_x(横向)	A_y(纵向)	A_x(横向)
南北向边柱	底层	22	25	7.1	5.09	32.3%	20.4%
	二层	18	10	7.1	5.09	39.4%	50.9%
	三层	10	4	7.1	5.09	71%	满足
	四层	18	5	7.1	5.09	39.4%	满足
中柱	底层	43	48	9.42	6.28	21.9%	13.1%
	二层	28	32	9.42	6.28	33.6%	19.6%
	三层	14	16	9.42	6.28	67.3%	39.3%
	四层	3	3	9.42	6.28	满足	满足

表 4-2　梁配筋结果表

部位	项目 实际配筋/cm²	需要配筋/cm²				实际与需要之比			
		一层	二层	三层	四层	一层	二层	三层	四层
边跨跨中	15.3(6ϕ8)	21	20	19	31	72.9%	76.5%	80.5%	49.4%
边支座	40.2(2ϕ16)	12	13	14	9	33.5%	31%	20.8%	44.7%
中间支座	14.73(3ϕ25)	27	26	25	25	54.5%	55.6%	58.9%	58.9%
中间跨跨中	15.3(6ϕ18)	18	19	20	9	85%	80.5%	76.5%	满足

从模拟计算结果来看，柱、框架梁等主要受力构件的设计均不符合设计规范的要求，特别是底层柱的配筋，中柱纵横向(A_y、A_x)实际配筋分别只达到需要配筋的 21.9% 和 13.1%；边柱纵横向(A_y、A_x)实际配筋分别只达到需要配筋的 32.3% 和 20.4%，是属于严重不安全的上部结构。

从倒塌现场实测情况来看，其结构构件尺寸、构造措施、锚固和支承长度均不符合有关规范的要求。

(2) 施工中偷工减料，工程质量失控。从倒塌现场实测情况来看，结构上所用的钢筋大量为改制材，现场截取了 ϕ6、ϕ10、ϕ12、ϕ14、ϕ16、ϕ18、ϕ20、ϕ25 这 8 种规格钢材进行力学试验，除 ϕ10 规格符合要求外，其余均不符合规定要求；结构构造、锚固、支承长度也都不符合规范要求；大量的拉结筋、箍筋没有设置，这些都进一步降低了建筑物的刚度和延性，致使上部结构更趋于不安全。

4.2.3　钢筋错位偏差严重

钢筋在构件中的位置偏差是钢筋工程施工中常见的质量事故之一，如果钢筋在构件中的位置偏差在规范允许的范围内，不会对结构或构件带来多大的影响，但是，如果钢筋在构件中的位置偏差超过规范所规定的要求，甚至偏差严重，就会引起结构或构件的刚度、承载力下降，混凝土开裂，甚至引起结构或构件的倒塌。例如，最常见的是一些悬挑阳台板、雨篷板的钢筋网错放在板的下部时，结构就可能发生倒塌。

常见的钢筋错位偏差事故有：梁、板的负弯矩配筋下移错位或错放至下部；梁、柱主筋的保护层厚度偏差；钢筋间距偏差过大；箍筋间距偏差过大等。

造成钢筋错位偏差的主要原因如下。

(1) 随意改变设计。常见的有两类，一是不按施工图施工，把钢筋位置放错；二是乱改建筑的设计或结构构造，导致原有的钢筋安装固定有困难。

(2) 施工工艺不当。例如，主筋保护层不设专用垫块，钢筋网或骨架的安装固定不牢固，混凝土浇筑方案不当，操作人员任意踩踏钢筋等原因均可能造成钢筋错位。

 案例 4-3

某住宅建筑面积为 $603m^2$，3 层混合结构，2、3 层均有 4 个外挑阳台。在用户入住后，3 层的一个阳台突然倒塌。

阳台结构断面如图 4.10 所示。

从倒塌现场可见混凝土阳台板折断(钢筋未断)后，紧贴外墙面挂在圈梁上，阳台栏板已全部坠落地面。住户迁入后，曾反映阳台拦板与墙连接处有裂缝，但无人检查处理。倒塌前几天，因裂缝加大，再次提出此问题，施工单位仅派人用水泥对裂缝做表面封闭处理。倒塌后，验算阳台结构设计，未发现问题。混凝土强度、钢筋规格、数量和材质均满足设计要求，但钢筋间距很不均匀，阳台板的主筋错位严重，从板断口处可见主筋位于板底面附近。实测钢筋骨架位置如图 4.10 所示。

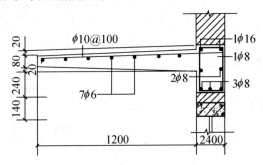

图 4.10　阳台断面及实测钢筋骨架位置

阳台拦板锚固：阳台栏板压顶混凝土与墙或构造柱的锚固钢筋，原设计为 $2\phi12$，实际为 $3\phi6$，但锚固长度仅 40~50mm，锚固钢筋末端无弯钩。

原因分析如下。

(1) 乱改设计。与阳台板连接的圈梁的高度原设计为 360mm，如图 4.10 所示。施工时，取消阳台门上的过梁和砖，把圈梁高改为 500mm，但是钢筋未做修改且无固定钢筋位置的措施。因此，梁中钢筋的位置下落，从而造成根部(固定端处)主筋位置下移，最大达 85mm，如图 4.10 所示。

(2) 违反工程验收有关规定。对钢筋工程不做认真检查，却办理了隐蔽工程验收记录。

(3) 发现问题不及时处理。阳台倒塌前几个月就已发现拦板与墙连接处等出现裂缝，住户也多次反映此问题，都没有引起重视，既不认真分析原因，又不采取适当措施，最终导致阳台突然倒塌。

案例 4-4

某工程框架柱基础配筋搞错方向事故

某工程框架柱断面 300mm×500mm，弯矩作用主要沿长边方向，在短边两侧各配筋 5ϕ25，如图 4.11(a) 所示。在基础施工时，工人误认为长边应多放钢筋，将两排 5ϕ25 的钢筋放置在长边，而两短边只有 3ϕ25，不满足受力需要，如图 4.11(b)所示。基础浇筑完毕，混凝土达到一定强度后绑扎柱子钢筋时，发现基础钢筋与柱子钢筋对不上，这时才发现搞错了，必须采取补救措施。经研究，处理方法如下。

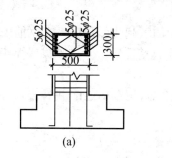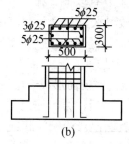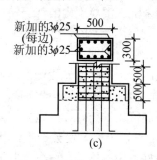

图 4.11　框架柱基础

在柱子的短边各补上 2ϕ25 插铁，为保证插铁的锚固，在两短边各加 3ϕ25 横向钢筋，将插铁与原 3ϕ25 钢筋焊成一整体(图 4.11(c))；将台阶加高 500mm，采用高一强度等级的混凝土浇筑。在浇筑新混凝土时，将原基础面凿毛，清洗干净，用水润湿，并在新台阶的面层加铺 ϕ6@200 钢筋网一层；原设计柱底钢箍加密区为 300mm，现增加至 500mm。

悬挑构件在嵌固支座处受负弯矩，即上面受拉，下面受压，与简支梁结构的受力情况刚好相反。悬挑结构的受力钢筋应在上面，而个别施工人员不懂结构，错将受力主筋倒放，造成事故。例如，某宿舍工程为 4 层砖混结构，通廊阳台，挑梁外挑 1.3m，施工中错将挑梁钢筋放反，拆模时 4 根挑梁全部折断而坍落。

对悬挑构件的钢筋工程，都要逐一进行检查：一查钢筋级别，二量直径，三核对根数，四查确保钢筋位置不下沉的技术措施是否可靠。铺设操作平台，严禁重物压或操作工踩踏钢筋，要设专人负责看管纠正钢筋位置。混凝土强度等级必须满足设计要求，并加强湿养护不少于 7d。混凝土强度没有达到拆模规定时，不准提前拆模。拆模前要检查嵌固端上部的砖墙、楼板是否满足抗倾覆的荷载，确保安全。

4.2.4　钢筋脆断、裂纹和锈蚀

1. 钢筋脆断

造成钢筋脆断的主要原因如下。

(1) 钢材材质不合格或轧制质量不合格。

(2) 运输装卸不当、摔打碰撞，使钢筋承受过大的冲击应力。

(3) 钢筋制作加工工艺不当。

(4) 焊接工艺不良造成钢筋脆断。

2. 钢筋裂纹

钢筋产生的裂纹主要有纵向裂纹和成形弯曲裂纹。

造成钢筋纵向裂纹的主要原因是钢材轧制生产工艺不当。

造成钢筋在成形弯曲处外侧产生横向裂缝的主要原因是钢筋的冷弯性能不良或成形场所温度过低。

3. 钢筋锈蚀

钢筋锈蚀主要是指尚未浇入混凝土内的钢筋锈蚀和混凝土构件内的钢筋锈蚀。

尚未浇入混凝土内的钢筋锈蚀主要有以下 3 种。

(1) 浮锈。钢筋保管不善或存放过久，就会与空气中的氧起化学反应，在钢筋表面形成氧化铁层。初期，铁锈呈黄色，称为浮锈或色锈。对于钢筋浮锈，除在冷拔或焊接处附近必须清除干净外，一般均不做专门处理。

(2) 粉状或表皮剥落的铁锈。当钢筋表面形成一层氧化铁(呈红褐色)，用锤击，有锈粉或表面剥落的铁锈时，一定要清除干净后，方可使用。

(3) 老锈。钢筋锈蚀严重，其表面已形成颗粒状或片鳞状，这种钢筋不可能与混凝土粘结良好，影响钢筋和混凝土共同的作用，这种钢筋不允许使用。

混凝土构件内的钢筋锈蚀问题必须认真分析处理。因为构件内的钢筋锈蚀，导致混凝土构件体积膨胀，使混凝土构件表面产生裂缝，由于空气的侵入，更加速了钢筋的锈蚀，恶性循环，最终造成混凝土构件保护层剥落，钢筋截面减小、使用性能降低，甚至出现构件安全破坏。

案例 4-5

某大厦建筑面积 34 000m², 主楼 20 层，总建筑高度 77m，框剪结构，主楼底层层高 5m，2、3 层层高 4.8m，4～10 层层高 3.4m，11～20 层层高 3m。该工程作为高层建筑，竖向钢筋用量较大，直径较粗。同时，为了便于运输，钢筋的生产长度一般在 9m 以内。在比较了焊接质量、生产效率和经济效益等综合指标后，该工程采用竖向钢筋电渣压力焊。但由于选择的施工队伍素质不高，在焊接过程中操作不当，焊接工艺参数选择不合理，产生了各种各样的质量缺陷。钢筋工程质量的检查发现了大量的电渣压力焊钢筋偏心、倾斜、焊包不均、气孔、夹渣、焊包下流等缺陷，如图 4.12 所示，致使大面积钢筋焊接工程返工。

原因分析如下。

(1) 接头偏心、倾斜。钢筋焊接接头的轴线偏移大于 0.1d(d 为钢筋直径)或超过 2mm 即为偏心，接头弯折角度大于 4° 为倾斜。造成偏心和倾斜的主要原因如下。

① 钢筋端部歪扭不直，在夹具中夹持不正或倾斜。

② 由于长期使用，夹具磨损，造成上下不同心。

③ 顶压时用力过大，使上钢筋晃动和移位。

④ 焊后夹具过早放松，接头未及冷却使上钢筋倾斜。

(2) 焊包不匀。现场焊接钢筋焊包不匀的主要原因如下。

① 钢筋端头倾斜过大而熔化量不足，加压时熔化金属在接头四周分布不匀。

② 采用铁丝圈引弧时，铁线圈安放不正，偏到一边。

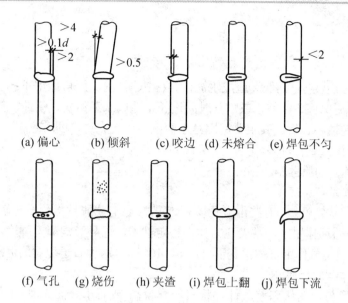

图 4.12　电渣压力焊接头缺陷

(3) 气孔、夹渣。造成气孔和夹渣的主要原因如下。

① 焊剂受潮，焊接过程中产生大量气体渗入溶池。

② 钢筋锈蚀严重或表面不清洁。

③ 通电时间短，上端钢筋在熔化过程中还未形成凸面即进行顶压，熔渣无法排出。

④ 焊接电流过大或过小。

⑤ 焊剂熔化后形成的熔渣粘度大，不易流动。

⑥ 预压力太小。

4.3　混凝土工程

　　混凝土工程是建筑施工中一个重要的工种工程。无论是工程量、材料用量，还是工程造价所占建筑工程的比例均较大。因此，造成质量事故的可能性也较大。在建筑工程施工中，必须对混凝土结构工程的质量引起高度重视。

　　混凝土工程常见的质量事故主要有混凝土强度不足、混凝土裂缝、混凝土表面缺损、结构或构件变形错位等质量事故或质量缺陷

4.3.1　混凝土强度不足

　　混凝土强度不足对结构的影响程度较大，可能造成结构或构件的承载能力降低，抗裂性能、抗渗性能、抗冻性能和耐久性的降低，以及结构构件的强度和刚度的下降。造成混凝土强度不足的主要原因如下。

1. 材料质量

(1) 水泥质量差。

① 水泥实际活性(强度)低。造成水泥活性(强度)低的原因可能如下：一是水泥的出厂质量差；二是水泥保管条件差，或贮存时间过长，造成水泥结块，活性降低而影响强度。

② 水泥安定性不合格。其主要原因是水泥熟料中含有过多的游离 Ca^{2+}、Mg^{2+} 离子，有时也可能由于掺入石膏过多。

(2) 骨料(砂、石)质量差。

① 石子强度低。

② 石子体积稳定性差。有些由多孔燧石、页岩、带有膨胀粘土的石灰岩等制成的碎石，在干湿交替或冻循环作用下，常表现为体积稳定性差，而导致混凝土强度下降。例如，变质粗玄岩，在干湿交替作用下体积变形可达 6×10^{-4}。以这种石子配制的混凝土在干湿条件变化下，可能造成混凝土强度下降。

③ 石子外形与表面状态差。针片状石子含量高(或石子表面光滑)都会影响混凝土的强度。

④ 骨料中(尤其砂)有机质、粘土、三氧化硫等含量高。骨料中的有机质对水泥水化产生不利影响，使混凝土强度下降。

骨料中粘土、粉尘的含量过大，会影响骨料与水泥的粘结，增加用水量，同时粘土颗粒体积不稳定，干缩湿胀，对混凝土有一定的破坏作用。

当骨料中含有硫铁矿或生石膏等硫化物或硫酸盐，且含量较高时，其就可能与水泥的水化物作用，生成硫铝酸钙，产生体积膨胀，导致硬化的混凝土开裂或强度下降。

(3) 拌和水质量不合格。

(4) 掺用外加剂质量差。

 案例 4-6

碱-骨料反应破坏混凝土

活性骨料能与水泥中的碱发生反应。这种反应一般在水泥混凝土硬化后进行。反应主要指石子中的活性二氧化硅(如白云质石灰岩石子等)，与水泥中过量的碱发生的化学反应。

用活性石子浇筑的混凝土硬化后，与水泥中过量碱反应生成碱性硅酸盐或碳酸盐，体积会膨胀，膨胀压力使混凝土破坏、裂纹，产生一个裂纹网。当混凝土总含碱量较高时，又使用含有碳酸盐或活性氧化硅成分的粗骨料(如沸石、流纹岩等)，就可能产生碱-骨料反应，即碱性氧化物水解后形成的氢氧化钠与氢氧化钾，它们与活性骨料起化学反应，生成不断吸水、膨胀的凝胶体，造成混凝土开裂和强度降低。据日本资料介绍，在其他条件相同的情况下，碱-骨料反应后混凝土强度仅为正常值的 60% 左右。

2. 混凝土配合比不当

混凝土配合比是决定混凝土强度的重要因素之一，其中水灰比的大小直接影响混凝土的强度，其他如用水量、砂率、骨灰比等也都会影响混凝土的强度和其他性能，从而造成混凝土强度不足。这些影响因素在施工中表现如下。

(1) 随意套用配合比。

混凝土配合比是根据工程特点、施工条件和材料的品质，经试配后确定的。但是，目前有些工程却不顾这些特定条件，仅根据混凝土强度等级的指标，或者参照其他工程，或者根据自己的施工经验，随意套用配合比，造成强度不足。

(2) 用水量加大。

(3) 水泥用量不足。

(4) 砂、石计量不准。

(5) 用错外加剂。其主要表现在：一是品种用错，在未弄清外加剂属早强、缓凝、减水等性能前，盲目乱掺外加剂，导致混凝土达不到预期的强度；二是掺量不准。

3. 混凝土施工工艺

(1) 混凝土拌制不佳。例如，混凝土搅拌时投料顺序颠倒，搅拌时间过短造成拌合物不匀，影响混凝土强度。

(2) 运输条件差。例如，没有选择合理的运输工具，在运输过程中混凝土分层离析、漏浆等均影响混凝土的强度。

(3) 混凝土浇筑不当。例如，混凝土自由倾倒高度过高，混凝土入模后振捣不密实等。

(4) 模板漏浆严重。

(5) 混凝土养护不当。

4. 混凝土试块管理不善

例如，不按规定制作试块，试块模具管理差，试块未经标准养护等。

 案例 4-7

1) 事故概况

某工程为现浇内框架结构，其中观众厅部分共 14 根混凝土柱子。混凝土灌筑之后，拆模时发现其中 13 根有严重的蜂窝和露筋现象。

柱子的全部侧面面积为 142m²，露筋部位面积为 3.82m²。占柱子总面积的 2.68%。其中露筋最严重的一根柱子，露筋面积为 0.56m²，露筋主要位置在离地面以上 1m 处钢筋搭接部位；蜂窝面积为 3.59m²，占柱子总面积的 2.5%，其中最严重的为西北角第四根挂子，蜂窝面积为 0.44m²。

2) 原因分析

配合比控制不严。混凝土原设计为 C20，施工时提高到 C25，水灰比定为 0.53，坍落度为 30～50mm。但实际上第一天材料就没有过秤，第二天才安装磅秤。以后有时过有时不过。没有试验坍落度，用水量根据捣固人员要求而定。

两组试块的 28d 强度，一组为 2.14×10^7Pa，一组为 2.25×10^7Pa，均符合设计要求。但据了解，试验捣固情况同现场柱子浇捣时的情况并不一致。试块强度不能代表实际情况，为此对柱子做了强度核对，最高标号为 3×10^7Pa，最低标号为 1.46×10^7Pa。

灌筑高度太高。7m 多高的柱子支模时未灌筑混凝土的洞口，混凝土从 7m 多高的平台上倾倒下来，没有用串筒溜管等设备，违反了施工验收规范中关于"灌筑混凝土自由倾落高度不宜超过 2m"及"柱子分段灌筑高度不应大于 3.5m"的规定，使混凝土不可避免地造成离析。

每次灌筑厚度太厚，捣固要求不严。灌筑混凝土时未用振捣棒捣固，也未用铁钎捣固。只用 2.5cm×4cm×600cm 的木杆捣固。每次灌筑混凝土一车，厚度约 40cm，违反了验收规范关于"柱子灌筑层厚度不得超过 20cm"的规定。

柱子钢筋搭接处配置太密。有的露筋处钢筋间距等于零或只有 1cm。

4.3.2　混凝土裂缝

混凝土的抗压强度高而抗拉强度很低，并且其极限拉应变很小，因而很容易开裂。混凝土材料来源广阔，成分多样，构成复杂，而且施工工序多，制作工期较长，其中任一环节出了差错都可能导致开裂事故。与截面承载力计算相比，混凝土结构裂缝的计算是很粗略的，很多防裂、限制裂缝开展主要靠构造措施，其中有很多问题还有待深入研究。普通钢筋混凝土结构在使用过程中，出现细微的裂缝是正常的、允许的(如一般构件不超过 0.3mm)。但是，如果出现的裂缝过长、过宽就不允许了，甚至是危险的。许多混凝土结构在发生重大事故之前，往往有裂缝出现并不断发展，应特别注意。这里讨论钢筋混凝土结构或构件产生裂缝的主要原因及预防措施。

混凝土裂缝产生的主要原因有以下几个方面。

(1) 材料方面。例如，水泥的安定性不合格，水泥的水化热引起过大的温差，混凝土拌合物的泌水和沉陷，混凝土配合比不当，外加剂使用不当，砂、石含泥或其他有害杂质超过规定，骨料中有碱性骨料或已风化的骨料，混凝土干缩等。

(2) 施工方面。例如，外加掺合剂拌和不均匀；搅拌和运输时间过长；泵送混凝土过量增用水泥及加水；浇筑顺序失误；浇筑速度过快；捣固不实；混凝土终凝前钢筋被扰动；保护层太薄，箍筋外只有水泥浆；滑模施工时工艺不当；施工缝处理不当，位置不正确；模板支撑下沉，模板变形过大；模板拼接不严，漏浆漏水；拆模过早；混凝土硬化前受振动或达到预定强度前过早受载；养护差，早期失水太多；混凝土养护初期受冻；构件运输、吊装或堆放不当等。

(3) 设计方面。例如，设计承载力不足、细部构造处理不当、构件计算简图与实际受力情况不符、局部承压不足、设计中未考虑某些重要的次应力作用等。

(4) 环境和使用方面。例如，环境温度与相对湿度的急剧变化、冻胀、冻融作用、钢筋锈蚀，锚具(锚头)失效，腐蚀性介质作用，使用超载，反复荷载作用引起疲劳，振动作用，地基沉降，高温(及火灾)作用等。

(5) 其他各种原因，如火灾、地震作用、燃气爆炸、撞击作用等。

裂缝产生的原因不同，其表面形态及特征也各异，一些常见裂缝的形态如图 4.13 所示。

(6) 大体积混凝土的温差裂缝。结构断面最小尺寸在 800mm 以上，同时水化热引起的混凝土内最高温度与环境气温之差预计超过 25℃的混凝土构件，称为大体积混凝土。任何就地浇筑的大体积混凝土施工，要比一般的钢筋混凝土施工复杂得多，经常发现的不是一般的强度问题，而是要解决混凝土中水泥水化热引起的温差应力等特有的施工技术问题。必须采取有效措施解决水化热引起的体积变形问题，以最大限度减少构件的裂缝。大体积混凝土构件，在硬化期间，水泥的水化热较高，加上构件厚度大，内部温度不易散发，构件外表面随自然气温下降至内外温差大于 25℃，则外表产生冷缩应力，当应力大于当时混凝土的抗拉强度时，常产生破坏性较大的贯穿构件的裂缝或深浅不等的裂缝。

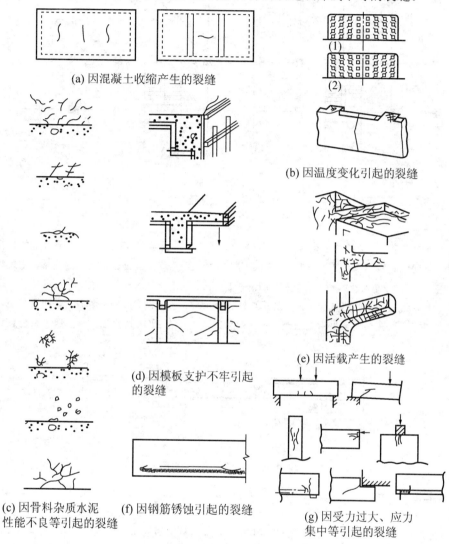

(a) 因混凝土收缩产生的裂缝

(b) 因温度变化引起的裂缝

(d) 因模板支护不牢引起的裂缝

(e) 因活载产生的裂缝

(c) 因骨料杂质水泥性能不良等引起的裂缝　(f) 因钢筋锈蚀引起的裂缝

(g) 因受力过大、应力集中等引起的裂缝

图 4.13　裂缝形式

 案例 4-8

某临街建筑的底层为商店，二层以上为宿舍，七层现浇框架结构，纵向五跨，横向二跨，其第七层平面图如图 4.14 所示。

进行室内粉刷时，发现顶层纵向框架梁 KJ-7、KJ-8 上共有 15 条裂缝，其位置如图 4.14 所示。裂缝分布在次梁 L_1 的两边或一边和 340cm 宽的开间中部附近。从室内看，梁上的裂缝情况如图 4.15 所示。

裂缝的形状一般是中间宽两端细，最大裂缝宽度为 0.2mm 左右。

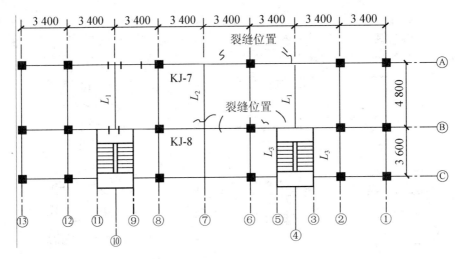

图 4.14　7 层平面图

原因分析如下。

(1) 混凝土收缩。从裂缝的分布情况可见框架两端 1～2 个开间没有裂缝，考虑到裂缝的特征是中间宽两端细，开间中间的裂缝主要是因混凝土收缩而引起的。因为有裂缝的梁是屋顶的大梁，建筑物高度较高，周围空旷，而 KJ-7 大梁的断面形状(图 4.15 中 1—1 剖面)造成浇水养护困难，施工中又没有采取其他养护措施，致使混凝土的收缩量加大，特别是早期收缩加大。因此，裂缝的数量较多，间距较小，裂缝宽度较小。另外，从大梁断面可以看到上部为强大的翼缘，下部有 $3\Phi16$ 的钢筋，这些都可阻止裂缝朝上下两面开展。

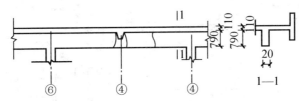

图 4.15　KJ-7 局部裂缝情况

(2) 施工图漏画附加的横向钢筋。该建筑的结构布置图采用两个开间设一个框架，如图 4.14 中的②、⑥、⑧、⑫号轴线，而在④、⑦、⑩号轴线上采用 L_1、L_2 支承楼板和隔墙的质量，L_1、L_2 与纵向框架梁 KJ-7 等连接。检查中发现，L_1、L_2(次梁)与 KJ-7(主梁)连接处的两侧或一侧都有裂缝；而 L_2、L_3(次梁)与 KJ-8(主梁)连接处的两侧均未发现裂缝。查阅施工图纸可见，凡次梁与主梁连接处增设了附加横向钢筋(吊筋、箍筋)的，框架上都无裂缝；反之，没有附加横向钢筋的部位都有裂缝，违反了《混凝土结构设计规范》(GB 50010—2010)。

4.3.3　混凝土表面缺损

混凝土的表层缺损是混凝土结构的一项常见通病。在施工或使用过程中产生的表层缺损有蜂窝、麻面、小孔洞、缺棱掉角、露筋、表层酥松等。这些缺损影响观瞻，使人产生不安全感。缺损也影响结构的耐久性，增加维修费用。当然，严重的缺损会降低结构承载力，引发事故。

1) 常见的一些混凝土表层缺损的原因分析

(1) 蜂窝：混凝土配合比不合适，砂浆少而石子多；模板不严密，漏浆；振捣不充分，混凝土不密实；混凝土搅拌不均匀，或浇筑过程中有离析现象等，使得混凝土局部出现空隙，石子间无砂浆，形成蜂窝状的小孔洞。

(2) 麻面：模板未湿润，吸水过多；模板拼接不严，缝隙间漏浆；振捣不充分，混凝土中气泡未排尽；模板表面处理不好，拆模时粘结严重，致使部分混凝土面层剥落等，混凝土表面粗糙，或有许多分散的小凹坑。

(3) 露筋：由于钢筋垫块移位，或者少放或漏放保证混凝土保护层的垫块，钢筋与模板无间隙；钢筋过密，混凝土浇筑不进去；模板漏浆过多等，致使钢筋主要的外表面没有砂浆包裹而外露。

(4) 缺棱掉角：常由于构件棱角处脱水，与模板粘结过牢，养护不够，强度不足，早期受碰撞等原因引起。

(5) 表层酥松：由于混凝土养护时表面脱水，或在混凝土硬结过程中受冻，或受高温烘烤等原因引起混凝土表层酥松。

2) 裂缝及表层破损的修补方法

对承载力无影响或影响很小的裂缝及表层缺损可以用修补的方法。修补的主要目的是使建筑外观完好，并防止风化、腐蚀、钢筋锈蚀及缺损的进一步发展，以保护构件的核心部分，提高建筑的使用年限和耐久性。常用的修补方法有以下几种。

(1) 抹面层。若混凝土表面只有小的麻面及掉皮，可以用抹纯水泥浆的方法抹平。抹水泥浆前应用钢丝刷刷去混凝土表面的浮渣，并用压力水冲洗干净。

若混凝土表层有蜂窝、露筋，小的缺棱掉角，不深的表面酥松，表层微细裂缝，则可用抹水泥砂浆的方法修补。抹水泥砂浆之前应做好基层清理工作。对于缺棱掉角，应检查是否还有松动部分，如有，则应轻轻敲掉。对于蜂窝，应把松动部分、酥松部分凿掉。就刮去因冻、因高温、因腐蚀而酥松的表层混凝土。然后用压力水冲洗干净，涂上一层纯水泥浆或其他粘结性好的涂料，然后用水泥砂浆填实抹平。修补后要注意湿润养护，以保证修补质量。

(2) 填缝法。对于数量少但较宽大的裂缝(宽度大于 0.5mm)或因钢筋锈胀使混凝土顺筋剥落而形成的裂缝可用填缝法。常用的填缝材料有环氧树脂、环氧砂浆、聚合物水泥砂浆、水泥砂浆等。填充前，将沿缝凿宽成槽，槽的形状有 V 形、U 形及梯形等，如图 4.16 所示。若防渗漏要求高，可加一层防水油膏。对锈胀缝，应凿到露出钢筋，去锈干净，先涂上防锈涂料。为了增加填充料和混凝土界面间的粘结力，填缝前可在槽面涂上一层环氧树脂浆液，以环氧树脂为主体的各种修补剂的配比可参考有关书籍。

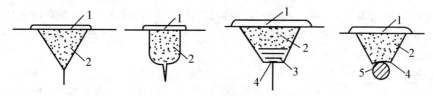

图 4.16　填缝法修补裂缝

1—环氧涂料；2—环氧砂浆(或聚合物砂浆等)；3—防水油膏；4—水泥砂浆；5—防锈涂料

(3) 灌浆法。灌浆法是把各种封缝浆液(树脂浆液、水泥浆液或聚合物水泥浆液)用压力方法注入裂缝深部，使构件的整体性、耐久性及防水性得到加强和提高。这种方法适用于裂缝宽大于 0.3mm、深度较深的裂缝修补，压力灌浆的浆液要求可灌性好、粘结力强。细缝常用树脂类浆液，对缝宽大于 2mm 的裂缝，也可用水泥类浆液。

还有其他的修补方法，如孔洞较大时，可用小豆石混凝土填实。对表面积较大的混凝土表面缺损，可用喷射混凝土等方法。

城市高层建筑的地下建筑工程增多，使用商品混凝土量大，混凝土强度等级大于 C30，地下建筑的壁厚小于 400mm，墙板周长都大于 100m，高度在 3.2m 左右。地下室建筑的结构不同于大体积混凝土，也不完全同于工业与民用建筑的杆件系统，它是介于两者之间的超静定结构，其约束性大。地下建筑有防水要求，裂缝的危害性更大。裂缝出现的时间早晚不等。墙体混凝土浇筑完成终凝后即出现裂缝，称为早期裂缝，混凝土浇筑后十多天或几个月内出现的裂缝，称为后期裂缝。一般裂缝的位置与墙板短边平行或在变截面处，裂缝宽度在 0.1～1mm，深度有表层的、深层的和贯穿的，形状基本垂直，长度大部分是通长的裂缝。

4.3.4 结构构件变形错位

混凝土结构构件变形错位主要是指：构件如梁、柱、板等平面位置偏差太大；建筑物整体错位或方向错误；构件竖向位置偏差太大；构件变形过大；建筑物整体变形等。

造成混凝土结构构件变形错位的主要原因归纳如下。

(1) 读错图纸。常见的如将柱、墙中心线与轴线位置混淆；主楼与裙楼的标高弄错；不注意设计图纸标明的特殊方向。

(2) 测量标志错位，如控制桩设置不牢固，施工中被碰撞、碾压而错位。

(3) 测量放线错误，如常见的读错尺寸和计算错误。

(4) 施工顺序及施工工艺不当。例如，单层工业厂房中吊装柱后先砌墙，再吊装屋架、屋面板等，而造成柱墙倾斜；在吊装柱或吊车梁的过程中，未经校正即最后固定等。

(5) 施工质量差，如构件尺寸、形状误差大，预埋件错位、变形严重，预制构件吊装就位偏差大，模板支撑刚度不足等。

(6) 地基的不均匀沉降。如地基基础的不均匀沉降引起柱、墙倾斜，吊车轨顶标高不平等。

案例 4-9

湖北省某车间为单层装配式厂房，上部结构的施工顺序为：首先吊装柱，其次砌筑墙，最后吊装屋盖。在屋盖吊装中出现柱顶预埋螺栓与屋架的预埋铁件位置不吻合。经检查，发现车间边排柱普遍向外倾斜，柱顶向外移位 40～60mm，最大达 120mm。

原因分析如下。

(1) 施工顺序错误。屋盖尚未安装前，边排柱只是一个独立构件，并未形成排架结构，这时在柱外侧砌 370mm 厚的砖墙，高 10 多米。该墙荷重通过地梁传递到独立柱基础，使基础承受较大的偏心荷载，引起地基不均匀下沉，导致柱身向外倾斜。

(2) 柱基坑没有及时回填土，直至检查时发现基坑内还有积水。地基长期泡水后承载能力下降，加大了柱基础的不均匀沉降。

4.4 预应力混凝土工程

预应力混凝土是近几十年发展起来的一门新技术。我国从 1956 年开始采用预应力混凝土结构。近年来，随着预应力混凝土结构设计理论和施工设备与工艺的不断发展与完善，高强度、高性能材料的不断改进，预应力混凝土得以进一步推广与应用。但在施工过程中，如果施工不当，也可能造成质量事故。

预应力混凝土工程常见的质量事故有预应力筋及锚夹具质量事故、构件制作质量事故、预应力钢筋张拉和放张质量事故及预应力构件裂缝变形质量事故。

4.4.1 预应力筋及锚夹具质量事故

常用做预应力筋的钢材有冷拉钢筋、热处理钢筋、低碳冷拔钢丝、碳素钢丝和钢绞线等。与之相配套使用的锚夹具有螺丝端杆锚具、JM 型锚具、RT-Z 型锚具、XM 和 QM 型锚具、锥形锚具等。

预应力筋常见事故的特征、产生的原因见表 4-3。预应力筋用锚夹具常见质量事故的特征及原因见表 4-4。

表 4-3　常见预应力筋事故特征及原因

序号	事故特征	主要原因
1	强度不足	① 出厂检验差错 ② 钢筋(丝)与材质证明不符 ③ 材质不均匀
2	钢筋冷弯性能不良	① 钢筋化学成分不符合标准规定 ② 钢筋轧制中存在缺陷，如裂缝、结疤、折叠等
3	冷拉钢筋的伸长率不合格	① 钢筋原材料含碳量过高 ② 冷拉参数失控
4	钢筋锈蚀	① 运输方式不当 ② 仓库保管不良 ③ 存放期过长 ④ 仓库环境潮湿
5	钢丝表面损伤	① 钢丝调直机上、下压辊的间隙太小 ② 调直模安装不当
6	下料长度不准	① 下料计算错误 ② 量值不准

序号	事故特征	主要原因
7	钢筋(丝)墩头不合格,如镦头偏歪、镦头不圆整、镦头裂缝、颈部母材被严重损伤等	① 镦头设备不良 ② 操作工艺不当 ③ 钢筋(丝)端头不平,切断时出现斜面
8	穿筋时发生交叉,导致锚固端处理困难,如定位不准确或锚固后引起滑脱	① 钢丝未调直 ② 穿筋时遇到阻碍,导致钢丝改变方向

表 4-4 预应力筋用锚夹具质量事故特征及原因

序号	锚夹具	事故特征	主要原因
1	螺丝端杆锚具	端杆断裂	① 材质内有夹渣 ② 局部受损伤 ③ 机加工的螺纹内夹角尖锐 ④ 热处理不当,材质变脆 ⑤ 端杆受偏心拉力、冲击荷载作用,产生断裂
		端杆变形	① 端杆强度低(端杆钢号低或热处理效果差) ② 冷拉或张拉应力高
2	钢丝(筋)束镦头锚具	钢丝(筋)镦头强度低	① 镦粗工艺不当,如镦头歪斜、墩头压力过大等 ② 锚环硬度过低,使墩头受力状态不正常,产生偏心受拉
		锚环断裂	① 热处理后硬度过高,材质变脆 ② 垫板不正,锚环偏心受拉等
3	JM 型锚具 XM 型锚具 QM 型锚具	钢筋(绞线)滑脱	① 锚具加工精度差 ② 夹片硬度低 ③ 操作不当 ④ 锚环孔的锥度与夹片的锥度不一致
		内缩量大	① 顶压过程中,当夹片推入锚环时,因夹片螺纹与钢筋螺纹相扣,使钢筋也随之移动 ② 夹片与钢筋接触不良或配合不好,引起钢筋滑移
		夹片碎裂	① 夹片热处理不均匀或热处理硬度太高 ② 夹片与锚环锥度不符 ③ 张拉吨位太大
4	钢质锥形锚具	滑丝	① 锚具由锚环和锚塞组成,借助于摩阻效应将多根钢丝锚固在锚环与锚塞之间 ② 钢丝本身硬度、强度很高,如锚具加工精度差,热处理不当,钢丝直径偏差过大,应力不匀等
		锚具滑脱	锚环强度低,锚固时使锚环内孔扩大

4.4.2 构件制作质量事故

预应力混凝土构件的施工方法主要有先张法、后张法、无粘结后张法等。其制作的质量事故特征及原因见表 4-5。

表 4-5　构件制作质量事故特征及原因

序号	事故特征	主要原因
1	先张钢丝滑动	放松预应力钢丝时，钢丝与混凝土之间的粘结力遭到破坏，钢丝向构件内回缩
2	先张构件翘曲	① 台面或钢模板不平整，预应力筋位置不正确，保护层不一致，以及混凝土质量低劣等，使预应力筋对构件施加偏心荷载 ② 各根预应力筋所建立的张拉应力不一致，放张后对构件产生偏心荷载
3	先张构件刚度差	① 台座或钢模板受张拉力变形大，导致预应力损失过大 ② 构件的混凝土强度低于设计强度 ③ 张拉力不足，使构件建立的预应力低 ④ 台座过长，预应力筋的摩阻损失大
4	后张孔道塌陷、堵塞	① 抽芯过早，混凝土尚未凝固，使用胶管抽芯时，不但塌孔，甚至拉断 ② 孔壁受外力或振动的影响 ③ 抽芯过晚，尤其使用钢管时往往抽不出来 ④ 芯管表面不平整、光洁 ⑤ 使用波纹管预留孔道的工艺，而波纹管接口处和灌浆排气管与波纹管的连接措施不当
5	孔道灌浆不实	材料选用、材料配合比及操作工艺不当
6	后张构件张拉后弯曲变形	① 制作构件时由于模板变形，现场地基不实，造成混凝土构件不平直 ② 张拉顺序不对称，使混凝土构件偏心受压
7	无粘结预应力混凝土摩阻损失大	① 预应力筋表面的包裹物(塑料布条、水泥袋纸、塑料套管等)破损，预应力筋被混凝土浆包住 ② 防腐润滑涂料过少或不均匀 ③ 预应力筋表面的外包裹物过紧
8	张拉伸长值不符	① 测力仪表读数不准确，冷拉钢筋强度未达到设计要求 ② 预留孔道质量差，摩阻力大，张拉力过大，伸长值量测不准 ③ 钢材弹性模量不均匀

 案例 4-10

四川省某厂屋架跨度为 24m，外形为折线形，采用自锚后张法预应力生产工艺，下弦配置两束 4ϕ14，44Mn$_2$Si 冷拉螺纹钢筋，用两台 60t 拉伸机分别在两端同时张拉。

第一批生产屋架 13 榀，采取卧式浇筑，重叠 4 层的方法制作。屋架张拉后，发现下弦产生平面外弯曲 10～15mm。

原因分析如下。对拉伸设备重新校验，发现有一台油压表的校正读数值偏低，即对应于设计拉力值 259.7kN 的油压表读数值，其实际张拉力已达到 297.5kN，比规定值提高了 14.6%。由于两束钢筋张拉力不等，导致偏心受压，造成屋架向平面外弯曲。

由于张拉承力架的宽度与屋架下弦宽度相同，而承力架安装和屋架端部的尺寸形状常有误差，重叠生产时这种误差的积累，使上层的承力架不能对中，从而加大了屋架的侧向弯曲。

个别屋架由于孔道不直和孔位偏差，使预应力钢筋偏心，加大了屋架的侧弯。

4.4.3 预应力钢筋张拉和放张质量事故

预应力钢筋张拉和放张的常见质量事故及其产生的原因见表 4-6。

表 4-6 预应力钢筋张拉或放张常见事故及原因

序号	类 别	原 因
1	张拉应力失控	① 张拉设备不按规定校验 ② 张拉油泵与压力表配套用错 ③ 重叠生产构件时，下层构件产生附加的预应力损失 ④ 张拉方法和工艺不当，如曲线筋或长度大于 24m 的直线筋采用一端张拉等
2	钢筋伸长值不符合规定(比计算伸长值大 10%或小 5%)	① 钢筋性能不良，如强度不足，弹性模量不符合要求等 ② 钢筋伸长值量测方法错误 ③ 测力仪表不准 ④ 孔道制作质量差，摩阻力大
3	张拉应力导致混凝土构件开裂或破坏	① 混凝土强度不足 ② 张拉端局部混凝土不密实 ③ 任意修改设计，如取消或减少端部构造钢筋
4	放张时钢筋(丝)滑移	① 钢丝表面污染 ② 混凝土不密实、强度低 ③ 先张法放张时间过早，放张工艺不当

案例 4-11

湖南省某体育中心运动场西看台为悬挑结构，建筑面积 1 200m²，共有悬臂梁 10 榀，梁长 21m，悬挑净长 15m，采用无粘结预应力混凝土结构。每榀梁内配 5 束，共 25 根 ϕ_{15}^3 钢绞线，固定端采用 XM 锚具，钢绞线束及固定端锚具在梁内的布置如图 4.17 所示。

悬臂梁施工中，在浇混凝土前，建设单位、监理单位、施工单位 3 方共同检查验收预应力筋与锚具的设置情况，一致认为符合设计要求后，浇筑 C40 混凝土。浇混凝土过程中，施工单位提出，为了便于检查固定端锚具的固定情况，建议在固定端锚板前的梁腹上预留 200mm×300mm 的孔洞，但因故未被采纳。当梁混凝土达到设计规定的 70%设计强度时，开始张拉钢绞线。在试张拉的过程中，发现固定端锚具打滑，锚具对钢绞线的锚固不满足张拉力的要求。试张 10 根中有 7 根不符合设计要求，其中有 4 根钢绞线的滑移长度，据测算已滑出固定端锚板。

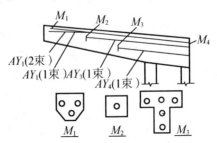

图 4.17 梁内预应力筋及锚具配置

看台外挑长度大,配筋密集,仅预应力筋每榀梁就有 5 束 25 根。在混凝土浇筑后的振捣中,强行在密集的钢筋中插入振动棒,难免触碰钢绞线,导致已安装的锚环与夹片松动,水泥浆渗入锚环与夹片间隙中的问题更加严重。

钢绞线的固定端设计构造不尽合理,如锚固端选用压花锚具,或将锚具外露,均可避免此事故。此外,施工也不够精心。

4.4.4　预应力构件裂缝变形质量事故

在预应力混凝土结构施工中,当施加预应力后,常在构件不同部位出现各种各样的裂缝。造成这些裂缝的原因是多方面的,严重时将危及结构的安全。

1. 锚固区裂缝

在先张法或后张法构件中,张拉后端部锚固区产生裂缝,裂缝与预应力筋轴线基本重合。产生的原因主要有以下两点。

(1) 预应力吊车梁、桁架、托架等端头沿预应力方向的纵向水平裂缝,主要是构件端部节点尺寸不够和未配置足够数量的横向钢筋网片或钢箍所致。

(2) 混凝土振捣不密实,张拉时混凝土强度偏低,以及张拉力超过规定等,都会引起裂缝的出现。

2. 端面裂缝

在预应力混凝土梁式构件或类似梁式构件(折板、槽板)的预应力筋集中配置在受拉区部位。在这类构件中建立预压应力后,在中和轴区域内出现纵向水平裂缝,如图 4.18 所示。这种裂缝有可能扩展,甚至全梁贯通,而导致构件丧失承载能力。

产生这种现象的主要原因是由于锚具或自锚区传来的局部集中力,使梁的端面产生变形,从而在与梁轴线垂直方向也出现局部高拉应力。

3. 支座竖向裂缝

预应力混凝土构件(吊车梁、屋面板等)在使用阶段,在支座附近出现由下而上的竖向裂缝或斜向裂缝,如图 4.19 所示。

产生的主要原因是先张法或后张法构件(预应力筋在端部全部弯起)支座处混凝土预压应力一般很小,甚至没有预压应力。当构件与下部支承结构焊接后,变形受到一定约束,加之受混凝土收缩、徐变或温度变化等影响,使支座连接处产生拉力,导致裂缝的出现。

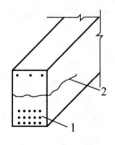

图 4.18　水平裂缝

1—预应力筋;2—裂缝

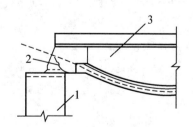

图 4.19　竖向裂缝

1—下部支承结构;2—裂缝;3—预应力构件

4. 屋架上弦裂缝

平卧重叠制作的预应力混凝土屋架，在施加预应力后或扶直过程中，上弦节点附近出现裂缝，扶直后又自行闭合。主要原因如下。

(1) 施加预应力后，下弦杆产生压缩变形，引起上弦杆受拉。

(2) 在扶直过程中，当上弦刚离地面，下弦还落在地面上时，腹杆自重以集中力的形式一半作用在上弦，另一半作用在下弦，上弦相当于均匀自重和腹杆传来的集中力作用下的连续梁，吊点相当于支点，使上弦杆产生拉力，导致裂缝的出现。

案例 4-12

某车间有 30t 和 50t、长 12m 的预应力混凝土吊车梁 168 根，预应力筋为 HRB400 级 4Φ12 钢筋束，用后张自锚法生产。吊车梁制作后未及时张拉，在堆放期间，发现上下翼缘表面有大量横向裂缝，一般 10 余条，多的达 60～70 条，裂缝宽度一般为 0.1～0.5mm，如图 4.20 所示。

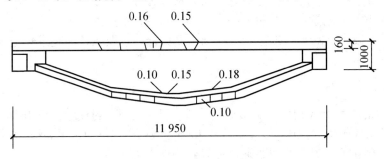

图 4.20 吊车梁裂缝示意图

该批吊车梁张拉后，在梁端浇灌孔附近沿预应力钢筋轴线方向普遍出现纵向裂缝，裂缝首先出现在自锚头浇灌孔处，然后向两侧延伸至梁端部及变截面处，缝宽一般为 0.1mm 左右。

原因分析如下。

1) 横向裂缝

梁块体长期堆放，环境温度、湿度变化对梁底的影响较小，而对表面，尤其是上下翼缘角部的影响较大。这种温度、湿度差造成的变形，受到下部混凝土的自约束和底模的外约束，以致在断面较小的翼缘处产生干缩裂缝与温度裂缝。该工地曾经测定梁块体的温度变化情况，一天中梁表面与底面的温度差最大可达 19℃，由此产生的温度应力，再加上混凝土的干缩应力的长期作用，是这批构件产生横向裂缝的主要原因。

2) 梁端部裂缝

梁端部裂缝主要是因张拉力过高，在断面面积削弱很大的情况下(有自锚头预留孔、浇灌孔和灌浆孔)，孔洞附近应力集中，在张拉时，梁端混凝土产生较大的横向劈拉应力，从而导致混凝土开裂。

案例 4-13

湖北省公路局新建 A 栋住宅预应力圆孔板断裂问题

1) 工程概况

湖北省公路局 A 栋是一栋 7 层砖混结构的住宅楼。1999 年 1 月 11 日浇捣第 5 层圈梁，13 日下午拆除模板后安装预制板，当晚灌缝。14 日上午 10 时前后，施工单位组织人员往 6 层楼面上搬砖，在楼面Ⓐ～Ⓐ轴，如图 4.21 所示，㉟～㉟轴开间内有 72 块红砖放置在预制板上，约 210kg，距 35 轴线约 40cm 处。10 点 35 分，6 层预制板突然断裂，有 4 块预制板垂直坠落至底层，并击断 1～5 层楼面预制板，墙体完好，无人员伤亡，如图 4.22 所示。

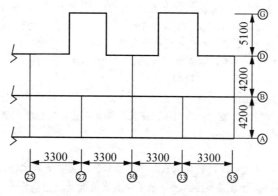

图 4.21 公路局 A 栋楼轴线简图

(a)　　　　　　　　　　　　　　(c)

图 4.22 公路局 A 栋楼预制楼断裂现场

2) 质量问题原因分析

武汉市建筑工程质量监督检测中心对预制板进行了结构性能试验及外观质量和几何尺寸检查。结构性能试验的结果是 YKB3651 合格，YKB4251 挠度抗裂检验不合格；YKB3351(龄期未到)不合格，点均在离开板头 30～40cm 处。外观质量合格点率为 68.3%，几何尺寸合格点率为 81.2%。

根据调查，发生断裂事故的预制板是 1999 年 1 月 2 日生产的，12 日夜间运进现场，14 日安装上楼直至断裂之时历时共 12d。混凝土在平均气温为 20℃ 的条件下，需养护 28d 才能达到其设计强度，而施工期间正值隆冬季节，平均气温尚不足 8℃，尽管厂方采取了一些早强措施，但混凝土龄期太短，只有 12d，因此混凝土强度的严重不足是导致预制板断裂事故发生的直接原因。

预应力圆孔板是采用长线先张法工艺生产的，按要求必须待混凝土强度达到设计强度的 70% 才能剪丝放张，然后起模、检验、刷印标记(生产日期、构件型号、检验员代码等)和码堆，再待达到 100% 设计强度以后方能出厂，而产生断裂事故预制板的生产厂家却在混凝土强度偏低时就超前剪丝放张，也未刷印标记，龄期严重不足就出厂。这充分说明该厂在预制板生产管理上的混乱，是造成这次事故的重要原因。

在对预制板的目测检查中发现混凝土的成色不正，混凝土中砂率偏大，石子级配不正常且含量偏少。同时据对现场预制板的荷载试验报告分析，不仅是 1999 年 1 月 2 日生产的预制板不合格，而且还有 1998 年 9 月 24 日、1998 年 12 月 23 日生产的预制板也不合格。不合格的构件不是产生剪切破坏就是挠度和抗裂度不合格。这种不合格主要表现为混凝土强度偏低和预应力不足。说明该厂在预制板生产过程中的质量和计量管理的失控是这次事故的另一重要原因。

施工单位按规定应对建筑构配件的进场质量进行验收把关，确认其合格后方能进场和使用，而这些既无合格证又无产品标记的预制板却能"一路顺风"安装到位直至突然发生断裂事故，说明施工单位质量管理上的松弛也是事故原因之一。

3) 质量问题处理

先从上至下对发生断裂事故房间内残存的预制板予以拆除，圆孔板两端伸入墙体 12cm 部位，对余渣进行冲洗清理。然后，第一层至第五层楼面洞口采用现浇钢筋混凝土结构修补，楼板厚 120mm，混凝土强度等级为 C25，板内下部受力筋用 II 级钢筋，板在支座上的搁置长度为 120mm，楼板的配筋图如图 4.23 所示。保留了洞口两边经检验合格的原预制板，但对灌缝处实行了配筋加强，并灌以 C20 强度等级的细石混凝土。第六层楼面仍按原设计施工。此外，对进入现场的该批量生产的预制板进行了清查、核实，对已安装的板实行了退换。同时，还抽取部分房间进行整体荷载试验。

4) 经验与教训

为防止类似的预制板劣品混入市场，防止类似事故再次发生，有关管理部门应对构件生产厂家加强管理力度，对事故的主要责任单位做出应有的处理，着重在生产管理、质量管理和设计管理上进行整顿。

业主和施工单位也应从此次事故中吸取教训，对建筑构配件和建材产品的采购，必须严格把好质量关。特别是本质量事故中的建筑工程公司更应吸取教训，加强对工程质量源头的管理。

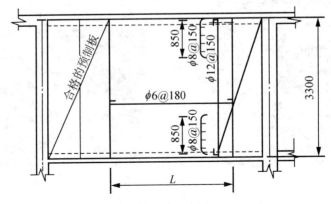

图 4.23 洞口现浇钢筋混凝土板的配筋图

 **案例 4-14**

混凝土结构连续性倒塌事故介绍

美国土木工程协会把连续性倒塌的定义描述为"在正常使用条件下由于突发事件,结构发生局部破坏,这种破坏从结构初始破坏位置沿构件进行传递,最终导致整个建筑物倒塌或者造成与初始破坏部分不成比例的倒塌"。英国设计规范提供了另一种定义"在突发事件中,结构局部破坏导致相邻构件的失效,这种失效因发生连锁反应而持续下去,最后导致整个结构的倒塌或者造成与初始破坏原因不成比例的局部倒塌"。

结构一旦发生连续倒塌,会造成很严重的生命财产损失,并产生重大的社会影响,《工程结构可靠性设计统一标准》(GB 50153—2008)明确规定:"当发生爆炸、撞击、人为错误等偶然事件时,结构能保持必需的整体稳固性,不出现与起因不相称的破坏后果,防止出现结构的连续倒塌。"

造成结构连续性倒塌的起因可能是爆炸、撞击、火灾、飓风、施工失误、基础沉降等偶然因素。当偶然因素导致局部结构破坏失效时,整体结构不能形成有效的多重荷载传递路径,破坏范围就可能沿水平或者竖直方向蔓延,最终导致结构发生过大范围的倒塌,甚至是整体结构的倒塌。在当前世界范围内,混凝土连续性倒塌事故也屡见不鲜,以下列举了相关的连续性倒塌事故。

1) 河北赵县 "2.28" 化工厂重大爆炸事故

2012 年 2 月 28 日上午 9 时 20 分左右,位于河北省石家庄市赵县生物产业园的河北克尔化工有限公司一号车间发生爆炸。有关方面临时成立现场抢险救援小组,在工厂实施救援。2012 年 3 月 13 日,据国家安全生产监督管理总局通报称,该事故共造成 25 人死亡、4 人失踪、46 人受伤,如图 4.24 所示。

图 4.24 特大爆炸事件现场

2) 广东九江大桥被撞垮塌

2007 年 6 月 15 日凌晨,325 国道广东佛山九江大桥发生一起运沙船撞击桥墩事件,导致九江大桥桥面部分断裂,交通中断,如图 4.25 所示。

3) 唐山大地震

1976 年 7 月 28 日,唐山发生的 7.8 级地震,造成 24 万余人死亡,一座现代化工业城市顷刻间夷为废墟,同时也引发了较为严重的次生灾害。据不完全统计,强烈地震使唐山市区共发生大型火灾 5 起,震后防震棚火灾 452 起,毒气污染事件 7 起,工业废渣堆滑坡事件 1 起,均造成了严重的人员伤亡。唐山大地震(图 4.26)还给人们在心理上、精神上造成重创,一时间人们"谈震色变",恐震心理极为严重。

图 4.25　九江大桥被撞断现场

图 4.26　唐山大地震

4) 美国世界贸易中心双塔爆炸

2001 年 9 月 11 日 10 时 30 分左右(北京时间 22 时 30 分)，美国世界贸易中心两座大楼在爆炸中成为一片废墟，如图 4.27 所示。

图 4.27　世界易贸中心大楼倒塌

本 章 小 结

通过本章学习，可以加深对模板工程、钢筋混凝土工程和预应力钢筋混凝土工程质量事故的分析和理解。在模板工程中，介绍了各种模板类别和性质；在钢筋混凝土工程中，重点介绍了钢筋和混凝土材质的特征；最后介绍了预应力钢筋混凝土结构的制作、张拉原理和变形原因。

习 题

1. 选择题

(1) 通常情况下，板的模板拆除时，混凝土强度至少达到设计混凝土强度标准值的（　　）。

  A. 50%   B. 50%～75% C. 75%   D. 100%

(2) 大体积混凝土早期裂缝是因为（　　）。

  A. 内热外冷   B. 内冷外热

  C. 混凝土与基底约束较大 D. 混凝土与基底无约束

(3) 防水混凝土应自然养护，其养护时间不应少于（　　）。

  A. 7d   B. 10d   C. 14d   D. 21d

(4) 在梁板柱等结构的接缝和施工缝处产生烂根的原因之一是（　　）。

  A. 混凝土强度偏低   B. 养护时间不足

  C. 配筋不足   D. 接缝模板拼缝不严，漏浆

2. 思考题

(1) 带形、杯形基础模板施工中常见的质量缺陷有哪些？产生的原因是什么？

(2) 梁、深梁模板施工中常见的质量缺陷有哪些？产生的原因是什么？

(3) 系统地阐述钢筋制作安装中易出现哪些质量事故？

(4) 配筋不足质量事故产生的原因有哪些？主筋不足有哪些特征？

(5) 混凝土强度不足的主要原因有哪些？对不同的结构构件有什么影响？

(6) 混凝土裂缝的类型有哪些？产生的主要原因是什么？

(7) 预应力筋、锚夹具事故有哪些特征？产生的主要原因是什么？

(8) 预应力筋张拉和放张事故的常见原因有哪些？

(9) 预应力构件裂缝有哪些类型？各自产生的原因是什么？

3. 案例分析题

某单位工程为单层钢筋混凝土排架结构，共有 80 根柱子。施工合同中约定，本工程必须达到优良标准。

在施工过程中监理工程师发现刚拆模的钢筋混凝土柱子中有 16 根存在工程质量问题，其中 10 根柱子蜂窝、露筋严重；6 根柱子比较轻微，存在局部麻面、露筋、蜂窝，且截面尺寸小于设计要求。截面尺寸小于设计要求的 6 根柱子经设计单位验算，可以满足结构安全和使用功能要求，可不加固补强。

对此，施工单位提出如下三种处理方案。

方案一：10 根柱子加固补强，补强后不改变外形尺寸，不造成永久性缺陷；另 6 根柱子不加固补强。

方案二：16 根柱子全部返工重做。

方案三：10 根柱子返工重做，另 6 根柱子不加固补强。

问题：

(1) 本工程必须达到优良标准，请问承包方应采取上述三种方案中哪种处理方案？简述理由。

(2) 对于本工程中有问题的 6 根柱子，如直接修补应如何处理？

(3) 对于本工程中有问题的 10 根柱子，如直接修补应如何处理？

(4) 对于 16 根柱子的质量问题，简要分析可能的原因。

第**5**章
特殊工艺及钢结构工程

教学目标

本章主要讲述了滑升模板工程、高层框架结构工程和钢结构工程等多种特殊工艺钢筋混凝土工程事故及其事故分析。通过本章的学习，应达到以下目标。

(1) 了解滑升模板工程常见的事故，理解事故发生的原因。

(2) 了解高层框架结构工程常见的事故，理解事故发生的原因。

(3) 了解装配式钢筋混凝土结构吊装工程常见的事故及其原因。

(4) 了解钢结构工程常见的事故，掌握事故的处理。

教学要求

知识要点	能力要求	相关知识
滑升模板工程	(1) 理解构筑物滑模施工事故的原因 (2) 理解高层和多层建筑滑模施工事故的原因	滑升模板施工技术
高层框架结构工程	(1) 掌握现浇钢筋混凝土框架结构施工事故的原因 (2) 了解预制钢筋混凝土框架结构施工事故的原因	高层框架结构施工技术
装配式钢筋混凝土结构吊装工程	了解装配式钢筋混凝土结构吊装工程施工事故的原因	装配式结构施工技术
钢结构工程	(1) 掌握钢结构工程质量事故的处理 (2) 掌握钢网架结构安装工程质量事故的处理	钢结构工程施工技术

基本概念

滑升模板、滑升扭转、钢结构工程、钢网架结构工程。

引例

重庆彩虹桥倒塌事故

綦江县彩虹桥位于綦江县城古南镇一条河上，是一座连接新旧城区的跨河人行桥，该桥结构为中承式钢管混凝土提篮拱桥，桥长 140m，主拱净跨 120m，桥面总宽 6m，净宽 5.5m，桥面设计人群荷载 3.5kN/m²。该桥于 1994 年 11 月开工建设，于 1996 年 2 月 15 日开始使用，耗资 418 万元。

出事当时，30余名群众正行走于该桥上，另有22名驻扎该地的武警战士进行傍晚训练，由西向东列队跑步至桥上约2/3处时，整座彩虹桥突然垮塌，桥上群众和武警战士全部坠入綦河中，经奋力抢救，14人生还，40人遇难身亡(其中18名武警战士、22名群众)。

此次事故直接经济损失约631万元(其中：建桥工程费418万元，伤亡人员善后处理费207.5万元，现场清障费5.5万元)。

事故调查组和专家组通过调查取证、技术鉴定和综合分析，确定了事故发生的直接原因和间接原因。

1) 直接原因

专家组作出的事故技术鉴定表明：事故发生的直接原因是工程施工存在十分严重的危及结构安全的质量问题，工程设计也存在一定程度的质量问题。主要问题如下。

吊杆锁锚问题。吊杆钢绞线锁锚方法错误，不能保证钢绞线有效锁定及均匀受力，锚头部位的钢绞线部分或全部滑出，使吊杆钢绞线锚固失效。

主拱钢管焊接问题。主拱钢管在工厂加工中，对接焊缝普遍存在裂纹、未焊透、未熔合、气孔、夹渣等严重缺陷，质量达不到施工及验收规范规定的二级焊缝检验标准。

钢管混凝土问题。主拱钢管内混凝土强度达不到设计要求，局部有漏灌现象，在主拱肋板处甚至出现1米多长的空洞。吊杆的灌浆防护也存在严重的质量问题。

设计问题。设计粗糙，更改随意，构造有不当之处。对主拱钢结构的材质、焊接质量、接头位置及锁锚质量均无明确要求。在成桥增设花台等荷载后，主拱承载力不能满足相应规范要求。

该桥建成后在使用过程中，使用不当，管理不善，吊杆钢绞线锚固加速失效，西桥头下游端支座处的拱架钢管就产生了陈旧性破坏裂纹，主拱受力急剧恶化。该桥已是一座危桥。

2) 间接原因

根据调查组调查取证、综合分析认定，事故的间接原因是该桥建设中严重违反基本建设程序，不执行国家建筑市场管理规定和办法，违法建设、管理混乱。

(1) 建设过程严重违反基本建设程序。未办理立项及计划审批手续；未办理规划、国土手续；未进行设计审查；未进行施工招投标；未办理建筑施工许可手续；未进行工程竣工验收。

(2) 设计、施工主体资格不合法。

私人设计，非法出图。该项目系由赵国勋邀集人员私人设计，借用重庆市政勘察设计研究院的图签出图(该院虽未在设计图上加盖设计专用章，但在施工过程中的部分设计更改书上加盖了设计更改专用章)。

施工承包主体不合法。重庆桥梁工程总公司川东南公司无独立承包工程的资格，更无市政工程施工资质，擅自承接工程。

挂靠承包，严重违规。重庆桥梁工程总公司川东南公司擅自同意私人包工头费某上利挂靠，以该公司名义承建工程，由公司收取管理费，由费某邀集人员承包施工。

(3) 管理混乱。

① 县个别领导行政干预过多，对工程建设的许多问题擅自决断，缺乏约束监督。

② 建设业主与县建设行政主管部门职责混淆，责任不落实，工程发包混乱，管理严重失职。

③ 工程总承包关系混乱，总承包单位在履行职责上严重失职。

④ 施工管理混乱，设计变更随意，手续不全，技术管理薄弱，责任不落实，关键工序及重要部位的施工质量无人把关。

⑤ 材料及构配件进场管理失控，不按规定进行试验检测，外协加工单位加工的主拱钢管未经焊接质量检测合格就交付施工方使用。

⑥ 质监部门未严格审查项目建设条件，就受理委托，虽制订了监督大纲，委派了监督员，但未认真履行职责，对项目未经验收就交付使用的错误作法未有效制止。

⑦ 工程档案资料管理混乱，无专人管理。档案资料内容严重不齐，各种施工记录签字手续不全，竣工图编制不符合有关规定。

⑧ 未经验收，强行使用。成桥以后，对已经发现的质量问题未进行整改，没有进行桥面荷载试验，没有对工程进行质量等级核定，没有进行项目竣工验收，在尚未完工的情况下即强行投入使用；投入使用后又未对彩虹桥进行认真监测和维护，特别是在使用过程中发生异常情况时，未采取有效措施消除质量安全隐患。

(4) 负责项目管理的少数领导干部存在严重腐败现象，使国家明确规定的各项管理制度形同虚设。

綦江县彩虹桥建设严重违反国家有关规定和基本建设程序，建设管理混乱；有关领导急功近利，有关部门严重失职，有关人员玩忽职守；工程施工存在严重质量问题。此次垮桥事故是一次重大责任事故。

5.1 滑升模板工程

滑升模板是一种工具式模板，用于现场浇筑高耸的构筑物和高层建筑等，如烟囱、筒仓、电视塔、竖井、沉井、双曲冷却塔和剪力墙体系及筒体体系的高层建筑等。目前我国有相当数量的高层建筑是用滑升模板施工的，如图 5.1 所示。

图 5.1 滑升模板施工现场

滑升模板的施工，是在建筑物或构筑物的底部，沿其墙、柱、梁等构件的周边组装高1.2m 左右的滑升模板，随着向模板内不断地分层浇筑混凝土，用液压提升设备使模板不断地沿埋在混凝土中的支承杆向上滑升，直到需要的浇筑高度为止。用滑升模板施工，可以节约模板和支撑材料、加快施工速度和保证结构的整体性。但模板一次性投资多、耗钢量大，对建筑的立面造型和构件断面变化有一定的限制。滑升模板施工是一项技术性十分强的施工，施工不当就会造成建筑外形、位置、结构破坏等质量事故，甚至造成滑升系统倾覆、坍塌、建筑物或构筑物倒塌等重大质量事故。

下面分别就滑升模板在建筑物和构筑物施工中常见的质量缺陷做分析。

5.1.1 构筑物滑升模板施工

滑升模板施工的常见构筑物主要有：烟囱、筒仓、电视塔、水塔等。在这些构筑物的滑升模板施工中，常见的质量缺陷主要有：滑升扭转、滑升中心水平位移、水平裂纹等。

1. 滑升扭转

滑升施工时，在滑升模板与所滑结构竖向轴线间出现螺旋式扭曲，如图 5.2 所示。这不仅给筒体表面留下难看的螺旋形刻痕，而且使结构壁竖向支承杆和受力钢筋随着结构混凝土的旋转位移，产生相应的单向倾斜及螺旋形扭曲，改变了竖向钢筋的受力状态，使结构承载能力降低。造成滑升扭转的主要原因如下。

(1) 千斤顶爬升不同步，造成部分支承杆过载而弯折倾斜，致使结构向荷载大的一方倾斜。

(2) 滑升操作平台荷载不均，使荷载大的支承杆发生纵向挠曲，出现导向转角。

(3) 液压提升系统布置不合理，各千斤顶提升之间存在提升时间差，先提升者过载，支承杆出现过载弯曲。

(4) 滑升模板设计不合理，组装质量差。

2. 滑升中心水平位移

滑升中心水平位移是指在滑升过程中，结构坐标中心随着操作平台产生水平位移。其主要表现为整体单向水平位移，如图 5.3 所示。

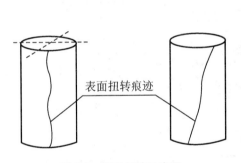

图 5.2 滑升扭转示意图

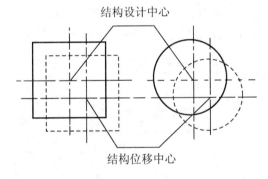

图 5.3 中心水平位移示意图

(1) 千斤顶提升不同步，使操作平台倾斜，在操作平台自重力的水平分力作用下，操作平台向低侧方向移动。

(2) 操作平台上荷载不匀，如平台一侧人员过分集中，混凝土临时堆放点选择不当，以及混凝土卸料冲击力等，都会造成操作平台倾斜，促使中心位移。

(3) 风力等外力影响。

3. 水平裂纹

在滑升施工中，水平裂纹是较容易出现的质量问题。重则引起结构断裂性破坏，轻则在结构表面上造成微细裂纹，破坏混凝土保护层，影响结构使用寿命。

造成水平裂纹的主要原因如下。

(1) 模板与结构表面的摩阻过大。构筑物滑升模板时，摩阻力包括模板与混凝土之间的粘结力、吸附力、新浇混凝土的侧压力、由于千斤顶不同步模板出现的倒锥现象或倾斜等而增加的摩阻力。在正常情况下，模板滑升摩阻力与外界气温高低、混凝土在模板内的停留时间有关。在滑升施工中，施工程序、混凝土浇筑方法、施工组织等都和停留时间有关。只要以上某一环节安排不当，使模板内混凝土停留时间过长，加大了摩阻力，都可能造成滑升水平裂纹。

(2) 模板设计不合理，刚度较差，在施工动载、静载、附加荷载(如纠偏荷载的作用下)模板结构变形，也可能会造成滑升水平裂纹。

5.1.2　高层和多层建筑滑升模板施工

高层或多层建筑滑升模板施工有多种施工方法，如分层滑升逐层现浇楼板法、分层滑升预制插板法及一次滑升降模法等。但在施工过程中，常见的质量缺陷主要有滑升中心水平位移、水平裂纹、表面粘结、框架结构中的柱子掉角等。滑升中的水平位移、水平裂纹产生的原因在前面已做了分析，下面主要分析柱掉角、表面粘结的原因。

1. 柱掉角

在框架结构的滑升模板施工中，其施工的质量缺陷主要反映在柱子上。

柱掉角并不是一开始就发生的，而是随着滑升的不断进行而逐步趋向严重。一般滑升刚开始，柱角部位开始出现水平裂纹，随着时间的推移，水平裂纹间距变小，最后出现柱角混凝土成段拉坏，演变为掉角，使柱角主筋暴露。产生这种现象的主要原因如下。

(1) 柱角混凝土实际上是柱面主筋的保护层，其内聚力较小，受到柱面两侧摩阻力的作用，在模板提升时粘结力及摩阻力远较平面滑升部位大，加上初期混凝土强度很低，致使柱角部位混凝土拉裂脱落。

(2) 在柱角部位，模板极易粘结灰浆、混凝土等粘结物，加大了摩阻力，极易造成柱角拉裂或掉角。

(3) 被拉裂的混凝土碎渣，被柱子钢筋阻止在模板内，形成夹渣，成为模板与低强度混凝土之间的扰动因素，进一步损害了柱面质量。

2. 表面粘结

模板与混凝土粘结，使得结构的表面质量不佳。在滑模施工中，往往容易造成表面混凝土与模板的粘结，以至于带脱保护层。这些剥落体在模板内随模板上升，在新浇混凝土表面进行滚动，造成柱混凝土保护层疏松或剥落。造成这种现象的主要原因如下。

(1) 停滑措施不及时或不适当，引起模板粘结。

(2) 各部位浇筑速度不一致，造成不同部位混凝土的凝固时差，使脱模措施不能全面收效。

(3) 模板上粘结物过多，未及时清理。

 案例 5-1

烟囱倒塌事故

1) 工程概况

江苏省某电厂一座高 120m 的钢筋混凝土烟囱，采用无井架液压滑升模板方法施工，滑升时间在秋末冬初气温渐低的时候。滑升模板平台固定在 18 榀支承架上，共设了 30 台千斤顶，按 1-2-2 的方式循环布置，内外模板高度分别为 1.4m 和 1.6m。为控制滑升时的烟囱位置、尺寸，在底部设激光射到滑升模板平台上进行测偏。11 月 18 日以后，所用的水泥为 42.5 级矿渣水泥，混凝土配合比为：水泥：砂：石 = 1：2.76：5.12，另加 0.5%JN 减水剂，2.5%~5% 水玻璃早强剂，所用材料质量全部合格。11 月 23 日当混凝土浇至标高 67.50m 左右时，在无异常气象条件下，发生了烟囱滑升模板平台整体高空倾覆坠落事故。

2) 事故经过

滑开模板倾覆坠落前，混凝土出模强度大于 0.15MPa，出模的筒壁混凝土有局部脱落，烟囱中心偏差 76.3mm，滑升模板平台扭转 43.9cm，最后达 230cm，支承杆倾斜 10° 54′ 35″。倾覆坠落时，烟囱壁内侧先塌落，后坍外侧，平台朝北略偏东方向倾翻坠落。坠落后检查可见：模板上下支承杆均有失稳弯折现象，约有 4.55m 高的囱壁坠落。测定残存口处混凝土强度 > 0.8MPa。

3) 原因分析

主要原因是支承杆失稳，滑升速度过快，气温较低，采取的技术措施不当，以及其他构造处理不当等。

① 支承杆失稳：主要是模板以下支承杆首先失稳而引起滑升模板平台倒塌。

由残存在烟囱筒壁和掉下的支承杆上可以看出，模板下段支承杆有失稳弯曲现象，如图 5.4 所示。滑升过程中，当整个模板下段支承杆都处于极限状态时，其中 1 根失稳就可能引起其他支承杆在模板上段或下段失稳。

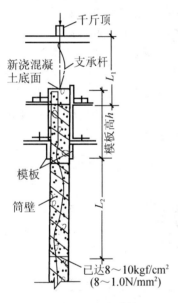

图 5.4 支承杆失稳情况

倾倒前几分钟可见筒壁混凝土脱落，而且越来越严重，最后导致整个平台突然倾倒。在滑升中只要控制出模强度在 0.15MPa 以上，就足以保证混凝土能承受自重而不会脱落。因此只有支承杆失稳后，才可能使筒壁混凝土脱落。

支承杆失稳首先从温度较低的北面开始，因为这些区域的混凝土强度增长缓慢。

平台倾翻前夕都浇满了混凝土，当处于提升状态时，模板下段支承杆的计算长度不断增大，容易造成失稳。

滑升速度与混凝土强度增长不相适应。虽然滑升时的混凝土出模强度都已达到《液压滑升模板工程设计与施工规定》要求的 0.05~0.25MPa，但由于气温较低，模板下混凝土强度增长较慢，因此不能对支承杆起到嵌固约束作用。从倾倒后的烟囱残存口可以看出，混凝土强度要在 0.69MPa 以上才能嵌固支承杆。更应注意的是，在气温较低时滑升，选用早强技术要慎重，掺水玻璃后的混凝土有假凝现象，干硬性混凝土初凝本身有一定强度，这些都易造成对混凝土早期强度的误判。

② 滑升模板平台的倾斜和扭转太大。这些对单根支承杆的承载力影响极大，由于滑开模板的受力结构是空间体系，这种影响很难准确计算。根据有关资料，建议平台倾斜应控制在 1% 以内，扭转值也应控制不大于 25cm。该烟囱平台扭转 43.9cm，最后达 230cm，都大大超出这些建议的控制值。

③ 支承杆绑条漏焊，严重影响承载力与稳定性。

④ 其他。平台上有过大的不均匀荷载，如 75kg 重的氧气瓶；目前滑升模板的所用千斤顶，向上很易滑出，因此平台倾斜后，千斤顶更易滑出而坠落。

随着建筑施工技术的不断发展，各种施工机械正越来越多地取代过去依靠人工完成的繁重劳动，成为建筑施工中不可缺少的重要部分。但是，建筑施工的机械化也给施工管理带来许多新的问题，特别是安全问题。由于建筑机械本身安全防护装置的欠缺、施工中安全管理方面的漏洞及操作者本身的失误，使得机械伤害事故时有发生。因此，了解建筑施工机械的特点，掌握各种机械的使用要领，加强现场安全管理并采取可靠的防护措施，是减少和杜绝各类机械伤害事故发生的重要手段。

5.2　高层框架结构工程

5.2.1　现浇钢筋混凝土框架结构

现浇钢筋混凝土框架结构工序多，难度大，技术和管理要求高。

现浇钢筋混凝土框架结构在施工中出现的质量问题，除了钢筋混凝土工程施工中常见的如混凝土强度不足、钢筋用量偏低等质量事故外，就其框架结构本身的特点而言，框架结构是由梁、板、柱等基本构件组成的，框架结构可能出现的质量缺陷或事故主要是柱、梁、板等构件的施工质量缺陷或事故和各构件之间刚性连接节点不牢固的质量缺陷或事故。下面主要就柱、柱梁连接等施工中常见的质量缺陷或事故做一简要分析。

1. 柱平面错位

多层框架的上下层柱，在各楼层处容易发生平面位置错位，特别是在边柱、楼梯间柱和角柱更是明显，如图 5.5 所示。造成上述现象的主要原因如下。

(1) 放线不准确，使轴线或柱边线出现较大的偏差。

(2) 下层柱模板支立不垂直、支撑不牢或模板受到侧向撞击，均易造成柱上端移动错位。

(3) 柱主筋位移偏差较大，使模板无法正位。

2. 柱主筋位移

柱主筋位移，在钢筋混凝土框架结构施工中极易发生，钢筋的位移严重地影响了结构的受力性能。造成柱主筋位移的主要原因如下。

(1) 梁、柱节点内钢筋较密，柱主筋被梁筋挤歪，造成柱上端外伸，主筋位移。

(2) 柱箍筋绑扎不牢，模板上口刚度差，浇筑混凝土时施工不当引起主筋位移。

(3) 基础或柱的插筋位置不正确。

3. 柱弯曲、鼓肚、扭转等

在柱施工中，柱容易发生弯曲、截面扭转、鼓肚、窜角等质量缺陷，如图 5.6 和图 5.7 所示。

造成柱弯曲的主要原因：模板刚度不够，斜向支撑不对称、不牢固、松紧不一致，浇筑混凝土时模板受力不一，造成弯曲变形。

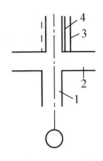

图 5.5　柱平面错位

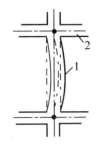

图 5.6　柱身弯曲

1—柱；2—梁；3—上层柱偏离轴线位移后的位置线；
4—上层柱正确位置线

1—柱身弯曲；2—梁

造成柱截面扭转的主要原因：放线误差，支模未能按轴线兜方，上下端固定不牢，支撑不稳，上部梁板模板位置不正确和浇筑混凝土时碰撞等因素，均可能造成柱身扭转。

造成鼓肚、窜角的主要原因：柱箍间距过大或强度、刚度不足；一次浇筑过高、速度太快，振捣器紧靠模板，使混凝土产生过大的侧压力等引起模板变形；柱箍安装不牢固等。

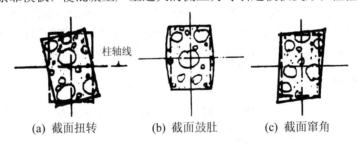

（a）截面扭转　　　　（b）截面鼓肚　　　　（c）截面窜角

图 5.7　柱截面扭转、鼓肚、窜角

4. 梁柱交接部位质量事故

梁柱节点是框架结构极重要的部位，该部位的质量对于保证框架结构有足够的强度至关重要。在梁柱节点部位，常见的质量事故有混凝土振捣不密实、主筋锚固达不到设计要求、箍筋遗漏等。造成上述事故的主要原因如下。

(1) 钢筋太密，浇筑混凝土的漏振均会引起该处混凝土的不密实。

(2) 主筋设计错误或施工错误等均会造成主筋锚固不够。

(3) 由于该节点三个方向的梁柱交叉，钢筋集中，加之受传统施工工艺和顺序的影响，绑扎箍筋的不方便，因此，施工中往往造成箍筋遗漏。

5. 梁板施工质量缺陷

梁板施工质量缺陷主要有钢筋位置不正、楼板超厚等。主要原因如下。

(1) 主次梁在柱头交接处钢筋重叠交叉，排列不当时，钢筋容易超过板面标高。这时，要保证板厚，否则就露筋，要保证钢筋的保护层厚，必然使楼板加厚。

(2) 板内各种预埋管线过多，也可能形成露筋或板厚的质量通病。

(3) 施工顺序安排不当。特别是电气工和钢筋工的工序。先绑负筋时，部分电气管道压在上面，使负筋位置降低，影响结构承载力。

(4) 设计不合理。

上述介绍的工程质量缺陷和事故在第四章钢筋混凝土工程中的工程实例中做了分析。

5.2.2　预制钢筋混凝土框架结构

预制钢筋混凝土框架结构施工不当，会影响梁、板、柱的质量，关键在于把好梁柱节点施工质量关。

梁柱节点出现质量事故，会严重影响整个框架结构的整体性和刚度。

节点质量事故主要有：柱与柱、柱与梁、梁与梁之间的焊接质量差，以及箍筋加密不符合设计要求。

图 5.8 显示了梁柱节点处理的构造，图 5.9 为框架结构断裂处示意图。

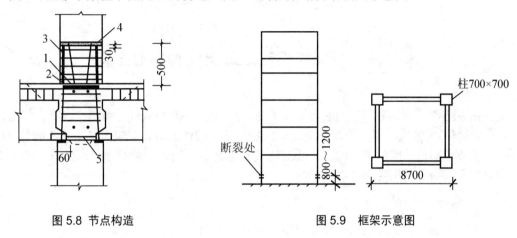

图 5.8　节点构造　　　　　　　图 5.9　框架示意图

1—定位埋件；2—ϕ12 定位箍筋；3—单面焊
4～6d；4—捻干硬性混凝土；5—单面焊 8d

预制框架柱施工的质量事故主要有：柱平面位置扭转、柱安装垂直偏差、柱安装标高错误等。

造成柱平面位置扭转的主要原因：吊装中弹线对中不准确；定位轴线不准等。

造成柱垂直偏差的主要原因：安装时校正不对；焊接顺序和质量影响了柱的垂直度。

造成柱标高误差的主要原因：预制柱长度误差大，安装前未及时检查处理；定位钢板标高误差等。

案例 5-2

四川省某厂电站主厂房为一装配式钢筋混凝土框架结构，梁、柱为刚性接头，钢筋采用 V 型坡口对焊，如图 5.10 所示。梁主筋为两根通长受拉钢筋，受压区有三根非通长的负弯矩钢筋，如图 5.11 所示。每根梁一次焊成，焊完后发现在 7m 标高的平台处有程度不同的裂缝，其长度、宽度与焊接间隔时间和焊缝大小有关，焊接间隔时间越短，焊缝越大，裂缝越严重。

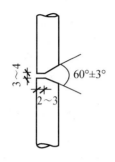

图 5.10　钢筋 V 型坡口焊

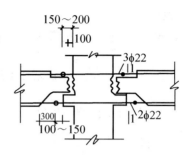

图 5.11　梁柱节点图

原因分析：主要是每根梁一次施焊完毕，热量集中，温度过高，冷却后梁的收缩受到框架柱的约束，使梁产生裂缝。

5.3　装配式钢筋混凝土结构吊装工程

在装配式厂房、多层预制框架等施工中，其主要承重结构(柱、吊车梁、梁、屋架、屋面板等构件)大多采用工厂预制，或现场预制。承重构件的吊装安装质量是施工的关键。

各种预制构件因构造不同，安装方法及其工艺也不同，发生的质量事故或缺陷也不尽相同，造成的原因也各种各样。

1. 构件堆放时发生裂纹、断裂或倒塌

构件堆放时发生裂纹、断裂或倒塌的主要原因如下。

(1) 构件强度不足，支点不符合要求，构件重叠层数过多。

(2) 地基不平，未经夯实或雨季没有排水措施，地基浸泡下沉。

(3) 临时加固不牢。

2. 柱安装质量事故

1) 轴线位移

柱的实际轴线偏离标准轴线的主要原因如下。

(1) 杯口十字线放偏。

(2) 构件制作时断面尺寸、形状不准确。

(3) 对于多层框架 DZ_1 型和 DZ_2 型柱，安装时如采用柱小面的十字线，而不采用柱大面的十字线，易造成柱扭曲和位移。

各层柱未围绕轴线，而以下层柱几何中心线为起点校正，易造成累积误差，如图 5.12(b) 所示。

例如，某 14 层(地下二层)的预制短柱式框架结构科研楼，总高 47.6m，设计允许吊装误差，沿全高不得大于 20mm；每层柱的垂直允许偏差为 5mm。施工中，每层柱安装都严格检查，满足了设计要求，但全部吊装结束，验收时发现，最上一层柱轴线偏离标准轴线误差最大达 50mm，远远超过了设计要求。其主要原因是没有按图 5.12(a)那样每层进行误差调正。

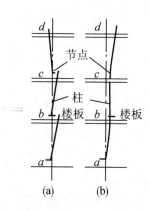

图 5.12　柱轴线移动

(4) 对于插进杯口的柱，如单层工业厂房柱，不注意检验杯口尺寸，如杯口偏斜，柱与杯口内无法调正，或因四周楔块未打紧，在外力作用下松动。

(5) 多层框架柱与柱连接，依靠钢筋焊接。钢筋粗，偏移后不宜移动，会使柱位移加大。

2) 柱运输或安装时出现裂缝

柱的裂缝超过允许值的主要原因如下。

(1) 吊装构件的混凝土强度没有达到设计强度的 70%(或 100%)。

(2) 设计时忽略了吊装所需的构造钢筋。没有进行吊装验算或采取必要的加固措施。

(3) 在运输或安装过程中受到外力的碰撞。

3) 柱垂直偏差

柱产生垂直偏差的因素较多，吊装施工、环境(如风力、日光照射等)因素都可能影响到柱的垂直偏差。产生的主要原因如下。

(1) 测量中的误差或错误。

(2) 柱安装后，杯口混凝土强度未达到规定要求就拔去楔子，由于外力的作用造成柱的垂直偏差。

(3) 双肢柱由于构件制作误差或基础不平，只能保证单肢垂直偏差，忽略了另一肢的垂直偏差。

(4) 柱与柱、柱与梁因焊接变形使柱产生垂直偏差。

3. 梁安装中的质量事故

1) 梁垂直偏差

梁垂直偏差的主要原因如下。

(1) 梁侧向刚度较差，扭曲变形大。

(2) 梁底或柱顶不平，缝隙垫得不实。

(3) 两端焊接连接因焊接变形产生的垂直偏差。

2) 梁位移

梁产生水平位移的主要原因如下。

(1) 预埋螺栓位置不准，柱安装不垂直，纵横轴线不准等。

(2) 外力的作用使梁位移。

4. 屋架安装质量事故

1) 屋架垂直偏差

造成屋架垂直偏差超过允许值的主要原因是屋架制作或拼装过程中本身扭曲过大；安装工艺不合理，垂直度不易保证。

2) 屋架开裂

造成屋架开裂的主要原因如下。

(1) 屋架扶直就位时，吊点选择不当。

(2) 屋架采取重叠预制时，受粘结力和吸附力影响开裂。

(3) 预应力混凝土构件孔道灌浆强度不够。

(4) 吊装中屋架受振或碰撞开裂。

3) 下弦拉杆受力不均

下弦拉杆受力不均的主要原因：在拼装过程中，吊点选择不合理，使下弦杆受压，当屋架安装到设计位置时，屋架两端支点摩擦力较大，依靠屋架本身自重不能使下弦杆拉直。

5.4 钢结构工程

钢结构是一门古老而又年轻的工程结构技术。随着国民经济的发展和社会的进步，我国钢结构的应用范围也从传统的重工业、国防和交通部门为主扩大到各种工业与民用建筑工程，尤其在高层建筑、大跨结构、各种轻型工业厂房和仓储建筑中得到越来越多的应用，如图 5.13 所示。各种型式的结构形式如钢网架结构、轻钢结构、高层钢结构大量涌现。这些新技术的出现，也对钢结构的设计和施工安装提出了新的要求，如果安装不当，就会出现质量事故。

(a) 鸟巢   (b) 国家大剧院

图 5.13 钢结构施工现场

5.4.1　钢结构工程质量事故处理

1．钢结构连接质量事故

1）铆钉、螺栓连接缺陷检查

铆钉连接的常见缺陷有：铆钉松动、钉头开裂、铆钉被剪断、漏铆及个别铆钉连接处贴合不紧密。铆钉检查采用目测或敲击，常用方法是两者的结合，所用工具有手锤、塞尺、弦线和 10 倍以上放大镜。

高强螺栓连接的常见缺陷有：螺栓断裂、摩擦型螺栓连续滑移、连接盖板断裂、构件母材断裂。螺栓质量缺陷检查除了目测和敲击外，尚需用扳手测试。对于高强螺栓要用测力扳手等工具测试。

要正确判断铆钉和螺栓是否松动或断裂，需要有一定的实践经验，故对重要结构的检查，至少换人重复检查 1～2 次，并做好记录。

2）焊接缺陷检查

常见缺陷种类有：焊缝尺寸不足、裂纹、气孔、夹渣、焊瘤、未焊透、咬边、弧坑等。一般用外观目测检查、尺量，必要时用 10 倍以上放大镜检查，重点检查焊接裂缝。

案例 5-3

中国某航空公司与德国某航空公司合资兴建的喷漆机库扩建工程，机库大厅东西宽 52m，南北长 82.5m，东西两端开口，屋顶高 34.9m。机库屋盖为钢结构，东西两面开口，由两榀双层桁架组成宽 4m、高 10m 的空间边桁架，与中间焊接空心球网架连成整体。

平面桁架采用交叉腹杆，上、下弦采用钢板焊成 H 形截面，型钢杆件之间的连接均采用摩擦型大六角头高强螺栓，双角钢组成的支撑杆件连接采用栓加焊形式，共用 10.9 级、M22 高强螺栓 39 000 套。螺栓采用 20MnTiB，高强螺栓由上海某高强度螺栓厂和上海另一家螺栓厂制造。

钢桁架于 1993 年 3 月下旬开始试拼接，4 月上旬进行高强螺栓试拧。在高强螺栓安装前和拼接过程中，建设单位项目工程师曾多次提出终拧扭矩值采用偏大，势必加大螺栓预拉力，对长期使用安全不利，但未引起施工单位的重视，也未对原取扭矩值进行分析、复核和纠正。直至 5 月 4 日设计单位在建设单位再次提出上述意见后，正式通知施工单位将原采用的扭矩系数 0.13 改为 0.122，原预拉力损失值从设计预拉力的 10%降为 5%，相应地终拧扭矩由原采用的 629N·m，取 625N·m 改为 560N·m，解决了应控制的终拧扭矩值。

但当采用 560N·m 终拧扭矩值施工时，M22、l = 60mm 的高强螺栓终拧时仍然多次出现断裂。为了查明原因，首先测试了 l = 60mm 高强螺栓的机械强度和硬度，未发现问题。5 月 12 日设计、施工、建设、厂家再次对现场操作过程进行全面检查，当用复位法检查终拧扭矩值时，发现许多螺栓超过 560N·m，暴露出已施工螺栓超拧严重。

原因分析如下。

1）施工前未进行电动扳手的标定

高强螺栓终拧采用日本产 NR-12T$_1$ 型电动扭矩扳手。在发生超拧事故后，对电动扳手进行检查，实测结果证实表盘读数与实际扭矩值不一致，当表盘读数为 560N·m 时，实际扭矩值为 700N·m；表盘读数为 380N·m 时，扭矩值才是所要控制的 560N·m。因此，施工前，扳手未通过标定，施工人员不了解电动扳手的性能，误将扭矩显示器的读数作为实际扭矩值，是造成超拧事故的主要原因，仅此一项的超拧值达 25%。

2) 扭矩系数取值偏大

扭矩系数是准确控制螺栓预拉力的关键。根据现场对高强螺栓的复验，扭矩系数平均值(某工厂 0.118，另一工厂 0.117)均较出厂质量保证书的扭矩系数(某工厂 0.128，另一工厂 0.121)平均值小。施工单位忽视了对螺栓扭矩系数的现场实测，采用图纸说明书要求的扭矩系数平均值，即 $K=0.110\sim0.150$，取 $K=0.130$，作为计算终拧扭矩值的依据，显然取值偏大，导致终拧扭矩值超拧约 6%。

3) 重复采用预拉力损失值

钢结构高强螺栓连接的设计、施工及验收规程规定，10.9 级、M22 高强螺栓的预拉力取 190kN。而本工程设计预拉力取 200kN，施工单位在计算终拧扭矩值时，按施工规范取设计预拉力的 10%作为预拉力损失值。这样，施工预拉力为 220kN，大于大六角头高强螺栓施工预拉力(210kN)的 5%。

2. 钢柱安装质量事故

钢柱常见的安装质量事故主要有：柱肢变形(弯曲、扭曲)；柱肢体有切口裂缝损坏；格构式柱腹杆弯曲和扭曲变形；柱头、吊车梁支承牛腿处焊缝开裂；柱垂直偏差，带来围护构件和邻近连接节点损坏和吊车轨道偏位；柱标高偏差，影响正常使用；柱脚及某些连接节点腐蚀损伤。

造成上述钢柱损坏的原因归纳如下。

(1) 柱与吊车梁的连接节点构造与施工图不符，铰接连成刚接、刚接连成铰接，使柱与节点上产生附加应力。

(2) 柱与柱的安装偏差，导致柱内应力显著增加，构件弯曲。

(3) 柱常受运输货物、吊车吊臂或吊头碰撞，导致柱肢弯曲、扭曲变形、切口和裂缝。

(4) 由于高温的作用使柱肢弯曲，支撑节点连接损坏开裂。

(5) 没有考虑荷载循环的疲劳破坏作用，使牛腿处焊缝开裂。

(6) 地基基础下沉，带来柱倾斜、标高降低。

(7) 周期性潮湿和腐蚀介质作用，导致钢柱局部腐蚀，减少了柱截面。

(8) 节点构造不合理。

3. 钢屋盖工程质量事故

钢屋盖工程常见的质量事故主要有：桁架杆件弯曲或局部弯曲；屋架垂直偏差；桁架节点板弯曲或开裂；屋架支座节点连接损坏；屋架挠度偏差过大；屋盖支撑弯曲；屋盖倒塌。

造成上述质量事故的主要原因归纳如下。

1) 制作安装原因

(1) 构件几何尺寸偏差。由于矫正不够、焊接变形、运输安装中受弯，使杆件有初弯曲，引起杆件内力变化。

(2) 屋架或托架节点构造处理不当，形成应力集中，檩条错位或节点偏心。

(3) 腹杆端部与弦杆距离不符合要求，使节点板工作恶化，出现裂缝。

(4) 桁架杆件尤其是受压杆件漏放连接垫板，造成杆件过早丧失稳定。

(5) 桁架拼接节点质量低劣，焊缝不足，安装焊接不符合质量要求。

(6) 任意改变钢材要求，使用强度低的钢材或减少杆件截面。

(7) 桁架支座固定不正确，与计算简图不符，引起杆件附加应力。

(8) 违反屋面板安装顺序，屋面板搁置面积不够、漏焊。

(9) 忽视屋盖支撑系统作用，支撑薄弱，有的支撑弯曲。

(10) 屋面施工违反设计要求，任意增加面层厚度，使屋盖质量增加。

2) 使用中的原因

(1) 积灰、雨雪等引起屋面超载，发生事故。

(2) 未经预先设计而在非节点处悬挂管道或重物，引起杆力变化。

(3) 使用过程中高温作用和腐蚀，影响屋盖承载能力。

(4) 重级制吊车运行频繁，产生对屋架的周期性作用，造成屋盖损伤破坏。

(5) 使用中切割或去掉屋盖中的杆件等。

案例 5-4

多层厂房屋盖倒塌

1) 工程与事故概况

河北省某车间为 3 层砖混结构，长 62.77m，宽 14m，檐口标高 15.1m，层高 4.7～5.5m，建筑面积 2 760m²，3 层平面图如图 5.14 所示。屋盖采用 14m 跨度的梭形轻钢屋架，如图 5.15 所示，上面安装槽形板、屋面保温层、找平层和卷材防水层。

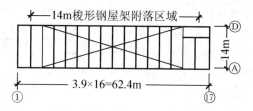

图 5.14　三层平面图

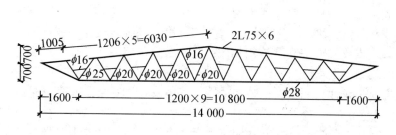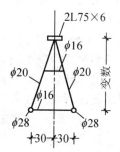

图 5.15　原设计轻钢屋架示意图

此工程于 2003 年 5 月开工，2004 年 4 月 23 日屋面做完找平层后，发生了 11 榀钢屋架坠落，屋面坍塌，部分窗间墙随同倒塌，1、2 层部分楼板与梁被砸坏，3 层南侧窗间墙④～⑤轴线的砖墙垛与混凝土构造柱在窗台处被折断，未坠落的钢屋架也产生了严重变形。由于北面窗间墙比南面的宽 30cm，且上部有圈梁，所以北墙未倒塌，⑮～⑰轴墙及东、西山墙未倒塌。钢屋架坠落前，正在2层和屋顶上操作的工人发现险情，立即撤离现场，因而无人员伤亡。

2) 原因分析

经检查1、2层未发现墙体裂缝，基础无明显的不均匀沉降，估计是屋架承载能力不足而倒塌。实测钢屋架的尺寸和用料情况，并做结构验算后，发现了以下两方面的问题。

(1) 设计问题。《钢结构设计规范》(GB 50017—2012)规定，屋架受压构件的长细比不大于150。图5.16中屋架主要压杆的长细比都超过了150，如端斜杆已达176，中部斜杆已达275。

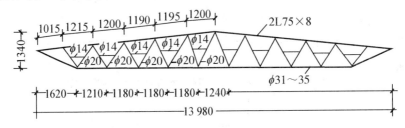

图5.16　实际施工的轻钢屋架示意图

(2) 施工问题。施工单位擅自修改设计，实际施工的钢屋架尺寸与用料情况如图5.16所示。

由于屋架端部腹杆由$\phi 25$减小为$\phi 20$，使杆件截面积减少36%，杆件内应力超过容许应力一倍以上。此外，施工中还将钢屋架腹杆箍筋$\phi 16$改为$\phi 14$，最终导致端腹杆失稳，屋架严重变形而倒塌。

5.4.2　钢网架结构安装工程质量事故处理

钢网架结构虽是高次超静定结构，整体性好，安全度高，但是设计、制造和安装中的许多复杂的技术问题还没有被深刻地认识到。例如，一般结构的次效应较小，而网架结构的次效应很大，甚至起控制作用；网架结构一般跨度较大，屋面坡度较小，易发生积水和严重积雪现象；网架结构无论在理论计算还是施工安装方面都有一定的难度，对设计人员和焊接、安装人员的素质要求较高。对这些方面稍有疏忽，则钢网架结构极易发生质量事故，甚至整体倒塌。我国自1988年始已发生多起钢网架结构倒塌事故。

钢网架工程质量事故按其存在的范围分为整体事故和局部事故。按造成事故的因素可分为单一因素事故、多种因素事故和复杂因素事故。

钢网架工程质量事故主要有：杆件弯曲或断裂；杆件和节点焊缝连接破坏；节点板变形或断裂；焊缝不饱满或有气泡、夹渣、微裂缝超过规定标准；高强螺栓断裂或从球节点中拔出；杆件在节点相碰，支座腹杆与支承结构相碰；支座节点位移；网架挠度过大，超过了设计规定的要求；网架结构倒塌。

出现上述质量事故主要是设计、制作、拼装和吊装、使用及其他方面原因造成的。

1) 设计原因

(1) 结构形式选择不合理，支撑体系或再分杆体系设计不周，网架尺寸不合理。如当采用正交正放网架时，未沿周边网格上弦或下弦设置封闭的水平支撑，致使网架不能有效地传递水平荷载。

(2) 力学模型、计算简图与实际不符。如网架支座构造属于双向约束时，计算时按三向约束考虑。

(3) 计算方法的选择、假设条件、电算程序、近似计算法使用的图表有错误，未能发现。

(4) 杆件截面匹配不合理，忽视杆件初弯曲、初偏心和次应力的影响。

(5) 荷载低算和漏算，荷载组合不当。自然灾害(如地震、风载、温度变化、积水积雪、火灾、大气有害气体及物质的腐蚀性等)估计不足或处置不当，或对一些中型网架结构应该进行的非线性分析，稳定性分析，支座不均匀沉降、不均匀侧移，重型桥式吊车对网架的影响，中、重级制吊车对网架的疲劳验算，吊装验算等，没有进行验算和分析。

(6) 材料(包括钢材、焊条等)选择不合理。

(7) 网架结构设计计算后，不经复核就增设杆件或大面积的换杆件，导致超强度设计值杆件的出现。

(8) 设计图纸错误或不完备。如几何尺寸标注不清或矛盾，对材料、加工工艺要求、施工方法及对特殊节点的特殊要求有遗漏或交代不清。

(9) 节点形式及构造错误，节点细部考虑不周全。

2) 制作原因

(1) 材料验收及管理混乱，不同钢号、规格材料混杂使用，特别是混用了可焊性差的高碳钢；钢管管径与壁厚有较大的负偏差；安装前杆件有初弯曲而不调直。

(2) 杆件下料尺寸不准，特别是压杆超长，拉杆超短。

(3) 不按规范规定对钢管剖口，对接焊缝焊接时加衬管或按对接焊缝要求焊接。

(4) 高强螺栓材料有杂质，热处理时淬火不透，有微裂缝。

(5) 球体或螺栓的机加工有缺陷，球孔角度偏差过大。

(6) 螺栓未拧紧，网架在使用期间在接缝处出现缝隙，螺栓受水气浸入而锈蚀。

(7) 支座底板及与底板连接的钢管或肋板采用氧气切割而不将其端面刨平，组装时不能紧密顶紧，支座受力时产生应力集中或改变了传力路线。

(8) 焊缝质量差，焊缝高度不足，未达到设计要求。

3) 拼装及吊装原因

(1) 胎具或拼装平台不合规格即进行网架拼装，使单元体产生偏差，最后导致整个网架的累积误差很大。

(2) 焊接工艺、焊接顺序错误，产生很大的焊接应力，造成杆件或整个网架变形。

(3) 杆件或单元，或整个网架拼装后有较大的偏差而不修正，强行就位，造成杆件弯曲或产生很大的次应力。

(4) 对网架施工阶段的吊点反力、杆件内力、挠度等不进行验算，也不采取必要的加固措施。

(5) 施工方案选择错误，分条分块施工时，不采取正确的临时加固措施，使局部网架成为几何可变体系。

(6) 网架整体吊装时采用多台起重机或拔杆，各吊点起升或下降时不同步，用滑移法施工时，牵引力和牵引速度不同步，使部分杆件弯曲。

(7) 支座预埋钢板、锚栓位置偏差较大，造成网架就位困难，为图省事而强迫就位或预埋板与支座底板焊死，从而改变了支承的约束条件。

(8) 看图有误或粗心，导致杆件位置放错。

(9) 不经计算校核，随意增加杆件或网架支承点。

4) 使用及其他原因

(1) 使用荷载超过设计荷载。如屋面排水不畅，积灰不及时清扫，积雪严重及屋面上随意堆料、堆物等，都会导致网架超载。

(2) 使用环境的变化(包括温度、湿度、腐蚀性介质的变化)，以及使用用途的改变。

(3) 基础的不均匀沉降。

(4) 地震作用。

 案例 5-5

某仓库网架屋盖倒塌

1) 工程及事故概况

天津某仓库，平面尺寸为 48m×72m，屋盖采用了正放四角锥螺栓球节点网架，网格与高度均为 3.0m，支承在周边柱距 6m 的柱子上。

网架工程于 2004 年 10 月 31 日竣工，11 月 3 日通过阶段验收，于 12 月 4 日突然全部坍塌。塌落时屋面的保温层及 GRC 板已全部施工完毕，找平层正在施工，屋盖实际荷载估计达 2.1kN/m²。

现场调查发现：除个别杆件外，网架连同 GRC 板全部塌落在地。因支座与柱顶预埋件为焊接，虽然支座已倾斜，但大部分没有坠落，并有部分上弦杆 J 腹杆与之相连，上弦跨中附近大直径压杆未出现压曲现象，下弦拉杆也未见被拉断。腹杆的损坏较普遍，杆件压曲，杆件与球的连接断裂，此外杆件与球连接部分的破坏随处可见，多数为螺栓弯曲。

2) 事故原因

该网架内力计算采用非规范推荐的简化计算方法，该简化计算方法所适用的支承条件与本工程不符。与精确计算法相比较，两种计算方法所得结果相差很大，个别杆件内力相差高达 200%。按网架倒塌时的实际荷载计算，与支座相连的周围 4 根腹杆应力达 −559.6MPa，超过其实际临界力。这些杆件失稳压屈后，网架中其余杆件之间发生内力重分布，一些杆件内力增长很多，超过其承载力，最终导致网架由南至北全部坠落。

施工安装质量差也是造成网架整体塌落的原因。网架螺栓长度与封板厚度、套筒长度不匹配，导致螺栓可拧入深度不足；加工安装误差大，使螺栓与球出现假拧紧。网架坍塌前，支座上一腹杆松动，而该腹杆此时内力只有 56.0kN，远远小于该杆的高强螺栓的极限承载力，但从现场发现了一些螺栓从螺孔中拔出的现象。另外，螺孔间夹角误差超标，使螺栓偏心受力，施工中支座处受拉腹杆断面受损，都使得网架安全储备降低，加速了网架的整体坍塌。

3) 经验教训

应根据网架类型合理地选择简化计算方法，一般应采用规范推荐的简化计算方法。同时设计人员应对简化计算方法引起的网架杆件(特别是腹杆)内力误差有正确的、全面的认识。有条件时，应用精确方法计算的结果设计网架，简化计算方法仅作初选网架杆件之用。

加强施工质量管理，严格按照规范施工，加强施工质量的监督，及时发现和纠正施工中出现的质量问题，防患于未然。

4) 事故处理

清除原有倒塌的网架，屋盖结构重新设计、安装，仍采用网架结构。

本 章 小 结

　　本章主要分析了滑升模板施工和框架结构施工中的常见质量事故或缺陷。在滑升模板施工中，主要分析了构筑物滑升模板工程在框架结构施工中常见的质量事故或缺陷，并分析了预制装配式框架结构和现浇钢筋混凝土框架结构中常见的质量事故或缺陷。无论是预制还是现浇框架结构，结构节点的施工是质量的关键。结构安装工程包括钢筋混凝土结构安装工程和钢结构安装工程。结构安装工程的质量对整个建筑物的质量有至关重大的影响，它不仅直接影响建筑物的强度、刚度，甚至会导致重大的倒塌事故。在钢结构工程中，重点分析了钢结构连接特别是焊接的质量事故产生的原因。对钢网架结构工程质量事故产生的原因也做了分析。

习　　题

1．哪些原因会使构件在堆放时就出现断裂、裂缝和倒塌？
2．造成单层厂房柱和框架柱的轴线偏离标准轴线的原因是否相同？为什么？
3．哪些因素会导致柱在吊装过程中产生裂缝？
4．影响柱垂直偏差的因素有哪些？
5．试分析单层厂房结构吊装中出现质量事故的原因？试举例加以说明。
6．钢结构连接损伤事故常见的原因有哪些？
7．焊接缺陷常见的原因有哪些？
8．为什么要特别重视钢网架结构工程质量问题？
9．钢网架结构工程质量事故有哪些类型？
10．构筑物滑升模板施工中主要的质量缺陷有哪几种？
11．预制装配式钢筋混凝土框架施工中的主要质量事故或缺陷有哪些？
12．高层和多层建筑中滑升模板施工中的主要质量事故或缺陷有哪些？
13．现浇钢筋混凝土框架结构施工中的主要质量事故或缺陷有哪些？

第 **6** 章

装饰装修工程

教学目标

本章主要讲述了抹灰工程、地面工程、饰面板(砖)工程、门窗工程等装饰装修工程的质量缺陷及其缺陷分析。通过本章的学习，应达到以下目标。

(1) 了解抹灰工程质量控制要点，掌握抹灰工程常见的质量缺陷及处理。

(2) 了解地面工程质量控制要点，掌握地面工程常见的质量缺陷及处理。

(3) 了解饰面板(砖)工程质量控制要点，掌握饰面板(砖)工程常见的质量缺陷及处理。

(4) 了解饰门窗工程质量控制要点，掌握门窗工程常见的质量缺陷及处理。

教学要求

知识要点	能力要求	相关知识
抹灰工程	(1) 掌握一般抹灰工程缺陷及处理方法 (2) 掌握装饰抹灰工程缺陷及处理方法	
地面工程	(1) 掌握整体面层工程缺陷及处理方法 (2) 掌握块板面层工程缺陷及处理方法 (3) 掌握木面层工程缺陷及处理方法	
饰面板(砖)工程	(1) 掌握饰面板工程缺陷及处理方法 (2) 掌握饰面砖工程缺陷及处理方法 (3) 了解金属外墙饰面工程缺陷及处理方法	建筑装饰施工技术
门窗工程	(1) 了解木门窗安装工程的相关质量要求，掌握木门窗安装工程缺陷及处理方法 (2) 了解金属门窗安装工程的相关质量要求，掌握金属门窗安装工程缺陷及处理方法 (3) 了解塑料门窗安装工程的相关质量要求，掌握塑料门窗安装工程缺陷及处理方法	

 基本概念

建筑装饰装修、装饰抹灰、整体面层、块板面层。

引例

某中学综合楼外墙面装饰质量问题

装饰与楼地面工程都是建筑工程的组成部分，关系到建筑物的使用功能和环境美化，与人们的生产、生活有着密切的联系。所以其质量好坏虽不会直接影响到建筑物的结构安全和使用寿命，却常常成为人们关注的焦点。

某中学综合楼，外墙为水刷石饰面。两个作业班同时施工，一个班负责施工南面和东面，一个班负责北面和西面。墙面施工完成后，出现质量问题：整个墙面显得混浊。西面和北面墙面污染严重，南面与东面无此现象。

原因分析如下。

(1) 最后刷洗墙面时，没有用草酸稀释液清洗，致使整个墙面混浊。

(2) 西、北两面污染严重。施工时正值刮西北风，本应停止施工，但担心施工进度落后于另一作业班组，施工时又没有采取防风措施，造成灰尘污染。

根据《建筑工程施工质量验收统一标准》(GB 50300—2001)，建筑装饰装修分部包括原独立列为分部的楼地面工程，反映了现代建筑在满足使用功能的前提下，保护建筑物，追求建筑的艺术效果，给人更美享受的发展趋势。建筑装饰装修工程质量还直接影响建筑工程的合格验收。

《建筑装饰装修工程质量验收规范》(GB 50210—2001)明确指出：建筑装饰装修是"为保护建筑物的主体结构、完善建筑物的使用功能和美化建筑物，采用装饰装修材料或饰物，对建筑物内外表面及空间进行的各种处理过程。"该分部工程在投入与转换的过程中，工序一旦失控，就容易发生质量缺陷或质量事故。

6.1 一般抹灰

抹灰工程量大面广，单价低且费劳力，施工质量通病时有发生。常见的有：墙体与门窗框交接处抹灰层空鼓，墙面抹灰层空鼓、裂缝，墙面起泡、开花或有抹纹，墙面抹灰层析白及抹灰面不平等。这些缺陷给人们的使用带来了极大影响。所以，加强施工管理，严把质量关，杜绝一切质量通病，是提高抹灰工程质量的重要前提。

抹灰工程分为一般抹灰和装饰抹灰。一般抹灰工程又分为普通抹灰和高级抹灰。一般抹灰常见的质量缺陷有：面层脱落、空鼓、爆灰和裂缝。这些质量缺陷往往又是并发性的，现综合分析如下。

(1) 抹灰工程选用的砂浆品种不符合设计要求。如无设计要求，也不符合下列规定。

① 温度较大的室内抹灰，没有采用水泥砂浆或水泥混合砂浆。

② 基层为混凝土的底层抹灰，没有采用水泥混合砂浆、水泥砂浆或聚合物水泥砂浆。

③ 轻集料混凝土小型空心砌块的基层抹灰，没有采用水泥混合砂浆。

④ 水泥砂浆抹在石灰砂浆层上，罩面石膏灰抹在水泥砂浆层上。

(2) 一般抹灰的主控项目失控包括如下。

① 抹灰前，没有把基层表面尘土、污垢、油渍等清除干净，也没有洒水润湿。

② 一般抹灰所用的材料品种和性能、砂浆配合比，不符合设计要求。

③ 抹灰工程没有进行分层刮抹，没有达到多遍成活。当抹灰厚度大于 35mm 时，没有采取加强措施。

④ 在不同材料基体交接处表面的抹灰，没有采取防止开裂的措施，或采用了加强网，但加强网与各基体的搭接宽度小于 100mm。

1. 室内抹灰质量缺陷分析

室内抹灰质量缺陷及原因分析如下。

1) 墙面与门窗框交接处空鼓、裂缝、脱落

(1) 抹灰时没有对门窗框与墙的交接缝进行分层嵌实，用砂浆塞满交接缝只进行一次，导致干缩开裂。

(2) 基层处理不当，如没有浇水润湿。

(3) 门窗框安装不牢固、松动。

2) 墙面抹灰空鼓、裂缝、脱落

(1) 基层处理不好，清扫不干净，没有浇水湿润。

(2) 墙面平整度差，局部一次抹灰太厚，干缩开裂、脱落。

(3) 抹灰工程没有分底层、中层、面层多次成活，石灰砂浆和水泥混合砂浆每遍抹灰厚度在 7~9mm，水泥砂浆每遍抹灰厚度在 5~7mm，抹麻刀石灰厚度大于 3mm，抹纸筋石灰、石膏灰厚度大于 2mm，极容易出现干缩开裂。

(4) 抹灰砂浆和易性差。

(5) 各层抹灰层配合比相差太大。

3) 墙裙、踢脚线水泥砂浆抹面空鼓、脱落

(1) 墙裙的上部往往洒水湿润不足，抹灰后出现干缩裂缝。

(2) 打底与面层罩灰时间间隔太短，打底的砂浆层还未干固，即抹面层，厚度增加，收缩率大，引起干缩开裂。

(3) 水泥砂浆墙裙抹灰，抹在石灰砂浆面上引起空鼓、脱落。

(4) 抹石灰砂浆时抹过了墙面线而没有清除或清除不干净。

(5) 压光时间掌握不好。压光过早，水泥砂浆还未收水，收缩出现裂缝；压光太迟，砂浆硬化，抹压不平。用铁抹子来回用力抹，搓动底层砂浆，使砂粒与水泥胶体分离，产生脱落。

4) 轻质隔墙抹灰层空鼓、裂缝

轻质隔墙抹灰后，在沿板缝处容易出现纵向裂缝；条板与顶板之间容易产生横向裂缝，墙面容易产生不规则裂缝和空鼓。主要原因如下。

(1) 对不同的轻质隔墙，没有根据其不同的材料特性采取不同的抹灰方法。

(2) 基层处理不好，洒水湿润不透。

(3) 结合层水泥浆没有调制好，粘结强度不够。

(4) 底层砂浆强度太高，收缩出现拉裂。

(5) 条板上口板头不平，与顶板粘结不严。

(6) 条板安装时粘结砂浆不饱满。

(7) 墙体受到剧烈振动。

5) 抹灰面起泡、开花、抹纹

(1) 压光时间太早，抹完罩面后，砂浆未完全收水，压光后产生起泡。

(2) 石灰膏熟化时间不够，抹灰后未完全熟化石灰粒继续熟化，体积急剧膨胀，突破面层出现麻点或开花。

(3) 底灰过分干燥，罩面后水分被底层吸收变硬，压光出现抹纹。

6) 抹灰面不平、阴阳角不垂直、不方正

(1) 抹灰前挂线、做灰饼和冲筋不认真。或冲筋太软，抹灰破坏冲筋；或冲筋太硬，高出抹灰面，导致抹灰面不平。

(2) 操作人员使用的角抹子本身就不方正，或规格不统一，或不用角抹子。

7) 墙面抹灰层析白(反碱)

水泥在水化过程中产生氢氧化钙，在砂浆硬化前，受到砂浆水分影响，反渗到面层表面，与空气中二氧化碳合成碳酸钙，析出表面呈白色粉末状，俗称"析盐"。

8) 混凝土顶板抹灰面空鼓、裂缝、脱落

混凝土顶板有预制和现浇两种。后者为目前常采用。

在预制顶板抹灰时，抹灰层常常产生沿板缝通长纵向裂缝；在现浇顶板上抹灰，往往容易在顶板四角产生不规则裂缝。主要原因如下。

(1) 基层处理不干净，浇水湿润不够，降低与砂浆的粘结力，若抹灰层的自重大于灰浆和顶板的粘结力，即会掉落。

(2) 预制顶板安装不牢，灌缝不实，抹灰厚薄不均，干缩产生空鼓、裂缝。

(3) 现浇顶板底凸出平面处，没有凿平，凹陷处没有事先用水泥砂浆嵌平嵌实。抹灰层过薄，失水快，容易引起开裂；抹灰层过厚，干缩变形大也容易开裂、空鼓。

9) 金属网顶棚抹灰层裂缝、起壳、脱落

(1) 抹灰的底层和找平层的灰浆品种不同，或配合比相差太大。

(2) 结构不稳定和热膨胀影响。金属网顶棚属于弹性结构，四周固定在墙上，中间有吊筋吊起，吊筋的位置不同，各交点受力不同，变形不同，热膨胀产生的变形各异。顶棚各处弯矩不同，使各抹灰层之间，受到大小不同的剪力，从而使各抹灰层之间产生分离，导致裂缝或脱落。

(3) 金属锈蚀渗透，体积膨胀，使抹灰层脱落。

2. 室外抹灰质量缺陷分析

室外抹灰质量缺陷指的是外墙抹灰一般常容易发生的，主要有空鼓、裂缝，抹纹、色泽不均，阳台、雨篷、窗台抹灰面水平和垂直方向偏差，外墙抹灰后雨水向室内渗漏等。产生质量缺陷的原因如下。

1) 外墙抹灰层空鼓、裂缝

(1) 基层没有处理好，浮尘等杂物没有清扫干净，洒水润湿不够，降低了基层与砂浆层的粘结力。

(2) 基层凸出部分没有剔平，墙上留有的孔洞没有进行填补或填补不实。

(3) 抹灰没有分遍分层，一次抹灰太厚；对结构偏差太大，需加厚抹灰层厚度的部位，没有进行加强处理(如铺金属网等)。

(4) 大面积抹灰未设分格缝，砂浆收缩开裂。

(5) 夏季高温条件下施工，抹灰层失水太快。

(6) 结构沉降引起抹灰层开裂。

2) 外墙抹灰层明显抹纹、色泽不均

(1) 抹面层时没有把接槎留在分格条处、阴阳角处或水落管处。

(2) 配料不统一，砂浆原材料不是同一品种。

(3) 底层润湿不均，面层没有搓成毛面，使用木抹子轻重不一，引起色泽深浅不一。

3) 阳台、雨篷、窗台等抹灰面水平、垂直方向偏差

(1) 结构施工时，没有上下吊垂直线，水平拉通线，造成偏差过大，抹灰面难以纠正。

(2) 抹灰前没有在阳台、雨篷、窗台等处垂直和水平方向找直找平，抹灰时控制不严。

4) 外墙抹灰后渗漏

(1) 基层未处理好，漏抹底层砂浆。

(2) 中层、面层灰度过薄，抹压不实。

(3) 分格缝未勾缝，或勾缝不实，留有孔隙。

 案例 6-1

某配电房外墙抹灰，施工后不久出现抹灰层空鼓、脱壳、裂缝。

原因分析如下。

(1) 建筑物在结构变形、温差变形、干缩变形过程中引起的抹灰面层裂缝，裂缝大多出现在外墙转角及门窗洞口的附近。外墙钢筋混凝土圈梁的变形能力比砖墙大得多，这是导致外墙抹灰面层空鼓和裂缝的原因。

(2) 抹灰基体没有处理好，没有刮除基体面的灰疙瘩，扫刷不干净，浇水不足不匀，是造成脱壳、裂缝的原因之一；使底层砂浆粘结力(附着力)降低，如面层砂浆收缩应力过大，会使底层砂浆与基体剥离而空鼓和裂缝。有的在光滑基体面没有"毛化处理"，也会产生空鼓。有的基层面污染没有清除或没有清洗干净而空鼓。

(3) 搅拌抹灰砂浆无配合比、不计量、用水量不控制、搅拌不均匀、和易性差、分层度>30mm 等，容易产生离析，又容易造成抹灰层强度增长不均匀，产生应力集中效应而裂缝。有的搅拌好的砂浆停放 3h 以后再用，则砂浆已开始终凝，其强度和粘结力都有下降。

(4) 抹灰工艺不当，没有分层操作一次成活，厚薄不匀，在重力作用下产生沉缩裂缝；也有虽分层，又把各层作业紧跟操作，各层砂浆水化反应快、慢差异，强度增长不能同步，在其内部应力效应的作用下，产生空鼓和裂缝。

(5) 抹灰层早期受冻。

(6) 表层抹灰撒干水泥吸去水分的做法，造成表层强度高、收缩大，拉动底层灰脱壳。

(7) 砂浆抹灰层失水过快，又不养护，造成干缩裂缝。

(8) 大面积抹灰层无分格缝，产生收缩裂缝。

6.2　装饰抹灰

装饰抹灰工程，一般指水刷石、斩假石、干粘石、假面砖等工程。

装饰抹灰工程不同于一般抹灰工程，更注重装饰效果，对表面质量要求严格。

1. 水刷石

水刷石容易出现的质量缺陷：表面混浊、石粒不清晰、石粒分布不均、色泽不一、掉粒和接槎痕迹。产生质量缺陷的原因如下。

1) 表面混浊、石粒不清晰

(1) 石粒使用前没有清洗过筛。

(2) 喷水过迟，凝固的水泥浆不能被洗掉；洗刷连接槎部位时，使带浆的水飞溅到已经洗好的墙面，造成污染。

(3) 冲洗速度没有掌握好。冲洗过快，水泥浆冲洗不干净；过慢使水泥浆产生滴坠(挂珠)。

2) 石粒分布不均

(1) 分格条粘贴操作不当，粘贴分格条素水泥浆角度大于 45°，石子难以嵌进。分格条两侧缺石粒。

(2) 底层干燥，吸收石子浆水分，抹压不均匀，产生假凝，冲洗后石尖外露，显得稀疏不均。

(3) 洗阴阳角时，冲水的角度没有掌握好，或清洗速度太快，石子被冲刷，露出黑边。

3) 掉粒

(1) 底层干燥，抹压不实，或面层未达到一定硬度，喷水过早，石子被冲掉。

(2) 底层不平整，凸处抹压石子浆太薄，干缩引起石子脱落。

4) 接槎痕迹

接槎留有痕迹的原因类似外墙一般抹灰产生的接槎痕迹。主要是没有设置分格缝，或设置了分格缝，没有在分格缝甩槎，留槎部位没有甩在阴阳角、水落管处。

5) 色泽不一

(1) 选用的石粒、水泥不是同一品种或同一规格。

(2) 石子浆拌和不均匀，冲洗操作不当，成为"花脸"。

6) 阴阳角不顺直

(1) 抹阳角时，没有将石子浆稍抹过转角，抹另一面时，没有使交界处石子相互交错。

(2) 抹阴角时，没有先弹线找规矩，两侧面一次成活；或转角处没有理顺直处理。

2. 干粘石

干粘石容易出现的质量缺陷：色泽不一致、露浆、漏粘，石粒粘结不牢固、分布不均匀、阳角黑边。产生质量缺陷的原因如下。

1) 色泽不一

(1) 石粒干粘前，没有筛尽石粉、尘土等杂物，石粒粒径差异太大，没有用水冲洗致使饰面浑浊。

(2) 石粒(彩色)拌和时，没有按比例掺合均匀。

(3) 干粘石施工完后(待粘结牢固)，没有用水冲洗干粘石，进行清洁处理。

2) 露浆、漏粘

(1) 粘结层砂浆厚度与石粒大小不匹配。

(2) 107 配制素水泥涂刮不均匀，没有做到即括即撒。

(3) 底层不平，产生滑坠；局部打拍过分，产生翻浆。

3) 接槎明显

(1) 接槎处灰太干，或新灰粘在接槎处。

(2) 面层抹灰完成后，没有及时粘石，面层干固，降低了粘结力。

(3) 在分格内没有连续粘石，不是一次完成。

(4) 分格不合理，不便于粘石，留下接槎。

4) 阳角黑边

(1) 棱角两侧，没有先粘大面石粒再粘小面石粒。

(2) 粘石时，已发现阳角处形成无石黑边，没有及时补粘小石粒消除黑边。

5) 棱角不通顺

(1) 对粘石面没有预先找直找平找方，或没有边粘石边找边。

(2) 起分格条时，用力过大，将格条两侧石子带起，形成缺棱掉角。

3. 斩假石

斩假石一般容易出现的质量缺陷：剁纹不均匀、不顺直，深浅不一、颜色不一致。产生质量缺陷的原因如下。

1) 剁纹不均匀、不顺直

(1) 斩剁前没有在饰面弹出剁线(一般剁线间距 10mm)，也未弹顺通线，斩剁无顺序，剁纹倾斜。

(2) 剁斧不锋利，用力轻重不一。

(3) 剁斧工具选用不当，剁斧方法不对。如边缘部位没有用小斧轻剁。

2) 深浅不一，颜色不一致

(1) 斩剁顺序没有掌握好，中间剁垂直纹一遍完成，容易造成纹理深浅不一。

(2) 颜料、水泥不是同一品种、同一批号，不是一次拌好，配足。

(3) 剁下的尘屑没有用钢丝刷刷净，蘸水刷洗。

4. 假面砖

假面砖容易出现的质量缺陷：面层脱皮、起砂、颜色不一，积尘污染。产生质量缺陷的原因如下。

1) 面层脱皮、起砂

(1) 饰面砂浆配合比不当，失水过早。

(2) 未待面层收水，划纹过早，划纹过深(应不超过 1mm)。

2) 颜色不一

(1) 中间垫层干湿不一，湿度大的部位色深，干的部位色浅。

(2) 饰面砂浆掺用颜料量前后不一，或颜料没有拌和均匀，原材料不是来自同一品种、同一批次。

3) 积尘污染

(1) 罩面灰太厚，表面不平整不光滑。

(2) 墙面划纹过深过密。

用于饰面工程的石板材包括花岗石板、大理石板、人造石板等，这是一种高档饰面装饰做法，造价高，要求严格。因此，在工程中更应重视其施工质量，杜绝其可能出现的一切质量缺陷。石板材饰面工程常见的施工质量缺陷主要有：板材接缝不平，板面纹理不顺，色泽差异大；板材开裂，板材空鼓、脱落及板材碰损、污染等。

6.3　整体面层

整体面层一般包括水泥混凝土(含细石混凝土)面层、水泥砂浆面层、水磨石面层、水泥钢(铁)屑面层、防油渗面层和不发火(防爆)面层等。本节重点分析水泥砂浆面层、水磨石面层常见的质量缺陷。

楼地面工程是建筑工程的重要组成部分，它的质量既影响到房屋的使用功能，也影响到室内的装饰效果。长期以来，地面裂缝、空鼓、麻面、返潮、不平、积水、倒泛水等质量缺陷一直困扰着人们正常的生产和生活。尤其是楼地面裂缝问题，反映最为强烈，也最为人们关注。本着"材料是基础，设计是龙头，施工是关键"的原则，我们应在建设全过程中加强管理，精心组织。就施工而言，认真分析楼地面工程的质量缺陷，采取一系列相应的防治措施是把握施工质量的关键。

6.3.1　水泥砂浆面层

水泥砂浆面层主要的质量缺陷：开裂、起鼓、起砂。

1. 预制楼板面纵、横向开裂

纵向开裂是指顺楼板方向的通长裂缝。这种裂缝出现的时间不一，最早在还没有竣工时就出现，一般情况下，上下裂通。其主要原因是如下。

(1) 楼板受力过早或承受荷载过大。

(2) 预制楼板刚度小，在集中荷载作用下，挠度增大。

(3) 楼板安装时，板缝底宽小于 20mm，或紧靠在一起形成"瞎缝"，如图 6.1 所示。

(4) 没有把灌缝操作当成一道独立的工序认真施工，随意性大，主要表现为使用细石混凝土强度等级小于 C20，板缝间杂物没有被清除，捣实不严密，养护不好，或在板缝间铺设电线管没留间距，使板缝下部形成空悬。在楼板局部受力时，因整体刚度小，板与板之间不能共同作用，如图 6.2 所示。

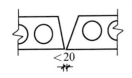

图 6.1　"瞎缝"示意图

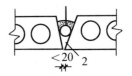

图 6.2　板缝敷管错误做法示意图

1—管道；2—空隙

(5) 板缝间未按要求设置抗震拉结筋，承重墙体发生不均匀沉降。

预制楼板产生纵向裂缝的原因是多方面的，其中最主要的原因，应该是灌注板缝细石混凝土强度低，板缝混凝土产生收缩拉应力。

所谓预制楼板横向裂缝，是指板端与板端之间的裂缝，裂缝的位置较固定。产生裂缝的主要原因：安装预制楼板坐浆不实，板端与板端接缝处嵌缝质量差。此外，当楼面受荷载后，跨中向下挠曲、板端向上翘，拉应力使面层出裂缝；或横隔墙承受荷载较大，下沉，出现较大的拉应力，把面层拉裂。

2. 面层裂缝

面层裂缝的特点：裂缝形状不一，深浅不一。引起裂缝的原因如下。

(1) 选用的水泥品种不当(宜选用硅酸盐水泥、普通硅酸盐水泥)，等级小于 32.5 级，没有选用中粗砂，如选用石屑，则粒径没有控制在 1～5mm，含泥量大于 3%。

(2) 垫层不实或垫层高低不平，致使面层厚薄不一。

(3) 水泥砂浆体积比失控(宜为 1：2)，水泥砂浆面层厚度小于 20mm，稠度大于 35mm，强度小于 M15。

(4) 工序安排不合理，水泥初凝前未完成抹平，终凝前未压光。压光少于两次，养护不好。

(5) 较大面积的地面，没有留置变形缝。

(6) 低温下施工(室外气温在 5℃以下)没有进行保温处理。

(7) 在中、高压缩性土层上施工的建筑物，其面层工程没有安排在主体工程完成以后进行。

3. 空鼓

水泥地面的空鼓多发生在面层与垫层之间，有时也会发生在垫层与基层之间。用小锤敲，会发生鼓声，喻为"空鼓"很形象。空鼓会导致面层开裂或脱落。产生空鼓的主要原因如下。

(1) 垫层质量差。垫层是面层的"基础"，是保证面层质量的前提条件。垫层混凝土强度过低，会影响与面层的粘结强度。例如，采用炉渣垫层或水泥石灰渣垫层，配合比不当、控制用水不当，都会影响垫层的质量。

(2) 垫层处理不好。垫层清理不干净，浮尘杂物形成了垫层与面层之间的隔离层。

(3) 结合层操作不当。在垫层表面涂刷水泥浆结合层，可增强与面层的粘结力。例如，水泥浆配制不当(水泥：水用量随意性)，或涂刷过早，形成粉层，使结合层失去了作用，反而成了隔离层。

(4) 水泥类基层的抗压强度小于 1.2MPa，表面不粗糙、不洁净，湿润不够。

(5) 水泥砂浆拍打抹压不实。

4. 起砂

水泥地面起砂的特征，起初表现为表面粗糙、不光洁，会出现水泥粉末，后期砂粒松动脱落。

地面起砂，影响使用和美观。起砂的主要原因如下。

(1) 砂浆水灰比过大，砂浆稠度大于 30mm。按规定的要求，水灰比应控制在 0.2～0.25，但施工操作困难。故一般情况下，往往加大用水量，这样就极容易降低面层强度和耐磨性，引起起砂。

(2) 压光时间掌握不好。压光过早，凝胶尚未全部形成，使压光的表层出现水光，降低了面层砂浆的强度；压光太迟，水泥硬化，难以消除面层表面的毛细孔，而且会破坏凝固的表面，降低了面层的强度。另外，从第一遍压光开始，到第三遍压光结束，间隔时间太长，也会影响水泥的终凝。

(3) 养护不到位。养护时间少于 7d，干旱炎热季节没有保持面层湿润，失水。成品保护不好，地面未达到 5MPa 的抗压强度，遭人为损害，如行走产生摩擦，使地面起砂。

(4) 在低温下施工，又没有采取相应的保温措施。

地面起砂还有一个重要原因是材料的品质不符合要求。从施工这个角度分析，主要是面层强度低，压光不好。

6.3.2　水磨石面层

现制水磨石面层的质量缺陷，可以归纳为两大类：影响使用和影响美观。产生质量缺陷的原因如下。

1. 影响使用

1) 面层裂缝

面层出现裂缝有两种情况：分格条十字交叉处短细裂缝，多是面层空鼓造成；面层出现长宽裂缝，多是结构不均匀沉降，或楼板面开裂，或楼地面荷载过于集中造成的。

2) 面层空鼓

没有排除找平层空鼓，就进行面层石子浆施工；或水泥素浆刷得不好，失去粘结作用，或在分格条两侧、分格条十字交叉处漏刷素浆；或石子浆面层与找平层没有达到规定的粘结强度；或开裂引起振动；或养护和成品保护不好。

2. 影响美观

1) 分格条显露不完全

(1) 没有控制好石子浆铺设厚度，使石子浆超过顶条高度，难以磨出。

(2) 石子浆面层施工时，铺设速度与磨光速度衔接不好，开机过迟，石子浆面层强度过高，难以磨出分格条。

(3) 磨光时用水量过大，使面层不能保持一定浓度的磨浆水。

(4) 属于机具方面的原因，磨石机自重太轻，采用的磨石太细。

2) 分格条歪斜(铜质、铝质、彩色塑料条)、断裂、破碎(玻璃条)

(1) 面层石子浆铺设厚度低于分格条顶面高度，分格条直接受压于滚筒，致使歪斜或压弯或破碎。

(2) 分格条固定不牢固。

3) 石子分布不均匀

石子分布不均匀有三种现象及各自原因如下。

(1) 分格条两侧或十字交叉处缺石。原因：固定分格条的砂浆高度大于分格条高度的2/3，或夹角大于45°，无法嵌进石子，如图 6.3 所示；或十字交叉处被砂浆填满；或打磨没有按纵横两方向进行。

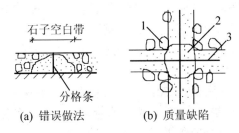

图 6.3　错误做法及产生质量缺陷示意图

1—石粒；2—无石粒区；3—分格条

(2) 无规则石子分布不均匀。原因：石子浆拌和不均匀；铺平石子浆用刮杆时，没有轻刮轻打，造成石子沿一个方向聚集。

(3) 彩色石子分布不均，石子浆颜色不一。原因：前者的原因类似以上所分析的。后者是因彩色石子使用的不是同一品种，混杂；颜色和各种石子的用量配合比不一，搅拌不均匀造成的。

4) 表面不光洁、洞眼

(1) 磨光时使用磨石不当。两浆三磨，往往重视第一遍磨光磨平，对最后一遍不够重视或漏磨，忽视了粗糙度的要求。

(2) 擦浆时没有用有色素水泥浆把洞眼擦满，或采用刷浆法堵眼，仅在洞口铺上了一层薄浆。

(3) 打蜡前没有用草酸溶液把面层清洗干净，面层被杂物污染的部位会出现斑痕。

5) 面层褪色

水泥含有碱性，掺入面层中的颜料没有采用耐光、耐碱的矿物原料，使色泽鲜艳的表层逐渐失去光泽或变色。

案例 6-2

一地下洞库，主洞长 320.89m，跨度 19.6m。工程竣工 2 个月后，主洞库磨石地面中轴线附近发现一条细微裂缝，裂缝长度、宽度逐渐展伸。至竣工 6 个月时，已接近通长，裂缝宽度为 0.5~1.5mm。

原因分析如下。

(1) 中轴线上水磨石面层裂缝的正下方为混凝土垫层冲筋，水磨石面未设置分格条。

(2) 地坪面积过大，60mm 厚细混凝土垫层收缩，变形集中在冲筋两侧，垫层收缩率大于水磨石面层抗拉强度，致使水磨石面层冲筋正上方产生裂缝。

(3) 洞库湿度大，为赶工期对洞库进行通风降湿，加快了垫层混凝土、面层水磨石收缩。

6.4 块 板 面 层

块板面层包括天然大理石和花岗岩、预制板块、塑料板面层等。

1. 大理石和花岗石、预制板块等常见的质量缺陷

1) 空鼓

空鼓产生的原因如下。

(1) 基层面有杂物或灰渣灰尘。

(2) 结合层使用水泥强度等级小于 32.5 级，干硬性水泥砂浆拌和不均匀，结合层厚度小于 20mm，铺设不平不实，没有搓毛，铺结合层砂浆前，没有湿润基层。

(3) 水泥素浆涂刷不均匀，或漏刷，或涂刷时间过长，水泥素浆结硬，失去粘结作用。

(4) 结合层与板材没有分段同时铺砌，板材与结合层结合不密实。

2) 接缝高低偏差

接缝高低偏差产生的原因如下。

(1) 板材厚度不均，几何尺寸不一，窜角翘曲，对厚薄不均的块材，没有进行调整，没有进行试铺。

(2) 各房间内水平标高出现偏差，使相接处产生接缝不平。

2. 塑料板面层常见的质量缺陷

塑料地面的主要种类为聚氯乙烯，按尺寸规格分为块材和卷材。塑料面层施工方便，价格便宜，装饰效果好，又耐磨、耐凹陷、耐刻划，脚感舒适(有弹性)，故常被用于地面饰面。塑料面层的质量缺陷如下。

1) 分离

分离一般是指面层与基层的分离。产生的主要原因：基层强度低(混凝土小于 20MPa，水泥砂浆小于 15MPa)，含水率大于 8%，基层面有杂物、灰尘、砂粒，或基层本身有空鼓、起皮、起砂等缺陷。

2) 空鼓

空鼓产生的原因如下。

(1) 基层没有做防潮层(尤其是首层)，面层在铺贴前没有除蜡，影响粘结力。

(2) 锤击或滚压方向不对，没有完全排除气体。

(3) 刮胶不均匀或漏刮。

(4) 施工环境温度过低，降低了胶粘剂的粘结力。

3) 翘曲

翘曲产生的原因如下。

(1) 选择面层材料不合格。

(2) 卷材打开静置时间少于 3d。

(3) 选择粘结剂品种与面层材料不相容。

4) 波浪

面层铺贴后，呈有规律波浪形起伏状，其主要原因如下。

(1) 基层表面不平整，呈波浪形。

(2) 使用刮胶剂的刮板，齿间距过大或过深，因胶体流动性差，粘贴时不易压平，呈波浪形。

(3) 涂刮胶剂或滚压面层没有选择纵横方向相互交叉进行。

 案例 6-3

某营业大厅按业主要求，铺设大理石板材。由于工期要求较紧，临时召集部分农民工参与铺设。竣工交付使用前，出现空鼓、接缝不平，板材开裂的质量通病。业主以农民工技术素质差为由拒付工程款，施工单位认为农民工已进行职业上岗培训，掌握了操作技能，主要是业主工期太紧造成的。

原因分析如下。

(1) 为了赶工期，本应涂刷水泥素浆结合层，被改用大面积撒干水泥、洒水扫浆，造成水灰比失控，拌和不均匀，失去粘结作用。

(2) 基层不平，本应用细石混凝土找平后，再铺设干性水泥砂浆，因赶工期，省去了前道工序，导致局部干缩开裂。

(3) 分段铺设板材，对前段铺设的板材，一直没有洒水养护，砂浆硬化过程中缺水，干缩开裂。

(4) 没有认真进行产品保护，养护期间，人员在面层上扛重物，行走频繁。

结论：业主的工期要求失去了科学性。但施工单位应该向业主事先说明赶工期会产生的质量缺陷，却没做交代。所产生的质量问题均系施工单位工序失控和工艺操作不当造成的。

6.5 木 面 层

木面层按铺设的层数分单层、双层两种，按构造不同又可分为空铺式和实铺式。

1. 实木地板面层(采用条材和块材)质量缺陷

1) 变形开裂

变形开裂产生的原因：材质差，条形宽度大于 120m，含水率大于 15%。

2) 松动响音

松动响音的主要原因如下。

(1) 木搁栅表面不平。

(2) 没有垫实，锤钉不牢，钉子的长度短于板厚的 2.5 倍，下钉角度不对(应在 30°～45°)。

3) 受潮腐蚀

受潮腐蚀的主要原因：首层地面没有做防潮层，搁栅、垫块及板材背面没有进行防潮防腐处理。

4) 外观疵点

外观疵点产生的原因：面层没有刨平、磨光，颜色不均匀一致。

2. 实木地板面层(采用拼花实木地板)质量缺陷

拼花实木地板使用比较普遍，构造简单，又经济。

其质量通病除与普通木条地板有相同之外，最为常见的是起翘、开裂。

1) 起翘

起翘产生的原因如下。

(1) 木质块料含水率大于 12%。

(2) 基层或水泥砂浆层、找平层未干透，木板条受潮体积膨胀。

(3) 基层没有进行防潮处理。

2) 开裂

开裂产生的原因如下。

(1) 铺、钉不紧密。

(2) 板厚小于 20mm。

(3) 室内返潮。

6.6 饰面板工程

在人们日益注重建筑装饰效果的今天，饰面板(砖)被广泛应用于建筑物的内外装饰。对饰面板(砖)的工程质量更为关注。

饰面板(砖)的工程质量，一般指饰面板安装、饰面砖粘贴的质量。一般常使用的饰面材料有：天然石饰面板(大理石、花岗石)、人造饰面板(大理石、水磨石等)、饰面砖(釉面砖、外墙面砖等)和金属饰面板等。

饰面板(砖)工程质量，首先取决于材料的品质。故材料及其性能指标必须达到规定的质量标准。必须进行复验的项目如下。

(1) 室内用花岗石的放射性。

(2) 粘贴用水泥的凝结时间、安定性和抗压强度。

(3) 外墙陶瓷面砖的吸水率。

(4) 寒冷地区外墙陶瓷面砖的抗冻性。

《建筑装饰装修工程质量验收规范》(GB 50210—2001)对饰面板(砖)工程质量的主控项目和一般项目都做出了明确的规定。所以分析饰面板(砖)容易出现的质量缺陷，要抓住主控项目和一般项目的质量要求。

石材面板饰面，容易出现的质量缺陷：接缝不平、开裂、破损、污染、腐蚀、空鼓、脱落。

1. 大理石饰面

1) 接缝不平

接缝不平的主要原因如下。

(1) 基层没有足够的稳定性和刚度。

(2) 镶贴前没有对基层的垂直平整度进行检查，对基层的凸凹处超过规定偏差，没有进行凿平或填补处理。基层面与大理石板面的最小间距小于 50mm。

(3) 在基层面弹线马虎，没有在较大面积的基层面上弹出中心线和水平通线。

(4) 没有按设计尺寸进行试拼、套方磨边、校正尺寸，使尺寸大小符合要求。

(5) 对于大规格板材(边长大于 400mm)没有采用安装方法。

(6) 大的板材采用铜丝或不锈钢丝与锚固件绑扎不牢固。

(7) 安装时，没有用板材在两头找平，拉上横线；安装其他板材时，没有勤用托线板靠平靠直，木楔固定不牢。

(8) 用石膏浆固定板面竖横接缝处，间距太大(一般不超过 100～150mm)。

(9) 没有进行分层用水泥砂浆灌注，或分层灌注，一次灌注太高，使石板受挤压外移。

(10) 灌浆时动作不精不细，使石板受振，位移。

2) 开裂

开裂的主要原因如下。

(1) 在镶贴前，没有对大理石进行认真检查，对存在裂缝、暗痕等缺陷的没有清除。

(2) 结构沉降还未稳定时进行镶贴，大理石受压缩变形，应力集中导致大理石开裂。

(3) 外墙镶贴大理石，接缝不实，灌浆不实，雨水渗入空隙处，尤在冬季渗入水结冰，体积膨胀，使板材开裂。

(4) 石板间留有孔隙，在长期受到侵蚀气体或湿气的作用下，使固体(金属网、金属挂角)锈蚀、膨胀产生外推力，从而使大理石板开裂。

(5) 在承重构造基层上镶贴大理石，镶贴底部和顶部大理石时，没有留适当缝隙，以防结构沉降遭垂直方向压力而压裂。

3) 破损(碰损)

破损的主要原因如下。

(1) 大理石质地较软，在搬运、堆放中因方法不当，使大理石缺棱掉角。

(2) 大理石安装完成后，没有认真做好成品保护。尤其对饰面的阳角部位，如柱面、门面等缺乏保护措施。

4) 污染

大理石颗粒间隙大，又具染色能力。遇到有色液体，会渗透吸收，造成板面污染。污染的主要原因如下。

(1) 在运输过程中用草绳捆扎，又没有采取防雨措施，草绳遇水渗出黄褐色液体，进而渗入大理石板内。

(2) 灌浆时，接缝处没有采取有效的堵浆措施，被渗出的灰浆污染。

(3) 镶贴汉白玉等白色大理石时，用于固定的石膏浆没有掺适量的白水泥。

(4) 没有防止酸碱类化学溶剂对大理石的腐蚀。

5) 纹理不顺、色泽不匀

纹理不顺、色泽不匀的主要原因如下。

(1) 在基层面弹好线后，没有进行试拼。对板与板之间的纹理、走向、结晶、色彩深浅，没有充分理顺，没有按镶贴的上下左右顺序编号。

(2) 试拼编号时，对各镶贴部位选材不严，没有把颜色、纹理最美的大理石用于主要显眼部位，或出现编号错误。

6) 空鼓、脱落

空鼓、脱落的主要原因如下。

(1) 湿作业时，灌浆未分层，灌浆振捣不实，上下板之间未留灌浆结合处。

(2) 采用胶粘剂粘贴薄型大理石板材，选用胶粘剂不当或粘贴方法不当。

薄型大理石饰面板，目前在国际上被普遍采用(厚度为 7～10mm)。饰面板改用薄型板石材，是发展趋势。这一材料的改革，减少了板材安装前对板的修边打眼，可以省去固定锚固件的步骤，减少了工序，施工方便。

薄型板材一般采用胶粘剂粘贴，对采用新工艺中出现的质量问题，要及时总结经验和教训，找出分析的重点和方法。

2. 碎拼大理石饰面

碎拼大理石饰面，可以经创意配成各种图案，格调变化多，增强建筑的艺术美。

碎拼大理石容易出现的质量缺陷主要是颜色不协调、表面不平整。

1) 颜色不协调

颜色不协调的主要原因：碎拼大理石饰面随意性很大，镶贴没有进行预先选料和预拼。

2) 表面不平整

表面不平整的主要原因：主要是块材厚薄不一，镶贴不认真，也没有采取措施，导致不平整。

3. 花岗石饰面

花岗石同大理石一样，都属于装饰材料，品质优良的花岗石，结晶颗粒细，又分布均匀，用于室外，装饰效果很好。

花岗石比大理石抗风化、耐酸，使用年限长。抗压强度远远高于大理石。

用于饰面的花岗石面板，按加工方法的不同，可分为剁斧板材、机刨板材、粗磨板材、磨光板材等四类。

鉴于花岗石板材的安装方法同大理石板材安装方法基本相同，故常见的质量通病及产生的原因也基本相同。

花岗石板材饰面接缝宽度的质量要求略低于大理石板材的接缝要求。

花岗石饰面其接缝宽度的要求：光面、镜面 1mm；粗磨面、磨面 5mm；天然面 10mm。

4. 人造大理石饰面

人造大理石饰面板，比天然大理石色彩丰富鲜艳，强度高，耐污染，质量轻，给安装带来了方便。

人造大理石根据采用材料和制作工艺的不同，可分为水泥型、树脂型、复合型、烧结型等几种。常用的为树脂型人造大理石板材，其化学和物理性能最好。

人造大理石饰面容易出现的质量缺陷如下。

1) 粘贴不牢

粘贴不牢的主要原因如下。

(1) 基层不平整，洒水润湿不够。

(2) 打底层没有找平划毛。

(3) 板缝和阴阳角部位没有用密封胶嵌填紧密。

2) 翘曲

翘曲的主要原因如下。

(1) 板材选用不当。

(2) 板材选用的尺寸偏大，大于 400mm×400mm 的板材容易出现翘曲。

3) 龟裂

龟裂的主要原因如下。

(1) 选用水泥型板材，特别是采用硅酸盐或铝酸盐水泥为胶结材料的，因收缩率较大，易出现龟裂。

(2) 耐腐蚀性能较差，在使用过程中出现龟裂。

4) 失去光泽

失去光泽的主要原因如下。

(1) 树脂型人造大理石板材，在空气中易老化，失去光泽。

(2) 使用在污染较重的环境。

6.7 饰面砖工程

室内外饰面砖属于传统工艺。其具有保护功能，能延长建筑物的使用寿命，又具装饰效果。

饰面砖常用的陶瓷制品有瓷砖(釉面砖)、面砖、陶瓷锦砖(陶瓷马赛克)等。

粘贴饰面砖的质量要求，新规范的主控项目，主要有：

饰面砖的品种、规格、图案、颜色和性能应符合设计要求。饰面砖粘贴必须牢固。

一般项目质量要求主要如下。

(1) 表面应平整、清洁、色泽一致，无裂痕和缺陷。

(2) 饰面砖接缝应平直、光滑，填嵌应连续、密实，宽度和深度应符合设计要求。

(3) 有排水要求的部位应做滴水线(槽)。滴水线(槽)应顺直，流向坡向应正确，坡度应符合设计要求。

另外，对饰面砖粘贴的允许偏差和检验方法也做了规定。

饰面砖常用于内外墙饰面，外墙一般采用满贴法施工。常见的质量缺陷：空鼓、脱落、开裂、墙面不平整、接缝不平不直，缝宽不匀，变色、污染等。产生质量缺陷的原因如下。

1) 空鼓、脱落

(1) 饰面砖面层质量大，容易使底层与基层之间产生剪应力，各层受温度影响，热胀冷缩不一致，各层之间产生剪应力，都会使面砖产生空鼓、脱落。

(2) 砂浆配合比不当，如果在同一面层上，采用不同的配合比、干缩率不一致，引起空鼓。

(3) 基层清理不干净，表面不平整，基层没有洒水润湿。

(4) 面砖在使用前，没有进行清洗，在水中浸泡时间少于 2h，粘贴上很快吸收砂浆中的水分，影响硬化强度。如没有晾干，面砖附水，产生移动，也容易产生空鼓。

(5) 面砖粘贴的砂浆厚度过厚或过薄(宜在 7～10mm)均易引起空鼓。粘贴面砖砂浆不饱满，产生空鼓。过厚面砖难以贴平，如果多敲，会造成浆水反浮，造成面砖底部干后形成空鼓。

(6) 贴面砖不是一次成活，上下多次移动纠偏，引起空鼓。

(7) 面砖勾缝不严密、连续，形成渗漏通道，冬季受冻结冰膨胀，造成空鼓、脱落。

2) 裂缝

(1) 选用的面砖材质不密实，吸水率大于 18%，粘贴前没有用水浸透，粘结用砂浆和易性差，粘贴时，敲击砖面用力过大。

(2) 使用时没有剔除有隐伤的面砖，基层干湿不一，砂浆稠度不一、厚薄不均，干缩裂缝造成面砖裂缝。

由以上原因，可知裂缝产生的直接或间接原因都与面砖的吸水率大小有关。

面砖吸水率大，内部空隙率大，减小了面砖密实的断面面积，抗拉、抗折强度降低，抗冻性差。

面砖吸水率大，湿膨胀大，应力增大，也容易导致面砖开裂。

3) 分格缝不均、表面不平整

(1) 施工前没有根据设计图纸尺寸，核对结构实际偏差，没有对面砖铺贴厚度和排砖模数画出施工大样图。

(2) 对不符合要求、偏差大的部位，没有进行修整，使这些偏差大的部位的分格缝不均匀。

(3) 各部位放线贴灰饼间距太大，减少了控制点。

(4) 粘贴面砖时，没有保持面砖上口平直。

(5) 对使用的面砖没有进行选择，没有把外形歪斜、翘曲、缺棱掉角的剔除。

(6) 不同规格、不同品种、不同大小的面砖混用。

4) 接缝不顺直、缝宽不均匀

(1) 粘贴前没有在基层用水平尺找正，没有定出水平标准，没有划出皮数杆。

(2) 粘贴第一层时，水平不准，后续粘贴错位。

(3) 粘贴时产生偏差，没有及时进行横平竖直校正。

5) 污染、变色

(1) 粘贴时没有清洁饰面砖，或面砖粘有水泥浆、砂浆而没有进行洗刷。

(2) 浸泡面砖没有坚持使用干净水。

(3) 有色液体容易被面砖吸收，先向坯体渗透再渗入到表面。

(4) 面砖釉层太薄，遮盖力差。

 案例 6-4

某写字楼工程外墙饰面为面砖。面砖饰面完工一个星期，遇大雨。发现室内转角处、腰线窗台处渗漏。业主与施工单位共同组织检查，通过锤击测声和观察，发现质量问题均是施工不按规范操作造成的。

原因分析如下。

1) 室内转角处渗漏：外墙转角处全部采用大面压小面粘贴，窄缝内无砂浆，加之面砖底部浆太厚，砖底周围存在空隙。雨水通过窄缝渗入通道，流进墙体，如图 6.4 所示。

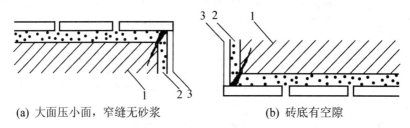

(a) 大面压小面，窄缝无砂浆   (b) 砖底有空隙

图 6.4　转角处渗漏示意图

1—墙体；2—砂浆；3—面砖

2) 勾缝不密实，不连续。

3) 腰线、窗台处、对滴水线的处理不符合要求，底面砖未留流水坡度。

6.8　金属外墙饰面工程

金属外墙饰面，一般悬挂在外墙面。金属饰面坚固、质轻、典雅庄重，质感丰富，又具有耐火、易拆卸等特点，应用范围很广。

金属饰面按材质分有：铝合金装饰板、彩色涂层钢板、彩色压型钢板、复合墙板等。

金属饰面工程多系预制装配，节点构造复杂，精度要求高，使用工具多，在安装工程中如技术不熟练，或没有严格按规范操作，常容易发生质量缺陷。

外墙金属饰面安装工程中，常见的质量缺陷有：安装不牢固、饰面不平整、表面划痕、弯曲、渗漏等。产生质量缺陷的原因如下。

1. 饰面不平直

(1) 支承骨架安装位置不准确，放线弹线时，没有对墙面尺寸进行校核，发现误差没有进行修正，使基层的平整度、垂直度不能满足骨架安装的平整度、垂直度要求。

(2) 板与板之间的相邻间隙处不平。

(3) 安装时没有随时进行平直度检查。

(4) 板面翘曲。

2. 安装不牢固

(1) 骨架安装不牢，骨架表面又没有做防锈、防腐处理，连接处焊缝不牢，焊缝处没有涂刷防锈漆。骨架安装不牢，必定影响饰面安装不牢。

(2) 在安装前没有做好细部构造，如沉降缝、变形缝的处理，位移造成安装不牢。

(3) 在安装时，没有考虑到金属板面的线膨胀，在安装时没有根据其线膨胀系数，留足排缝，热膨胀致使板面凸起。

3. 表面划痕

(1) 安装时没有进行覆盖保护，容易被划伤。

(2) 在安装过程中，钻眼拧螺钉时被划伤。

▌6.9 木门窗安装工程

门窗工程是建筑物的一个重要组成部分。其主要作用：采光、通风、隔离。用于建筑物的外立面，还发挥重要的装饰作用。《建筑装饰装修工程质量验收规范》(GB 50210—2001，以下简称新规范)把门窗工程归并到建筑装饰装修分部工程。

门窗按使用的材质分类，大致可以分为木门窗、金属门窗、塑料门窗。门窗安装是否牢固既影响使用功能又影响安全。新规范规定，无论采用何种方法固定，建筑外窗安装必须确保牢固，并将这一规定列为强制性条文。本节重点分析门窗在安装过程中，容易出现的质量缺陷。

新规范主控项目对木门窗安装工程做出的质量要求如下。

(1) 木门窗框的安装必须牢固。预埋木砖的防腐处理、木门窗框固定点的数量、位置及固定方法应符合设计要求。

(2) 木门窗扇必须安装牢固，并应开关灵活、关闭严密，无倒翘。

(3) 木门窗配件的型号、规格、数量应符合设计要求，安装应牢固，位置应正确，功能应满足使用要求。

一般项目对木门窗安装工程做出的规定：木门窗与墙体间缝隙的填嵌材料应符合设计要求，填嵌应饱满。寒冷地区外门窗(或门窗框)与砌体间的空隙应填充保温材料。同时，对木门窗安装的留缝限值、允许偏差和检验方法也做了规定。

木门窗安装工程容易出现的质量缺陷及产生的原因如下。

1. 木门窗窜角(不方正)

在安装过程中，卡方不准或没有进行卡方，造成框的两条对角线，长短不一，致使门框变形(框边不平行)。

2. 松动

(1) 门窗框与墙体的间隙太大，木垫干缩、破裂。

(2) 预留木砖间距过大，与墙体结合不牢固，受振动与墙体脱离。

(3) 门框与墙体间的空隙，嵌灰不严密，或灰浆稠度大，硬化后收缩。

3. 门窗扇开关不活或自行开关

(1) 安装门的上下副合页的轴不在一条垂直线上。

(2) 安合页一边门框，立框不垂直，向开启方向或向关闭方向倾斜。

(3) 选用的五金不配套，螺母凸突。

6.10 金属门窗安装工程

金属门窗安装工程，一般指钢门窗、铝合金门窗、涂色镀锌钢板门窗安装。

新规范主控项目对金属门窗安装工程做出的质量要求如下。

(1) 金属门窗框和副框的安装必须牢固，预埋件的数量、位置、埋设方式、与框的连接方式必须符合设计要求。

(2) 金属门窗扇必须安装牢固，并应开关灵活、关闭严密，无倒翘。推拉门窗扇必须有防脱落措施。

(3) 金属门窗配件的型号、规格、数量应符合设计要求，安装应牢固，位置应正确，功能应满足使用要求。

一般项目对金属门窗安装工程做出规定如下。

(1) 铝合金门窗推拉窗扇的开关力应不大于100N。

(2) 金属门窗框与墙体之间的缝隙应填嵌饱满，并采用密封胶密封。密封胶表面应光滑、顺直、无裂纹。

(3) 金属门窗扇的橡胶密封条或毛毡密封条应安装完好，不得脱槽。

(4) 有排水孔的金属门窗，排水孔应畅通，位置和数量应符合设计要求。

同时对钢门窗、铝合金门窗安装的留缝限值、允许偏差和检验方法做了规定。金属门窗安装工程常见的质量缺陷及产生的原因如下。

1. 钢门窗安装工程质量缺陷

1) 门窗框不方正、翘曲、框扇变形

堆放位置不正确(不是竖立堆放，堆放坡度大于20°)，或杠穿入框内抬运，门窗上搭设脚手架，或悬挂重物、碰撞。

2) 大面积生锈

搬运或安装时撞伤表面，损伤漆膜，防潮防雨措施不力。

3) 安装不牢固

铁脚固定不牢或伸入墙体长度太短，或与预埋铁件脱焊、漏焊。

2. 铝合金门窗安装工程质量缺陷

1) 门窗框与墙体连接刚度小

(1) 洞口四周的间隙没有留足宽度。

(2) 砖砌体错用射钉连接。

(3) 锚固定与窗角处间距大于180mm，锚固定间距大于500mm。外窗框与墙体周围间隙处，没有使用弹性材料嵌实。

2) 门窗框与墙体连接处裂缝

门窗框内外与墙体连接处，漏留密封槽口，直接用刚性饰面材料与外框接触，形成冷热交换区。

3) 门窗框外侧腐蚀

(1) 水泥砂浆直接与门窗框接触，对铝产生腐蚀。

(2) 没有作防腐处理(接触处)，保护膜没有保护好。

6.11 塑料门窗安装工程

塑料门窗主要是以聚氯乙烯或其他树脂为主要原料，辅以相应的辅助材料，经挤压成型，做成不同截面的型材，再按规定要求和尺寸组装成不同规格的门窗。

新规范对塑料门窗安装工程的质量主控项目要求如下。

(1) 塑料门窗框、副框和扇的安装必须牢固。固定片或膨胀螺栓的数量与位置应正确，连接方式应符合设计要求。固定点应距窗角、中横框、中竖框 150~200mm，固定点间距应大于600mm。

(2) 塑料门窗扇应开关灵活、关闭严密，无倒翘。推拉门窗扇必须有防脱落措施。

(3) 塑料门窗配件的型号、规格、数量应符合设计要求，安装应牢固，位置应正确，功能应满足使用要求。

(4) 塑料门窗框与墙体间缝隙应采用闭孔弹性材料填嵌饱满，表面应采用密封胶密封。密封胶应粘结牢固，表面应光滑、顺直、无裂纹。

一般项目对塑料门窗安装工程的质量要求如下。

(1) 塑料门窗表面应洁净、平整、光滑，大面应无划痕、碰伤。

(2) 塑料门窗扇的密封条不得脱槽。旋转窗间隙应基本均匀。

(3) 玻璃密封条与玻璃及玻璃槽口的接缝应平整，不得卷边、脱槽。

(4) 排水孔应畅通，位置和数量应符合设计要求。

同时对塑料门窗的安装允许偏差和检验方法也做了规定。

塑料门窗安装工程中，容易出现的质量缺陷：变形、安装不牢固、开关不灵活、表面沾污。产生质量缺陷的原因如下。

1. 变形

(1) 存放时，门窗没有竖直靠放，挤压变形。

(2) 没有远离热源。

(3) 在已安装门窗上铺搭脚手板，或悬挂重物，受力变形。

(4) 门窗框与洞口间隙填料过紧，门窗框受挤变形。

2. 安装不牢固

(1) 单砖或轻质墙砌筑时，与门窗框交界处没有砌入混凝土砖，使连接件安装不牢，必然造成门窗框松动。

(2) 直接用锤击螺钉与墙体连接，造成门窗框中空多腔材料破裂。

3. 开关不灵活

安装顺序不正确。在安装门窗框前，没有将门窗扇先放入框内找正，检查开关是否灵活。

4. 表面沾污

(1) 先安装塑料门窗，后做内外粉刷。

(2) 粉刷窗台板和窗套时，没有粘贴纸条进行保护。

(3) 填嵌密封胶时被沾染，没有及时清除。

本 章 小 结

本章对抹灰工程、地面工程、饰面板(砖)工程、门窗工程的质量缺陷，如面层脱落、空鼓、裂缝、安装不牢固和影响装饰效果等进行综合分析的目的，在于此类质量缺陷具有并发性，很少独立存在。为了使缺陷的分析具有针对性，又分别做了具体的叙述。

习 题

1. 一般抹灰工程中容易出现哪些质量缺陷？产生的主要原因是什么？
2. 抹灰工程与基层的处理质量有何关系？如何认识基层处理在抹灰工程中的重要作用？
3. 举例说明装饰抹灰工程中不同饰面常见的质量缺陷和产生的原因。
4. 举例说明基层质量对楼地面工程质量的影响。
5. 水泥砂浆面层常见的质量缺陷有哪些？
6. 分别简述块材地面施工的薄弱环节，哪些工序容易失控？
7. 地面工程的哪些质量缺陷影响装饰效果？
8. 分别简述饰面板(砖)工程中，容易产生的质量缺陷及产生原因。
9. 金属板饰面安装工程中产生安装不牢固的原因有哪些？
10. 基层品质不好，会给饰面板(砖)工程带来哪些质量缺陷？
11. 门窗安装工程中，容易出现哪些质量缺陷及产生原因？
12. 建筑外墙门窗必须确保安装牢固为什么被列为强制性条文？

第**7**章
防 水 工 程

引例

某小区屋面渗漏事故

建筑防水工程是保证建筑物及构筑物的结构不受水的侵袭，内部空间不受水危害的一项分部工程。它涉及屋面、地下室、卫浴间等多个部位，这些部位不仅受外界气候和环境的影响，还与地基不均匀沉降和主体结构的变形密切相关。建筑防水工程的质量直接影响到房屋的使用功能和寿命，关系到人们生活和生产的正常进行，应受到高度重视。

某南方住宅小区，在进行平顶屋面防水设计时，考虑为了减少环境污染，改善劳动条件，施工简便，选择了耐候性(当地温差大)、耐老化，对基层伸缩或开裂适应性强的卷材，决定选用高分子防水卷材——三元乙丙橡胶防水卷材。完工后，发现屋面有积水和渗漏。施工单位为了总结使用新型防水卷材的施工经验，从施工作业准备、施工操作工艺进行全面调查。原因分析如下。

(1) 屋面积水找平层采用材料找坡，排水坡度小于2%，并有少数凹坑。

(2) 屋面渗漏。

① 基层面、细部构造原因：基层面有少量鼓泡；基层含水率大于9%；基层表尘土杂物清扫不彻底；女儿墙、变形缝、通气孔等突起物与屋面相连接的阴角没有抹成弧形，檐口、排水口与屋面连接处出现棱角。

② 施工工艺原因。

涂布基层处理剂涂布量随意性太大(应以0.15~0.2kg/m²为宜)，涂刷底胶后，干燥时间小于4h；涂布基层胶粘剂不均匀，涂胶后与卷材铺贴间隔时间不一(一般为10~20min)，在局部反复多次涂刷，咬起底胶；卷材接缝，搭接宽度小于100mm，在卷材重叠的接头部位，填充密封材料不实；铺贴完卷材后，没有即时将表面尘土杂物除清，着色涂料涂布卷材没有完全封闭，发生脱皮；细部构造加强防水处理马虎，忽视了最易造成节点渗漏的部位。

防水工程，包括屋面防水、地下建筑防水和其他防水工程。

每幢建筑都和水有密切联系。雨水、地下水、地面水、冷凝水、生活给排水……，无不对建筑有重大影响。防水，关系到人们居住的环境和卫生条件，是建筑物的主要使用功能之一，也对建筑物的耐久性和使用寿命起重要作用。防水工程中的缺陷是渗漏，它是渗水和漏水的总称。渗水，指建筑物某一部位在水压作用下的一定面积范围内被水渗透并扩散，出现水印(湿斑)，或处于潮湿状态。漏水，指建筑物某一部位在水压作用下的一定面积范围内或局部区域内被较多水量渗入，并从孔、缝中漏出甚至出现冒水、涌水现象。

防水工程的质量，直接影响建筑物的使用功能和寿命。《建设工程质量管理条例》规定："屋面防水工程、有防水要求的卫生间、房间和外墙面的防渗漏，为五年。"这不仅明确了防水工程的重要性，更明确"在正常使用条件下，建设工程最低保修期限"内，施工单位应承担的责任。

近几年来，房屋建筑向高层、超高层发展，对防水提出了更高的要求。与此同时，大量新型防水材料的应用，新的防水技术的推广，也取得质的飞跃。

例如，屋面防水重点推广中、高档SBS(APP)高聚物改性沥青防水卷材、合成高分子防水卷材、氯化聚乙烯-橡胶共混防水卷材、三元乙丙橡胶防水卷材；地下建筑防水重点推广自防水混凝土。在防水技术方面，改变了传统的靠单一材料防水，采用卷材与涂料、刚性与柔性相结合的多道设防综合防治的方法。

防水工程是综合性较强的系统应用工程。造成防水工程质量缺陷的因素，更具有复杂性。多数是设计、材料、施工、维护等过程质量失控所造成的。

防水材料的选用由设计决定，使用不同的材料做成防水层又与施工、维护有关。本章重点分析在防水施工过程中造成渗漏的原因，必要时也分析防水材料的品质。

防水工程实际就是防水材料的合理组合的二次加工。材料品质是关键，是保证防水质量的前提条件。防水材料应有产品合格证书和性能检测报告，材料的品种、规格、性能应符合现行国家产品标准和设计要求。不合格的材料不得在工程中使用。

7.1 屋面防水工程

屋面防水工程包括卷材防水屋面、刚性防水屋面、涂膜防水屋面、瓦屋面、隔热屋面五个子分部工程。

瓦屋面子分部工程包括平瓦、油毡瓦、金属板材屋面、细部构造等四个分项工程。

隔热屋面子分部工程包括架空屋面、蓄水屋面、种植屋面等三个子分项工程。

20 世纪 90 年代，随着建筑新材料、新技术的推广和运用，屋面防水工程采用了"防排结合，刚柔并用，整体密封"的技术措施，使屋面的防水主体与屋面的细部构造(天沟、檐沟、泛水、水落口、檐口、变形缝、伸出屋面管道等部位)组成了一个完整的密封防水系统，使屋面防水工程质量的整体水平有所提高。

特别提出的是：在渗漏的屋面工程中，70%以上是节点渗漏。节点部位大都属于细部构造。细部构造保证了防水质量[《屋面工程质量验收规范》(GB 50207—2012)规定"细部构造工程各分项工程每个检验批应全数进行检验"]，从而屋面防水工程质量就有了基本保证。

建筑防水工程是一项系统工程，它涉及材料、设计、施工和管理等各个方面。因此提高防水工程质量必须综合各方面因素，进行全方位评价。选择符合要求的高性能防水材料，进行可靠、耐久、合理、经济的设计，认真组织、精心施工，完善维修和保养管理制度，有效地保证建筑防水工程的质量和可靠性，以满足建筑物和构筑物的使用功能和防水耐用年限要求，从而取得良好的技术经济效益。

7.1.1 卷材防水屋面

卷材防水屋面的施工方法，主要靠手工作业和传统积累的经验，检测手段单一。新型卷材的使用虽然逐步得到推广，但与其相应的技术、工艺、质量保证措施，常常不能同步，相对滞后。

卷材防水屋面工程质量缺陷，往往与屋面找平层、屋面保温层、卷材防水层有直接或间接的因果关系。强制性条文明确规定："屋面(含天沟、檐沟)找平层的排水坡度必须符合设计要求。"否则，容易造成积水，防水层长期被水浸泡，易加速损坏。保温层保温材料的干湿程度与导热系数关系成负相关，限制保温材料的含水率是保证防水质量的重要环节。

卷材防水屋面防水常见的质量缺陷：卷材开裂、起鼓、流淌和漏水。前三种缺陷是引发最终漏水的隐患；后一种缺陷，往往是细部构造做防水处理时，施工工艺不当，造成节点漏水，表现为直接性。

1. 卷材开裂

卷材开裂的主要原因：防水材料选用不当；紧前工序失控，质量不合格；卷材防水施工工艺不当。

1) 防水材料选用不当

设计忽视了屋面防水等级和设防要求，如重要的建筑和高层建筑，防水层合理的使用年限为 15 年，就宜选用高聚物改性沥青防水卷材或合成高分子防水卷材；或忽视了建筑物的使用功能和建筑物所在地的气候环境，如南方夏日高温，季节性雨水多，选择材料极限性就应以所在地最高温度为依据。

2) 找平层不符合规范要求

目前大多数建筑物均以钢筋混凝土结构为主。其基层具有较好的结构整体性和刚度。故一般采用水泥砂浆、细石混凝土找平层或沥青砂浆找平层作为防水层的基层。

一些施工单位对找平层质量不够重视，主要表现为：水泥砂浆找平层，水泥与砂体积比随意性大；水泥强度等级低于 32.5 级；细石混凝土找平层强度等级低于 C20；沥青砂浆找平层，沥青：砂质量比不符合规定要求；找平层留设分格缝不当；找平层表面出现酥松、起砂、起鼓和裂缝。

3) 保温(隔热)层施工质量不好

保温层的厚度决定屋面的保温效果。保温层过薄，达不到设计的效果，其物理性能难以保证，使结构产生更大的胀缩，拉裂防水层。

4) 卷材铺设操作不当

(1) 选用的沥青玛琦脂没有按配合比严格配料。

(2) 沥青玛琦脂加热温度控制不严，温度超过 240℃，加速玛琦脂老化，降低其柔韧性。加热温度低于 190℃，粘度增加，均匀涂布困难。温度过高或过低，都会影响卷材的粘结强度。

(3) 除了材料的品质原因外，卷材铺贴的搭接宽度的长短，接头处的压实与否，密封是否严密，都会导致卷材开裂、翘边。

分析卷材开裂，主要从三个方面入手。

(1) 有规律的裂缝一般是温度变形引起的，无规则的裂缝一般是由结构不均匀沉降、找平层、卷材铺贴不当或材料的质量不合要求引起的。

(2) 裂缝出现在施工后不久，一般是因找平层开裂和卷材铺贴质量不好引起的。施工后半年或一年以后出现裂缝，而且是在冬季，则是由温度变形造成的。

(3) 屋面板不裂，找平层开裂引起卷材开裂，一般是由找平层收缩变形引起的。屋面板开裂发生在板缝或板端支座处，一般是由温度变形或不均匀沉降引起的。

2. 卷材起鼓

引起卷材起鼓的原因：材质问题、基层潮湿、粘结不牢。

1) 材质问题

当前卷材品种繁多，性能各异，规定选用的基层处理剂、接缝胶粘剂、密封材料等与铺贴的卷材材性不相容。

2) 基层潮湿

基层潮湿含有两层意思：一指找平层不干燥，即基层的含水率大于当地湿度的平衡含水率，影响卷材与基层的粘结；二指保温层含水率过大(保温材料大于在当地自然风干状态下的平衡含水率),二者的湿气滞留在基层与卷材之间的空隙内,湿气受热源膨胀,引起卷材起鼓。

3) 粘结不牢

"粘结不牢"是一个泛指的大概念。基层潮湿是造成粘结不牢的原因之一,主要是突出"湿气"的破坏作用。

这里指的粘结不牢,除基层品质外,主要是指铺贴操作不当。

(1) 采用冷粘法,涂布不均匀,或漏涂;或胶粘剂涂布与卷材铺贴间隔时间过长或过短;或没有考虑气温、湿度、风力等因素的影响。

(2) 铺贴卷材时用力过小,压粘不实,降低了粘结强度。

3. 屋面流淌

屋面流淌,是指卷材顺着坡度向下滑动。滑动造成卷材皱折、拉开。流淌的主要原因如下。

(1) 玛琋脂耐热度低,错用软化点较低的焦油沥青,玛琋脂粘结层厚度超过 2mm。

(2) 在坡度大的屋面平行于屋脊铺贴沥青防水卷材,因沥青软化点低,防水层较厚,就容易出现流淌。垂直铺贴时,在半坡上做短边搭接(一般不允许),短边搭接处没有做固定处理。(高聚物改性沥青防水卷材、合成高分子防水卷材耐温性好,厚度较薄,不容易流淌,铺贴方向不受限制。)

(3) 错选用深色豆石保护,且豆石撒布不均匀,粘结不牢固。豆石受阳光照射吸热,增加了屋面温度,加速流淌发生。

4. 屋面漏水

屋面漏水,这里指的是节点漏水。节点漏水一般发生在细部构造部位。细部构造是渗漏最容易发生的部位。

细部构造渗漏水的原因如下。

1) 防水构造设计方面

节点防水设防不能够满足基层变形的需要;节点防水没有采用柔性密封、防排结合、材料防水与构造防水结合的方法。

2) 细部构造防水施工方面

(1) 女儿墙与屋面接触处渗漏。砌筑墙体时,女儿墙内侧墙面没有预留压卷材的泛水槽口,或卷材固定铺设虽然到位,受气温影响卷材端头与墙面局部脱开,雨水通过开口流入,如图 7.1、图 7.2 所示。

(2) 屋面与墙面的阴角处渗漏。阴角处找平层没有抹成弧形坡,卷材在阴角处形成空悬,雨水通过空悬(卷材老化龟裂)破口流进墙体,如图 7.3 所示。

(3) 水落口处渗漏。落水口安装不牢,填缝不实,周围未做泛水卷材铺贴,水落口杯周围 500mm 范围内,坡度小于 5%。高层建筑考虑外装饰效果一般采用内排式雨水口。如采用外排式,容易忽视雨水因落差所产生的冲击力,又没有采取减缓或其他防冲击措施,导致裙楼屋面受雨水冲击处易损坏渗漏,如图 7.4、图 7.5 所示。

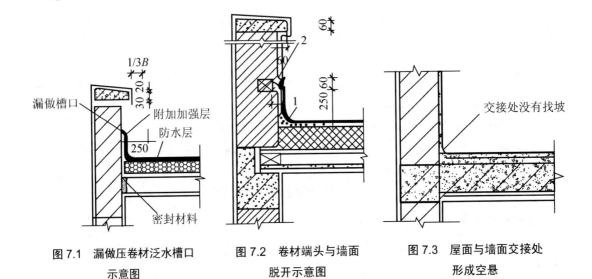

图 7.1 漏做压卷材泛水槽口
示意图

图 7.2 卷材端头与墙面
脱开示意图

图 7.3 屋面与墙面交接处
形成空悬

1—防水卷材；2—卷材收头处

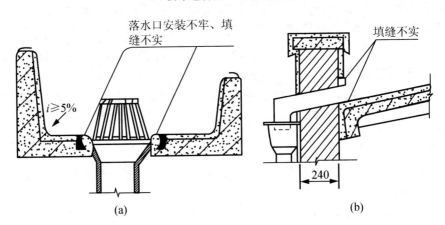

(a)

(b)

图 7.4 水落口安装不牢、填缝不实示意图

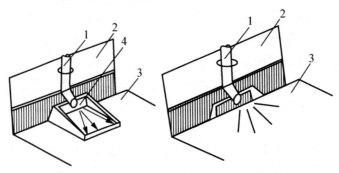

(a) 采取了缓冲保护措施

(b) 没有采取缓冲保护措施

图 7.5 雨水落差冲击示意图

1—高层排水管；2—高层墙体；3—低层屋面；4—缓冲保护设置

7.1.2 刚性防水屋面

刚性防水屋面是在基层铺设细石混凝土防水层。细石混凝土防水层，包括普通细石混凝土防水层和补偿收缩混凝土防水层。

刚性防水屋面主要依靠混凝土自身的密实性达到防水目的。

刚性防水屋面一般由结构层、找平隔离层、防水层组成。细石混凝土防水层，取材容易，施工简单，造价低廉，维修方便，耐穿刺能力强，耐久性能好，在防水等级Ⅲ级屋面中推广应用较为普遍。其不足处在于，刚性防水材料的表观密度大、抗拉强度低，常因混凝土干缩、温差变形及结构变形产生裂缝。

防水层的做法，一般在结构层板上现浇厚为 40mm 的细石混凝土(目前国内多采用此厚度)，内配 $\phi4@100\sim200mm$ 的双向钢筋网片。防水层设置分格缝，缝内嵌填油膏。刚性防水层，实际是刚板块防水、柔性接头、刚柔结合的防水屋面。

重要建筑和屋面防水等级为Ⅱ级及其以上的，如采用细石混凝土防水层，一定要设置两道防水层，即刚性与柔性防水材料结合并举。

刚性防水屋面发生渗漏很普遍。强制性条文规定："细石混凝土防水层不得有渗漏或积水现象。"又规定："密封材料嵌填必须密实、连续、饱满，粘结牢固，无气泡、开裂、脱落等缺陷。"执行强制性条文规定，渗漏有所减少，但要彻底根治，还需时日。

刚性防水屋面渗漏往往是综合因素造成的。从质量缺陷表面观察：一是开裂，二是起砂起皮，三是嵌填分格缝有空隙。

本质上的原因：材质不合格，工艺不当。当然也涉及设计上的问题，如设有松散材料保温层的屋面，受较大震动或冲击的，坡度大于 15%的屋面，就不适合用细石混凝土防水层。

细石混凝土防水层渗漏的主要原因：防水层裂缝，结构层裂缝。

1. 防水层裂缝

(1) 没有选用强度等级为 32.5 级的普通硅酸盐水泥或硅酸盐水泥，这两种水泥早期强度高，干缩性小，性能较稳定，碳化速度慢。如采用干缩率大的火山灰质水泥，又没有采取泌水性措施，就容易干缩开裂。

(2) 粗细骨料的含泥量过大，粗骨料的粒径大于 15mm，容易产生裂纹。

(3) 细石混凝土防水层的厚度小于 40mm，混凝土失水很快，水泥水化不充分。另外由于厚度过薄，石子粒径太大，就有可能使上部砂浆收缩，造成上部位裂缝。厚薄不均，突变处收缩率不一，容易产生裂缝，如图 7.6、图 7.7 所示。

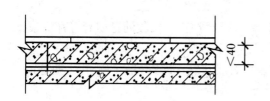

图 7.6 防水层厚度过薄造成裂缝示意图

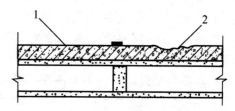

图 7.7 防水层裂缝示意图

1—石子粒径太大；2—厚薄不均，突变处裂缝

(4) 在高温烈日下现浇细石混凝土,又没有采取必要的措施,过早失去水分引起开裂。

(5) 分格缝内的混凝土不是一次摊铺完成,而是人为的留有施工缝,为产生裂缝留下隐患。抹压时,有的为了尽快收浆,撒干水泥或加水泥浆,造成混凝土硬化后,内部与表面强度不一,干缩不一,引起面层干缩龟裂,如图7.8所示。

(6) 水灰比大于0.55。水灰比影响混凝土密实度,水灰比越大,混凝土的密实性越低,微小孔隙越多,孔隙相通,成为渗漏通道。

2. 结构层裂缝

没有在结构层有规律的裂缝处,或容易产生裂缝处设置分格缝。

混凝土结构层受温差、干缩及荷载作用下挠曲,引起角变位,都能导致混凝土构件的板端处出现裂缝。如在屋面板支端处、屋面转折处、防水层与突出屋面结构的交接处等部位,没有设置分格缝,或设置的分格缝间距大于6m,如图7.9所示。

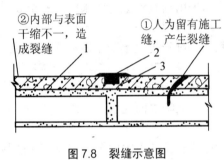

图 7.8　裂缝示意图　　　　　图 7.9　屋面板支端处裂缝示意图

1—刚性防水层;2—密封材料;3—背衬材料　　　1—刚性防水层;2—隔离层;3—细石混凝土

结构层裂缝对刚性防水层有直接的影响。结构层裂缝支端处漏留分格缝,会引发防水层开裂。

7.1.3　涂膜防水屋面

防水涂料是以高分子合成材料为主体,经涂布在结构表面形成坚硬防水膜的物料的总称。它既可以在无保温层的刚性防水屋面板缝中采用油膏嵌缝,附加涂刷防水涂料层;也可以在有保温层找平的屋面上铺设防水涂料层。涂膜防水屋面有操作简便、无污染、冷操作、无接缝、防水性能好、温度适应性强、易修补等优点。但由于它是新型防水材料,品种多,操作方法和使用条件各不相同。使用时要持慎重态度,对材料适用条件和操作方法要了解清楚,并不断总结实践经验,否则容易出现质量缺陷。

防水涂料的材料有各种嵌缝油膏(如沥青油膏、塑料油膏、橡胶沥青油膏等)和胶泥(如聚苯乙烯胶泥),薄质屋面防水涂料(分沥青基橡胶防水涂料、化工副产品防水涂料和合成树脂防水涂料三类),以及厚质屋面防水涂料(主要有石灰乳化沥青和膨润土乳化沥青)。

防水涂料常见的缺陷如下。

(1) 材料变质,如超过有效期,或保管不善、长期日晒雨淋、冬期受冻、密封不严等都会引起材料变质。

(2) 配合比不准，如称重失准，拌合不匀，使用隔夜混合料等。

(3) 粘结欠佳，基层不平整，表面不清洁、不坚硬，基层材料强度低、含水率高等都会影响粘结强度。还要注意，每种涂料对基层的要求不尽相同。

(4) 涂料层内有气泡，导致涂料开裂。涂料中有沉淀物，铺贴玻璃布时没有排净空气，施工时温度过高、结膜过快、水分难以逸出，涂料膜过厚等原因都容易引起气泡并开裂。

(5) 保护层脱落使防水层受损，如未及时撒细砂层，或撒得不匀，没有滚压，砂子未粘牢等。

7.1.4 瓦屋面防水

瓦屋面子分部工程的分项工程有：平瓦屋面、油毡瓦屋面、金属板屋面等。

1. 平瓦屋面

平瓦屋面是指传统的粘土机制平瓦和混凝土平瓦。主要适用于防水等级为Ⅱ、Ⅲ级及坡度不小于20%的屋面。

平瓦屋面的渗漏和安全事故的主要原因如下。

(1) 平瓦屋面施工盖瓦的有关尺寸偏小。脊瓦在两坡面瓦上搭盖宽度，每边小于40mm；瓦伸入天沟、檐沟的长度小于50mm(应在50～70mm)；天沟、檐沟的防水层伸入瓦内宽度小于150mm；瓦头挑出封檐板的长度小于50mm(应在50～70mm)；突出屋面的墙或烟囱的侧面瓦伸入泛水宽度小于50mm；尺寸偏小，降低了封闭的严密性。

(2) 屋面与立墙及突出屋面结构等交接处部位，没有做好泛水处理。

(3) 天沟、檐沟的防水层采用的防水卷材质量低劣。

(4) 安全事故主要指平瓦的滑落或坠落。造成的原因：平瓦铺置不牢固，地震设防地区或坡度大于50%的屋面，没有采取固定加强措施。

2. 油毡瓦屋面

油毡瓦为薄而轻的片状材料，适用于防水等级为Ⅱ、Ⅲ级及坡度不小于20%的屋面。

油毡瓦屋面引起渗漏的主要原因如下。

(1) 油毡瓦质量不符合规定要求，如表面有孔洞、厚薄不均、楞伤、裂纹、起泡等缺陷。

(2) 搭盖的有关尺寸偏小：脊瓦与两坡面油毡瓦搭盖宽度每边小于100mm；脊瓦与脊瓦的压盖面小于脊瓦面积的1/2；在屋面与突出屋面结构的交接部位，油毡瓦的铺设高度小于250mm。

(3) 油毡瓦的基层不平整，造成瓦面不平，檐口不顺直。

(4) 油毡瓦屋面与立墙及突出屋面结构交接部位，没有做好泛水处理；细部构造处，没有做好防水加强处理。

3. 金属板屋面

金属板屋面适用于防水等级为Ⅰ～Ⅲ级的屋面。其具有使用寿命长、质量相对较轻，施工方便，防水效果好，板面形式多样，色彩丰富等特点，被广泛应用于大型公共建筑、厂房、住宅等建筑物屋面。

金属板材按材质分为：锌板、镀铝锌板、铝合金板、铝镁合金板、钛合金板、钢板、不锈钢板等。金属板材按形状分为：复合板、单板。当前，国内使用量最大的为压型钢板。

金属板材屋面渗漏的主要原因：连接和密封不符合设计要求。以压型钢板为例进行介绍。

(1) 连接不符合设计要求：板的横向搭接小于一个波；纵向搭接长度小于 200mm；板挑出墙面的长度小于 200mm；板伸入檐沟的长度小于 150mm；板与泛水搭接宽度小于 200mm；屋面的泛水板与突出屋面墙体搭接高度小于 300mm，如图 7.10、图 7.11 所示。

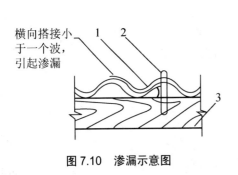

图 7.10　渗漏示意图

1—波瓦；2—螺钉；3—檩条

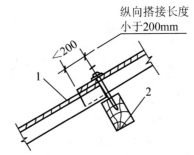

图 7.11　引起渗漏示意图

1—金属板材；2—檩条

(2) 相邻的两块板没有顺年最大频率风向搭接。

(3) 板的安装没有使用单向螺栓或拉铆钉连接固定，钢板与固定支架固定不牢。

(4) 两板间放置的通长密封条没有压紧，搭接口处密封不严，外露的螺栓(螺钉)没有进行密封保护性处理。

外力和自然条件是影响防水工程的主要因素。作用在建筑物上有各种各样的荷载，包括恒载和活载。但在实际工作中，我们还应考虑另一类荷载，即变形荷载。它是不直接以力的形式出现的一种间接荷载，如温度变化、材料的收缩和徐变、地基变形、地面运动等，而变形荷载在防水工程设计与施工中应加以防范。例如，在防水节点设计时，应根据结构变形、温差变形和震动等因素，使节点构造与防水措施满足基层变形的需要。而在卷材防水工程施工时，则应考虑当地温度、湿度及混凝土或水泥砂浆基层的收缩和徐变等因素，不仅要避开高温和雨天，同时还宜选用合理的卷材铺贴工艺；另外，卷材铺贴与基层施工之间，宜有一定的间隔时间，避免水泥类材料早期收缩的影响，否则将使卷材拉裂而引起渗漏。

7.2　地下防水工程

根据《地下防水工程质量验收规范》(GB 50208—2011)的规定，地下防水工程是工程建设的一个子分部工程。与建筑工程关系紧密的地下建筑防水工程共有：防水混凝土、水泥砂浆防水层、卷材防水层、涂料防水层、塑料板防水层、金属板防水层、细部构造等 9 个分项。

地下建筑防水工程质量，直接影响工程的使用寿命和生产设备的正常使用。地下建筑防水工程的质量缺陷：渗漏。

地下建筑防水工程，按不同的防水等级采用刚性混凝土结构自防水，或与卷材或涂料等柔性防水相结合，进行多道设防。对于"十缝九漏"的沉降缝(变形缝)、施工缝、穿墙管等容易渗漏的薄弱部位，因地制宜地采取刚性或柔性，或刚柔结合的防水措施，使渗漏得到了抑制。

本节对防水混凝土、水泥砂浆防水层、卷材防水层、涂料防水层在施工过程中，容易造成的质量缺陷，做重点分析。

7.2.1 防水混凝土

防水混凝土结构是具有一定的防水能力的整体式混凝土或钢筋混凝土结构。其防水功能，主要靠自身厚度的密实性。它除防水外，还兼有承重、围护的功能。防水混凝土工程，取材方便，工序相对简单，工期较短，造价较低。在明挖法地下整体式混凝土主体结构设防中，防水混凝土是一道重要防线，也是做好地下建筑防水工程的基础。在1～3级地下防水工程中，以其独具的优越性，成为首选。

混凝土防水工程渗漏的主要原因如下。

1) 水泥品种没有按设计要求选用

水泥品种没有按设计要求选用，强度等级低于32.5级，或使用过期水泥或受潮结块水泥。前者降低抗渗性和抗压强度；后者由于不能充分水化，也影响混凝土的抗渗性和强度。

2) 粗骨料的粒径不符合要求

粗骨料(碎石或卵石)的粒径没有控制在5～40mm，碎石或卵石、中砂的含泥量及泥块含量分别大于规定的要求，影响了混凝土的抗渗性。如含有粘土块，其干燥收缩、潮湿膨胀，会起较大的破坏作用。

3) 用水含有害物质

用水含有害物质，对混凝土产生侵蚀破坏作用。

4) 外加剂的选用或掺用量不当

在防水混凝土中适量加入外加剂，可以改善混凝土内部的组织结构，以增加密实性，提高混凝土的抗渗性。例如，UEA膨胀剂的质量标准，分为合格品、一等品两个档次，两者的限制膨胀率不同，掺入量不同，错用，就会造成补偿收缩混凝土达不到预期的效果。

5) 水灰比、水泥用量、砂率、灰砂比、坍落度不符合规定

(1) 水灰比。在水泥用量一定的前提下，没有调整用水量控制好水灰比。水灰比过大，混凝土内部形成孔隙和毛细管通道；水灰比过小，和易性差，混凝土内部也会形成空隙。水灰比过大或过小，都会降低混凝土的抗渗性。水灰比大于0.6，影响混凝土耐久性。

(2) 水泥用量。水灰比确定之后，水泥用量过少或过多，都会降低混凝土的密实度，降低混凝土的抗渗性。

(3) 砂率、灰砂比。防水混凝土的砂率没有控制在35%～40%，灰砂比过大或过小，都会降低抗渗性。

(4) 坍落度。拌合物坍落度没有控制在允许值的范围内。过大或过小，对拌合物施工性能及硬化后混凝土的抗渗性能和强度都会产生不利影响。

6) 混凝土搅拌、运输、浇筑和振捣

(1)混凝土应采用机械搅拌。搅拌时间少于 120s，难以保证混凝土良好的均质性；混凝土运输过程中，没有采取有效技术措施防止离析和含水量的损失；或运输(常温下)距离太长，运输时间超过 30min 等。

(2) 浇筑和振捣。浇筑的自落高度没有控制在 1.5m 以内，或超过此高度，又没有采用溜槽等技术措施；浇筑没有分层或分层高度不在 30～40cm；相邻两层浇筑时间间隔过长；振捣漏振、欠振、多振等。

凡出现以上列举的情况，均会不同程度影响混凝土的抗渗性和强度。

7) 防水混凝土养护不符合规定

养护对防水混凝土抗渗性影响极大。浇水湿润养护少于 14d(一般从混凝土进入终凝时开始计算)；或错误采用"干热养护"；在特殊地区、特殊情况下，不得不采用蒸气养护时，对混凝土表面的冷凝水处理、升温降温没有采取必要可行的措施等。

8) 工程技术环境不符合规定

(1) 在雨天、下雪天和五级风以上气象环境下作业。

(2) 施工环境气温不在 5～35℃。

(3) 地下防水工程施工期间，没有采取必要的降水措施，地下水位没有稳定保持在基底 0.5m 以下。

9) 细部构造防水不符合规定

地下建筑防水工程，主体采用防水混凝土结构自防水的效果尚好。细部构造的防水处理略有疏忽，渗漏就容易发生。《地下防水工程质量验收规范》(GB 50208—2011)把细部构造独立地列为一个分项，突出了其防水的重要作用。

细部构造防水施工，使用的防水材料、多道设防的处理略有不当，都会导致渗漏。

(1) 变形缝渗漏。

止水带材质的物理性能和宽度不符合设计要求，接缝不平整、不牢固，没有采用热接，产生脱胶、裂口；中埋式止水带中心线与变形缝中线偏移，未固定或固定方法不当(如穿孔或用铁钉固定)，被浇筑的混凝土挤偏；顶、底板止水带下侧混凝土浇捣不密实，留有孔隙；后埋式止水带(片)，在变形缝两侧的宽度不一，宽度小的一侧渗漏路线缩短；预留凹槽内表面不平整，过于干燥，铺垫的素灰层过薄，使止水带的下面留有气泡或空隙；铺贴止水带(片)与混凝土覆盖层施工间隔时间过长，使素灰层干缩开裂，混凝土两侧产生的裂缝，成为渗漏通道；变形缝处增设的卷材或涂料防水层，没有按设计要求施工。

(2) 施工缝渗漏。

混凝土浇筑前，没有清除施工缝表面的浮浆和杂物，对混凝土界面没有进行处理(漏铺水泥砂浆或漏涂处理剂等)；浇捣不及时，产生孔隙或裂缝；施工缝采用遇水膨胀橡胶腻子止水条或采用中埋止水带时安装不牢固，留有空隙。

(3) 后浇带与先浇混凝土交接面处渗漏。

后浇带与先浇筑混凝土的"界面"，可以理解为"施工缝"。施工缝渗漏的某些原因，也会造成后浇带交接处渗漏：后浇带浇筑时间，如少于两侧混凝土龄期 42d，则两侧混凝土由于温差、干缩变形而在交接处形成裂缝，如图 7.12 所示；没有采用补偿收缩混凝土，使后浇带硬化产生收缩裂缝；后浇带混凝土养护时间少于 28d，强度等级低于两侧混凝土。

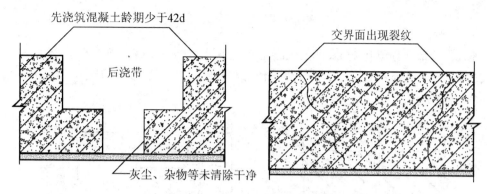

图 7.12　先后浇带界面处裂缝示意图

(4) 穿墙管道部位渗漏。

管道周围混凝土浇捣不实，出现蜂窝、孔洞(大直径管道底部更容易出现此缺陷)，或套管内表面不洁，造成两管间填充料不实，如图 7.13 所示；用密封材料封闭填缝不符合规定要求。穿墙套管没有采取防水措施(加焊止水环)，穿墙管外侧防水层铺设不严密，增铺附加层没有按设计要求施工，如图 7.14～图 7.16 所示。

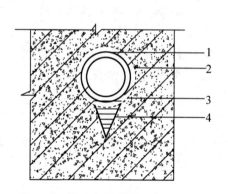

图 7.13　管道底部蜂窝、孔洞示意图

1—止水环；2—预埋大管径管套；3—蜂窝、孔洞；
4—难以振实的三角处

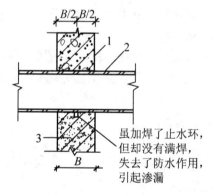

图 7.14　管道部位渗漏示意图

1—止水环；2—预埋套管；3—钢筋混凝土防水结构

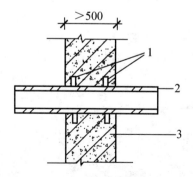

图 7.15　双止水环套管示意图

1—止水环；2—预埋套管；3—钢筋混凝土防水结构
(右侧保护层太薄、止水环锈蚀，引起渗漏)

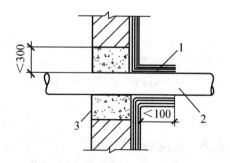

图 7.16　管道外侧渗漏示意图

1—防水卷材；2—管道；3—混凝土

(5) 埋设件部位渗漏。

埋设件端部或预留孔(槽)底部的混凝土厚度小于 250mm，或当厚度小于 250mm，局部没有加厚，或没有采取加焊止水钢板等其他防水措施。因混凝土厚度减小，容易发生渗漏，如如图 7.17 所示。

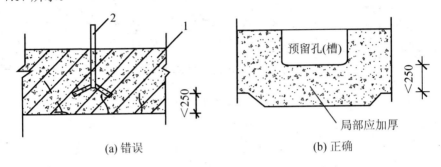

(a) 错误   (b) 正确

图 7.17 底部渗漏示意图

1—钢筋混凝土防水结构；2—预埋铁件

预留地坑、孔洞、沟槽内防水层，没有与孔(槽)外结构防水层保持连续，降低了防水整体的密封性。

穿过混凝土结构螺栓，或采用工具式螺栓，或螺栓加堵头做法。前者没有按规定满焊止水环或翼环，后者没有采取加强防水措施，或凹槽封堵不密实，留有空隙。

 案例 7-1

某市影剧院工程，一层地下室为停车库，采用自防水钢筋混凝土。该结构用作承重和防水。当主体封顶后，地下室积水深度达 300mm，抽水排干，发现渗水多从底板部位和止水带下部渗出。后经过补漏处理，仍有渗漏。

原因分析如下。

(1) 根据施工日志记载，施工前没有作技术交底。施工工人对变形缝的作用都不甚了解，更不懂得止水带的作用，操作马虎。止水带的接头没有进行密封粘结。

(2) 变形缝的填缝用材不当，没有采用高弹性密封膏嵌填。封缝也没有采用抗拉强度、延伸率高的高分子卷材。

(3) 底板部位和转角处的止水带下面，钢筋过密，振捣不实，形成空隙。

(4) 使用泵送混凝土时，施工现场发生多起泵送混凝土管道堵塞事故，临时加大用水量，水灰比过大，导致混凝土收缩加剧，出现开裂。

(5) 在处理渗漏时，使用的聚合物水泥砂浆抗拉强度低。

7.2.2 水泥砂浆防水层

水泥砂浆防水层经过几十年的推广应用，在地下防水工程中形成了比较完善的防水技术。适用于承受一定静水压力的地下混凝土、钢筋混凝土或砌体结构基层的防水。

水泥砂浆防水层，是通过利用均匀抹压、密实、交替施工构成封闭的整体，以达到阻止压力水的渗透。

水泥砂浆防水层的质量缺陷为渗漏。渗漏表现为局部表面渗漏、阴阳角渗漏、空鼓开裂渗漏、细部构造渗漏。

引起渗漏的原因如下。

1) 基层的品质

水泥砂浆防水层能否防水，基层的质量是关键。基层表面不平整、不坚实、有孔洞缝隙、或对存在这些缺陷不作处理或处理不当，会影响水泥砂浆防水层的均匀性及与基层的粘结。基层的强度低于设计值的80%，也会使水泥砂浆防水层失去防水作用。

2) 材料的品质

防水砂浆所用的材料没有达到规定的质量标准，会直接影响砂浆的技术性能指标。

(1) 水泥的品种没有按设计要求选用，强度低于32.5级。

(2) 没有选用中砂，或选用中砂的粒径大于3mm，含泥量及硫化物和硫酸盐含量均大于1%。

(3) 水含有害物质。

(4) 使用聚合物乳液有颗粒、异物、凝固物。

(5) 外加剂的技术性能不符合质量要求。

3) 局部表面渗漏

分层操作厚薄不均，用力不一(用力过大破坏素灰层，用力过小抹压不密实)。

4) 施工缝渗漏

施工缝与阴阳角距离小于200mm，甩槎和操作困难；或不按规定留槎，或留槎层次不清，甩槎长度不够，造成抹压不密实，缝隙漏水，如图7.18所示。

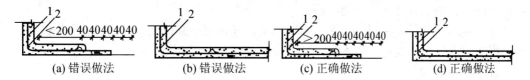

(a) 错误做法　　(b) 错误做法　　(c) 正确做法　　(d) 正确做法

图7.18　防水层施工缝处理

1—砂浆层；2—素灰层

5) 阴阳角渗漏

抹压不密实，对阴阳角部位水泥砂浆容易产生塑性变形开裂和干缩裂缝，没有采取必要的技术措施；阴阳角没有做成圆弧形。

6) 空鼓、开裂渗漏

排除原材料品质外，主要是施工过程中对基层处理不当造成的。

(1) 基层干燥，水泥砂浆防水层早期失水，产生干缩裂缝，防水层与基层粘结不牢，产生空鼓。

(2) 基层不平，使防水层厚薄不均，收缩变形产生裂缝。

(3) 基层表面光滑或不洁，防水层产生空鼓。

(4) 养护不好，或温差大，引起干缩或温差裂缝。

案例 7-2

某建筑工程考虑结构刚度强，埋深不大，对抗渗要求相对较低，决定采用水泥砂浆防水层。施工完毕后，经观察和用小锤轻击检查，发现水泥砂浆防水层各层之间结合不牢固，有空鼓。

原因分析如下。

(1) 材料品质。水泥的品种虽然选用了普通硅酸盐水泥，但强度等级低于 32.5 级。混凝土的聚合物为氯丁胶乳，虽方便施工，抗折、抗压、抗震，但收缩性大，加之施工工艺不当，加剧了收缩。

(2) 基层质量。基层表面有积水，产生的孔洞和缝隙虽然作了填补处理，却没有使用同质地水泥砂浆。

(3) 施工工艺不当。操作工人对多层抹灰的作用不甚了解。第一层刮抹素灰层时，只知道可以增加防水层的粘结力，仅刮抹两遍，用力不均，基层表面的孔隙没有被完全填实，留下了局部透水隐患。素灰层与砂浆层的施工，前后间隔时间太长。素灰层干燥，水泥得不到充分水化。造成防水层之间，防水层与基层之间粘结不牢固，产生空鼓。

(4) 氯丁胶乳防水砂浆没有采取干湿相结合的方法养护。氯丁胶乳防水砂浆最初可以依靠空气中的氧，通过交链产生胶网膜。浇水养护过早(早于 2d)，会冲走砂浆中的胶乳。

7.2.3 卷材防水层

卷材防水层是用防水卷材和沥青交结材料胶合组成的防水层。高聚物改性沥青防水卷材和合成高分子防水卷材具有延伸率较大，对基层伸缩或开裂变形适应性较强的特点，常被用于受侵蚀性介质或受振动作用的地下建筑防水工程。卷材防水层适用于混凝土结构或砌体结构的基层表面的迎水面铺贴。

防水卷材采用外防外贴和外防内贴两种施工方法。前者防水效果优于后者。在施工场地和条件不受限制时宜选用外防外贴。

卷材防水层整体的密封性，是防水的关键。凡出现渗漏，就可以判定是密封性遭到了不同程度的破坏。造成卷材防水层常见的渗漏缺陷的主要原因如下。

1) 材料的品质

选用的高聚物改性沥青防水卷材、合成高分子防水卷材铺贴，与选用的基层处理剂、胶粘剂、密封材料等配套材料不相容。合理的防水年限与卷材厚度的选择不相匹配。

2) 基层质量

基层强度小，不平整，不光滑，有松动或起砂现象。基层含水率大于规定的要求。这些原因都会使卷材与基层面粘贴不牢。

3) 卷材接头搭接

接头搭接质量关系到整体密封性。两幅卷材短边和长边的搭接缝宽度小于 100mm；采用多层卷材铺贴，上下层相邻两幅卷材搭接缝没有错开，或错开的距离小于规定要求；或上下两层卷材相互垂直铺贴，在同一处形成透水通道；或接头处粘结不密实，封闭不严密，产生张嘴翘边，都会引起渗漏，如图 7.19 所示。搭接缝封口不严密，容易发生在高分子卷材施工中，这类卷材一般均为单层铺设，搭接缝处理不好，极容易造成渗漏。使用的密封材料与高分子卷材材性不相容，也是造成封口不严密的常见原因之一。

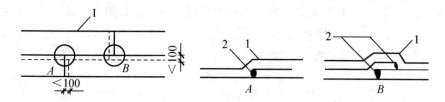

图 7.19 三层卷材重叠示意图

1—卷材；2—密封不严密

4) 空鼓

空鼓，主要是指卷材与基层面之间的滞留气体在外界温度作用下膨胀。空鼓产生的原因：基层潮湿，不平整，不清洁，压铺用力不均。

5) 转角处渗漏

基层的转角处没有做成圆弧或钝角，形成空隙，或没有在转角处进行加强处理；发现质量问题，又没有及时采取补救措施。

7.2.4 涂料防水层

防水涂料在常温下为液态。涂刷于结构表面形成坚韧防水膜层。其防水作用，是经过常温交联固化形成具有弹性的结膜。

以合成树脂及合成橡胶为主的新型防水材料，在国外已形成系列产品。该系列产品最大的特点是，具有延伸性和耐候性，在防水工程中得到了大量应用。

我国研究成功的橡胶沥青类、合成橡胶类、合成树脂类三大系列产品，标志着我国防水涂料的发展进入了一个新的时期。地下建筑防水工程以自防水混凝土为主并与柔性防水相结合的应用技术得到了重点推广。

涂料防水适用于侵蚀性介质或受振动作用的地下建筑工程，适用于迎水面或背水面涂刷的防水层。反应型、水乳型、聚合物、水泥防水涂料或水泥基、水泥基渗透结晶型涂料都适用于防水层。

涂料防水层一般采用外防内涂或外防外涂两种施工方法。

涂料防水层，在施工中容易出现质量缺陷，尽管外观形态各异，但最终的后果都导致渗漏。

造成渗漏的主要原因分析如下。

首先，分析涂料防水层所用的材料品质及配合比是否符合设计要求；防水涂料的平均厚度是否符合规定(最小厚度不得小于设计厚度的 80%)。例如，防水等级为Ⅰ级的地下建筑防水工程，设防道数不能少于三道，采用聚合物水泥涂料涂刷，其厚度不能小于 1.5～2.0mm。

其次，要分析在涂料防水层施工时是否违反了如下规定：涂刷前是否在基面涂刷了基层处理剂，基层处理剂与涂料是否相溶；涂膜是否通过多遍涂刷完成，上下层涂刷时间的间隔是否足够下层涂料结固成膜；每遍涂刷时，是否交替改变涂层涂刷的垂直方向，同层涂膜的先后接茬的宽度是否控制在 30～50mm；是否保护好了涂料防水层的施工缝(即甩槽)，搭接宽度是否小于100mm，甩槎表面是否处理干净；涂料防水层施工时，是否先进行了细部构造的防水处理，然后再大面积涂刷；防水涂料的保护层是否符合施工规范的规定。

再次，对施工质量缺陷进行分析。

1) 起鼓

(1) 基层不干燥，粘结不牢。涂料防水层与基层是否粘结密实，取决于基层的干燥程度。地下结构的基层表面要达到干燥，一般不容易。在涂刷防水涂料前，没有进行处理剂涂刷，或刷涂的处理剂与涂料不相溶。

(2) 基层表面不平整，不清洁，或有空鼓、松动、起砂和脱皮。

2) 气孔、气泡

搅拌方式不对，使空气进入被搅拌的涂料中，涂刷的厚薄不均，又是一次成膜，气孔、气泡破坏了涂料防水层的质地均匀性，形成了防水的薄弱部位。

3) 翘边

(1) 涂料粘结力不强，或搭接接缝密封处理不严密。

(2) 基层表面不平整、不清洁、不干燥。

(3) 对细部构造防水的加强处理，不符合施工规范。

4) 破损

涂料防水层施工过程中或施工完毕，没有做好保护。

另外，在进行渗漏分析时，还要考虑：防水涂料操作时间，即操作时间越短的涂料(固结速度快)，不宜用于大面积防水涂料施工；防水涂料要有一定粘结强度，即潮湿基面(基层饱和但无渗漏水)要有一定的粘结强度；防水涂料成膜必须具有一定的厚度；防水涂料应具有一定的抗渗性、耐水性。

 案例 7-3

某地下仓库为钢筋混凝土结构，根据设计要求，采用新型涂料中的粉状粘性防水涂料。以达到防水的目的。该涂料是国产原料配制而成的无机防水涂料，呈白色粉状。具有粘结力强、抗老化、抗冻、耐碱、防水防潮的功能。在进行技术交底时，设计单位特别强调，选用它是考虑了可在潮湿基面上施工，施工简便，有利于缩短工期。施工完毕后，发现局部渗漏。经分析，是施工人员按一般常规工艺操作，对新材料性能认识不足造成的。

(1) 虽然按要求配制涂料：水＝1∶0.6(质量比)，并搅拌成糊状，但放置时间太短(应放置20min)，没有待充分反应，就进行涂刷。加之基层面没有充分润湿(控制无明水)，过早失水，使防水层发生粉化及剥离，达不到防水效果。

(2) 从涂料拌和起，使用时间太长(必须在2h用完)，涂料硬化。

(3) 基层裂缝、孔洞没有用防水砂浆(涂料∶石英砂＝1∶1)填补密实。

(4) 对新材料、新工艺不熟悉。

当最高地下水位高于地下室地板面时，必须考虑在地下室外墙和地面作防水处理。具体可根据实际情况，采用柔性防水、刚性防水构造。柔性防水层做在迎水面一边的称外包防水，做在背水面一边的称内包防水。刚性防水又称结构自防水，一般采用补偿收缩防水混凝土。在重要地下工程中较多采用复合防水，它是以结构自防水为主，附加柔性防水层(如卷材和涂料)为辅，是一种刚柔结合、功能互补的防水做法。

近年来，随着我国在交通、能源、水利和城市建设方面日益向地下空间纵深发展，地下工程渗漏问题及其危害性已越来越引起人们的注意。许多地下工程留下的渗漏隐患，严重影响了人们的工作和生活环境，缩短了建筑物、构筑物的使用寿命。为了更好地治理地下防水工程的渗漏问题，有必要就其质量缺陷及防治措施进行研究讨论。

地下防水工程渗漏主要是防水混凝土不密实、防水混凝土开裂、施工缝变形缝处理不当及预埋件部位和管道穿墙(地)部位处理不当引起的。

7.3 其他防水工程

其他防水工程，是指《建设工程质量管理条例》提出的"有防水要求的卫生间、房间和外墙面的防渗漏。"上述建筑部位的渗漏水与城市建设的高速发展，高层建筑的日益增多，人们生活工作环境的不断改善之间的矛盾愈加突出。如何防治渗漏，是建筑业面临的又一个新的课题。

7.3.1 卫生间防水

卫生间设备管道多，阴阳转角多，工作面小，基层结构复杂，同时又是用水最频繁的地方，故极易出现渗漏，给用户造成很大的不便。经调查和现场观察，发现其渗漏主要发生在房间的四周、地漏周围、管道周围及部分房间中部。究其原因主要是：设计考虑不周，材料性质不佳，施工时结构层、找平层处理不好或不到位，管理使用不当等。

关于卫生间的防水工程，国家还没有颁布统一的施工规范。虽然有些地区在设计和施工方法上有所革新，取得较为满意的防水效果，但大多数施工单位沿循传统的施工方法，监控力度不一，管理水平参差不齐，加之工序的衔接、工种的配合、协调难度大。卫生间管道多，操作面狭小，施工难度大，这些因素都非常容易造成卫生间渗漏水。卫生间渗漏水不仅是常见的质量缺陷，而且不易避免。

卫生间渗漏的原因如下。

1) 楼地板渗漏

卫生间一般都采用现浇钢筋混凝土板，也有采用预制的。混凝土强度等级低于 C20，板厚小于 80mm；浇捣不密实，不是一次性浇捣完成；养护不好，重要防水层不起防水作用，均会引起渗漏，如图 7.20 所示。

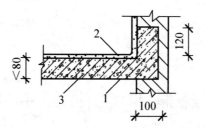

图 7.20　现浇钢筋混凝土板渗漏示意图

1—钢筋混凝土；2—面层；3—施工缝处裂缝

2) 贯穿管道周围渗漏

(1) 楼板施工时，管洞的位置预留不准确；安装管道时，凿大洞口，为以后的堵洞增加施工难度，留下隐患。管道一旦安装固定，没有及时堵洞；堵洞时没有将周围杂物清除干净，没有进行湿润。堵塞材料不合格，堵塞不密，留有空洞或孔隙，如图 7.21 所示。

(2) 管道与套管间没有进行密封处理，套管低于地面，管与管之间存在空隙，如图 7.22 所示。

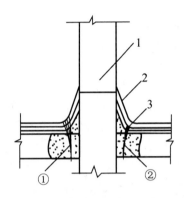

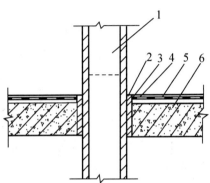

图 7.21　管道周围渗漏示意图

图 7.22　管道与套管之间渗漏示意图

1—铅丝或麻绳绑扎；2—面层；3—防水卷材；
①—凿大洞口、堵洞困难、引起渗漏；
②—洞内有杂物，堵塞不密，引起渗漏

1—管道；2—套管；3—密封材料；
4—止水环；5—涂料防水层；6—结构层

3) 地面倒泛水渗漏

(1) 地漏高出地面，周围积水，失去排水作用。

(2) 卫生间楼面与室内地面相平，积水外流。

(3) 做找平层时，没有从地筋向地漏找坡。

4) 楼地面与墙面交接处渗漏

(1) 楼地面与立墙交接处在砌筑立墙时，铺砂浆不密实，或饰面块材勾缝不密实，孔隙成为渗漏水通道。

(2) 楼地面坡度没有找好或不规则，交接处积水。

(3) 交接处沿立墙面防水层铺设高度不够。

7.3.2　外墙面渗漏

外墙面的渗漏水表现为向室内渗透。高层建筑的日益增多几乎与外墙渗漏的多发性成正比。引发这一质量缺陷的因素很多，要格外引起重视。

1. 门窗渗漏

门窗渗漏是当前的高频率缺陷。引发的原因绝大多数来自铝合金门窗的品质和安装不符合规定。

1) 铝合金窗品质

采用型材的物理性能、化学成分和表面氧化膜不符合标准规定，其强度、气密性、水密性、开启力等不符合要求。铝合金窗的质量存在问题，是渗漏的主要原因之一。

2）设计简单

当前住宅工程和装饰工程的施工图，设计简单，对用料规格、节点大样、性能和质量要求很少做出详细的标注。施工单位制作、安装无依据。

3）铝合金窗安装质量

(1) 窗扇与窗框安装不严密，缝隙不均匀；窗框下槽排水孔不起排水作用。

(2) 玻璃的尺寸不符合规定，玻璃嵌条、硅胶固定不牢固，留有空隙。

(3) 窗框与墙体间缝隙过大或过小，造成填实不严密或无法填实，填嵌的水密性密封材料不符合规定的质量要求。

(4) 窗框安装不平整、不垂直，不牢固，受振动产生裂缝。

(5) 窗楣、窗台没有做滴水槽和流水坡度；或做了滴水槽但深度不够；或做了流水坡，但坡度不够。

(6) 室外窗台高于室内窗台，如图 7.23 所示。

2. 变形缝部位渗漏

变形缝部位的渗漏，表现为内外墙面发黑发霉，致使内墙面基层酥松脱落，影响使用功能和美观。其主要原因如下。

(1) 变形缝的结构不符合要求，变形缝不具有适应变形的性能，应力的作用使墙体被拉裂，形成外墙面渗漏水通道。

(2) 变形缝内嵌填的材料水密性差，或封闭不严密。封闭的盖板构造不符合变形缝变形的要求，被拉开甚至脱落，如图 7.24 所示。

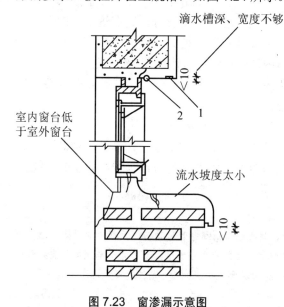

图 7.23　窗渗漏示意图

1—滴水槽；2—窗周边密封材料

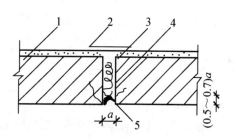

图 7.24　变形缝渗漏示意图

1—砖砌体；2—室内盖缝板；3—填充材料；
4—背衬材料；5—密封材料；6—缝宽

3. 阳台、雨篷渗漏

(1) 阳台、雨篷的排水管道被堵塞，积水沿着阳台、雨篷根部流向不密实的外墙面，或流向根部与墙面交接处的裂缝。

(2) 有的建筑为增加墙面的立体感，采用横条状饰面，上部没有找坡，下部未做滴水槽，致使雨天横条积水渗入内墙，形成墙面"挂黑"。

4. 女儿墙渗漏

女儿墙根部产生裂缝是渗漏水的根源所在。排除设计和温差变形的原因外，施工方面的主要原因如下。

(1) 女儿墙砌筑质量差，砂浆不饱满，砌体强度达不到设计要求，抗剪强度小。一有外力作用，极易产生水平裂缝。

(2) 支撑模板施工圈梁时，横木架在墙体上留下贯穿孔洞，堵塞不严密。圈梁与砌体间粘结不密实，留下外墙面的通缝。

5. 外墙的质量缺陷引起的渗漏

(1) 砌体质量。砌筑砂浆和易性差，不密实，强度低，雨水沿灰缝渗入墙体；外加剂的用量控制不严，砌体湿水措施不当，影响砂浆和砖的粘结。砌筑方法没有按施工规范操作，立缝砂浆饱满度不够，成为渗漏水通道。

(2) 基层处理。对基层面上的，特别是突出外墙面砌筑物上面的浮灰，粘连的砂浆等没有清除干净。抹灰后，形成空鼓。

(3) 底层施工。外墙底层打底的水泥砂浆，没有控制好配合比，打底砂浆掺入。外加剂用量不准，砂浆含砂率高，不密实，降低了强度。打底厚度没有控制在规定范围之内。当底层灰厚度大于 20mm，没有分层施工，造成砂浆自坠裂缝。底层抹灰接槎处理，往往受脚手架影响，忽视接槎部位抹压顺序，外高内低的接缝留下渗漏隐患。

(4) 框架结构与填充墙交接处的处理。交接处材质的密度不一样，温差收缩开裂。抹灰前没有采取必要的防裂措施，留下渗漏隐患。

(5) 外墙架孔的堵塞。穿墙的脚手架孔，堵塞马虎，采取的措施不当。

(6) 面层施工的质量。面层施工前，没有对基层的空鼓、裂缝进行修补。铺贴面砖、水泥浆不饱满，出现空鼓，勾缝不密实，外墙涂布涂料，没有选用具有防水功能的涂料。

案例 7-4

某多层住宅，在厨房、卫生间等室内，上下水管、暖气管、地漏等管道较多，大都要穿过楼板，各种管道因温度变化、振动等影响，在管道与楼板的接触面上产生裂缝。当厨房、卫生间清洗地面，地面积水或水管跑水，以及盥洗用水时，均使地面上的水沿管道根部流到下层房间中，尤其是安装淋浴器的卫生间，渗漏更为严重。

原因分析如下。

(1) 厨房、卫生间的管道，一般都是土建工程完工后方进行安装，常因预留孔洞不合适，安装施工时随便开凿。安装完管道后，又没有用混凝土认真填补密实，形成渗水通道，地面稍一有水，就首先由这个薄弱环节渗漏。

(2) 暖气立管在通过楼板处没有设置套管。当管子因冷热变化、胀缩变形时，管壁就与楼板混凝土脱开、开裂，形成渗水通道。

(3) 穿过楼板的管道受到振动影响，也会使管壁与混凝土脱开，出现裂缝。

案例 7-5

某学院综合楼工程，框架结构，8 层。工程被列为新型墙体应用技术推广示范工程。填充墙使用的是陶粒混凝土空心砌块。陶粒混凝土空心砌块，干密度小，保温隔热性能好，与抹灰层粘结牢固，是近年来兴起的一种新型建筑材料，并得到了广泛采用。该工程竣工还没有正式验收前，发现内外墙面多处出现裂缝，引起渗漏。

原因分析如下。

(1) 外墙面无规则裂缝产生的原因：墙体材料、基层、面层、外墙饰面(面砖)等材料，均属脆性材料，彼此膨胀系数、弹性模量不同。在相同的温度和外力作用下，变形不同，从而产生裂缝渗漏。

(2) 内墙有规则裂缝均出现在两种不同材料的结合处，是由陶粒混凝土空心砌块强度低、收缩性大引起的。

本 章 小 结

通过本章学习，可以加深对卷材防水屋面、刚性防水屋面等常见的质量缺陷的掌握，同时也对瓦屋面、金属板屋面、隔热屋面的质量缺陷做了分析。强调地下建筑防水工程带规律性的质量缺陷，并介绍刚性、柔性防水的利弊和防水工程将来的发展趋势。

要做好工程防水不仅要求学生能制定防水工程的施工方案，更要使他们掌握施工方法和安全措施，特别是对防水要求较高的卫生间要对其楼面板的密实性、找坡、管道周边的渗漏进行了重点学习。

习 题

1. **选择题**

(1) 卷材防水施工中，厚度小于 3mm 的高聚物改性沥青防水卷材，严禁采用(　　)施工。

    A．热熔法　　　　　B．自粘法　　　　　C．冷粘法　　　　　D．机械固定法

(2) 地下工程防水混凝土施工中，防水混凝土结构应符合(　　)。

    A．结构厚度不应小于 250mm

    B．裂缝宽度可以大于 0.2mm

    C．钢筋保护层厚度迎水面不应大于 50mm

    D．混凝土抗渗等级不应小于 P9

(3) 刚性防水屋面不适用于( )屋面。

    A．屋面结构刚性较大   B．地质条件较好

    C．设有松散保温材料   D．无保温层

(4) 防水混凝土的养护对抗渗性影响极大，当进入终凝时，即开始浇水养护，养护时间不得少于( )天。

    A．7   B．14   C．21   D．28

(5) 关于屋面防水工程的做法，正确的有( )。

    A．平屋面采用结构找坡，坡度 2%

    B．前后两遍的防水涂膜相互垂直涂布

    C．上下层卷材相互垂直铺贴

    D．采用先低跨后高跨、先近后远的次序铺贴连续多跨的屋面卷材

    E．采用搭接法铺贴卷材

2．思考题

(1) 卷材、刚性、涂膜屋面有哪些质量缺陷？有何共同的缺陷及产生原因？

(2) 谈谈采用新型防水材料进行屋面施工的经验和教训。

(3) 为什么说地下建筑防水工程是一个系统应用工程？

(4) 混凝土防水工程对材料品质有哪些要求？

(5) 你是如何理解"十缝九漏"的？结合施工谈谈体会。

(6) 地下建筑防水工程常见的质量缺陷有哪些？从本质上分析产生的共同原因。

(7) 简述涂料防水层渗漏的分析要点。

(8) 卫生间屡屡出现渗漏的主要原因是什么？

(9) 铝合金窗渗漏，应该重点从哪几个方面进行分析？

(10) 外墙面渗漏有哪些主要原因？

(11) 谈谈你对细部构造防水的认识。

第 **8** 章
工程安全生产管理

教学目标

本章主要讲述工程安全生产管理，介绍目前我国安全生产的研究现状。通过本章学习，应达到以下目标。

(1) 掌握安全生产的概念，安全生产的要素，安全工作要点。

(2) 熟悉安全管理系统、施工安全管理、安全检查等方面。

(3) 理解安全生产的意义，及目前建筑业的安全管理现状。

教学要求

知识要点	能力要求	相关知识
安全生产	(1) 掌握安全生产的概念； (2) 理解安全生产的意义	建筑安全生产
安全工作	(1) 掌握安全工作要点 (2) 掌握安全施工现场管理 (3) 熟悉安全技术交底 (4) 熟悉安全检查	(1) 安全管理制度 (2) 安全投入的定义 (3) 安全投入与效益的关系图 (4) 安全技术措施 (5) 安全隐患
安全现状	(1) 建筑业安全生产基本情况 (2) 建筑施工伤亡事故种类及部位 (3) 建筑施工伤亡事故产生的原因	(1) 建筑业事故种类 (2) 五大伤害 (3) 事故发生的心理规律 (4) 事故发生的时间规律

基本概念

安全生产、安全事故、安全现状、安全工作、安全效益。

引例

中央电视台新大楼北配楼火灾

2009 年 2 月 9 日 20 时 30 分左右，中国农历元宵节，位于北京市东三环的中央电视台新址北配楼突发火灾，如图 8.1 所示。位于北京市东三环的中央电视台新台址工程，由主楼(CCTV)、电视文化中心(TVCC)

和其他配套设施构成。整个工程由荷兰大都会(OMA)建筑事务所设计，并于 2005 年 5 月正式动工。主楼的设计高度为 234m，将成为北京最高的建筑，而整个工程的钢铁用量将达到 12.5 万 t，接近"鸟巢"的 3 倍。工程预算也达到了 50 亿元。

此次发生火灾的是被称为北配楼的电视文化中心。该中心高度为 159m，建筑面积 103 648m²，主楼为 30 层，裙楼为五层。主体结构为钢筋混凝土结构。

该建筑于 2005 年 3 月开始施工，2006 年 12 月底，该楼就已经实现结构性封顶。

图 8.1 火灾现场情况

8.1 建筑安全生产

8.1.1 安全生产背景概述

安全生产体现了"以人为本，关爱生命"的思想。随着社会化大生产的不断发展，劳动者在生产经营活动中的地位不断提高，人的生命价值也越来越受到重视。关心和维护从业人员的人身安全权利，是实现安全生产的重要条件。现阶段在"与时俱进、持续发展"的经济建设方针指导下，安全生产已成为全面建设小康社会的根本要求之一。安全生产是直接关系到人民群众的生命安危的头等大事，搞好安全生产，也是全面建设小康社会的前提和重要标志；是社会主义现代化建设和经济持续发展的必然要求，也体现先进生产力的发展水平，代表先进文化的前进方向。安全生产搞不上去，伤亡事故大量发生，劳动者和公民的生命安全得不到保障，就会严重影响和干扰全面建设小康社会的步伐，直接影响着国民经济的快速发展，损害我国的国际政治形象，有损于社会主义制度的优越性，会给国家和社会造成巨大的损失。因此，安全生产事关人民群众的生命财产安全、国民经济持续发展和社会稳定的大局。

1. 我国建设工程安全生产的历史沿革

新中国成立之初，百废待兴，恢复经济是当时的首要任务。政府在经济基础十分薄弱的情况下，仍筹措资金用于改善人民的居住条件。当时的建筑项目以旧房翻新改造居多，一般都是砖木或砖混结构的二三层民用建筑，内部设施简陋，施工工艺简单。施工过程几乎全是手工操作，施工现场的水平、垂直运输也均为车推、人挑、肩扛。建筑业总产值1949年为4亿元，占社会总产值的0.7%；到1952年，建筑业总产值已增加到57亿元，占社会总产值的5.6%。

1953年，随着第一个五年计划的实施，我国加快了经济建设的步伐，确立了一大批大中型工业项目。建国初至"一五"期间，建筑业的伤亡事故较少，1957年万人死亡率为1.67，每10万 m^2 房屋建筑面积死亡率为0.43。

"二五"期间的头三年，建筑业呈迅猛发展态势，建筑业总产值每年都在200亿元以上，连续三年建筑业总产值占社会总产值的9%以上。但是由于"大跃进"的影响，以及随之而来的自然灾害，我国经济形势逆转直下，经济开始滑坡，建筑业首当其冲。1962年建筑业总产值跌至90亿元，仅占社会总产值的4.5%。1958年的"大跃进"，也使得安全生产情况恶化。由于受"左"的思想影响，正常的生产秩序遭到破坏，建筑安全生产工作受到冲击。一些企业由于盲目"跃进"，生产上一味追求高指标、高速度，出现了比体力、比设备，忽视安全措施的现象，不仅伤亡事故不断发生，建筑业万人死亡率也高达5.12。

1963年起，国家进入为期三年的经济调整时期。国家经济经过"调整、巩固、充实、提高"后逐渐好转，安全生产状况也随之好转，至1965年万人死亡率降到1.65。但是随之而来的十年"文革"，不但给国民经济以巨大的冲击，也给建筑安全生产工作带来灾难性的破坏。受动乱冲击，规章制度毁于一旦，使安全生产工作陷于停顿、倒退状态，劳动纪律松弛，劳动条件恶化，生产秩序陷入极度混乱之中。恶性事故不断发生，死亡3人以上的重大事故，10人以上甚至百人以上特大事故，不断发生，伤亡人数骤然增多，高峰时万人死亡率达到7.53。

1976年"文革"结束后，我国基本建设和建筑业形势开始好转。中共十一届三中全会"把党的工作重点转移到经济建设上来"以后，我国建筑业以崭新的面貌，跨入历史新时期。由于恢复了"文革"前固定工、合同工、临时工同时并存的用工制度，开放建筑市场，建筑队伍迅速扩大，到"六五"末期的1980年，建筑业从业人数突破千万，达到1 044.1万人。建筑业总产值达到767亿元，建筑业万人死亡率也降为2.3，每10万 m^2 房屋建筑面积死亡率为0.81。

进入20世纪80年代以来，我国加快了改革开放的步伐，建筑业成为全国各行业改革的先行者，建筑业队伍人数和建筑规模也不断创历史新纪录。1986年，建筑业总产值达到2 038亿元，占社会总产值的10.8%，达到一般先进国家建筑业(GND)的水平。我国各级建设行政主管部门也开始加大行业安全生产的工作力度，至1990年，万人死亡率降至1.5，每10万 m^2 房屋建筑面积死亡率为0.4。

20世纪90年代以来，国民经济高速发展，建设投资不断增长，带来了建筑行业和建筑市场的繁荣，全国城乡几乎变成了"大工地"，全国各地城乡面貌发生巨大变化。但是，建筑施工队伍的持续扩大也给建筑安全生产工作带来了很大难度。农民工成为建筑业施工一线的主力军，其安全防护意识和操作技能低下，而职业技能的培训却远远不够，重大伤亡事故一度出现来势迅猛的势头。

20世纪90年代初，国家加强了建筑安全立法工作的探讨，并多次组织对发达国家建筑安全立法的考察工作。从 1986 年起，建设部相继组织编写了一系列建筑安全技术标准规范，其中包括《建筑施工安全检查评分标准》(1999 年 5 月 1 日修订更名为《建筑施工安全检查标准》)、《建筑施工高处作业安全技术规范》、《龙门架、井字架、物料提升安全技术规范》等标准、规范。1991 年，住房城乡建设部(以下简称建设部)组织编写了《建筑施工安全技术手册》，成为施工企业、工程技术人员和安全管理人员的必备工具用书。安全技术标准、规范的颁布实施，使安全管理工作从定性管理转变为定量管理。人们对安全技术的重要性有了更进一步的认识，不但促进了施工现场整体防护水平的提高，也促进了安全技术的进步。

1991 年，建设部发出通知，在全国四级以上施工企业所属的施工工地开展安全达标活动。这是新中国成立以来第一次全面、系统地组织开展施工全过程的安全生产工作。为促进安全达标活动的开展，自 1991 年起，建设部每两年一次组织全国建筑施工安全大检查。在安全达标活动深入开展的同时，建设部对上海市创建文明工地的情况组织了调研，于 1996 年 8 月发出了《关于学习和推广上海市文明工地建设经验的通知》，要求在全国范围内开展创建文明工地活动。在全国人大八届一次会议上有 32 位代表提议国家要尽快制定《建筑施工劳动保护法》。1998 年 3 月 1 日，《中华人民共和国建筑法》开始实施，建筑安全生产管理被单独列为一章。我国的建筑安全生产管理从此走上了法制轨道。

1991 年，建设部以第 13 号令颁发了《建筑安全生产监督管理规定》，要求地区和县以上城市成立建筑安全监督机构。到 2002 年，全国已有 24 个省、直辖市成立了建筑安全监督总站，24 个省会城市和省以下地市县成立了 1 300 多个建筑安全监督管理站，共 8 000 多人，形成了"纵向到底，横向到边"的安全监督管理网络。通过履行监督管理职责，不断扩大监督的覆盖面，使辖区的伤亡事故得以有效的控制。由于加大了监督管理力度，施工现场有专人负责，安全形势好转。在行业安全监督机构的督促和指导下，绝大部分施工企业也建立了以企业法人为第一责任人、分级负责的安全生产责任制。建立健全了企业的安全专管机构，按职工总数 3%～7%配备了专管人员，基本做到了每个施工现场都有专职安全员，每个班组都有兼职安全员，形成了自上而下、干群结合的安全管理网络。

科技进步使建筑安全管理工作逐步迈入信息化管理阶段。自 1997 年开始，建设部开发了事故报告软件，2003 年，建设部又组织开发了建设系统质量安全事故信息报告系统。目前，已通过远程数据通信方式与全国 30 个省、自治区和直辖市联通，建立了建设部、省、市三级计算机报送系统。每个地区发生了伤亡事故，只要利用计算机、通过网络就可以把事故发生的情况、事故后期处理的情况报送过来，改变了传统的人工填表统计的方式，减少了统计人员劳动强度，提高了工作效率，解决了由于报告不及时影响统计数据质量的问题。

2004 年，《建设工程安全生产管理条例》正式颁布实施，这是我国真正意义上的第一部针对建设工程安全生产的法规。它的颁布实施，对建筑业的安全管理促进作用是巨大的。它使建筑业安全生产做到了有法可依，对建设安全管理人员有了明确的指导和规范。20 世纪 90 年代末至 21 世纪初，由于我国社会主义市场经济体系的确立、形成和发展，国民经济一直呈现高速发展的势头。圈地热、投资热、房地产开发热席卷全国，有人形象地把整个中国比做一个大工地。日新月异的城乡变化，使建筑业成为我国经济高速发展的显著标志。

2. 加强我国建设工程安全生产的原因

改革开放以来，建筑业持续快速发展，在国民经济中的地位和作用逐渐增强。尤其是1998年以来，建筑业增加值占GDP的比重一直稳定在6.6%~6.8%，在国民经济各部门中居第四位，仅次于工业、农业、批发和零售贸易餐饮业，已成为我国重要的支柱产业之一。建筑业作为我国新兴的支柱产业，同时也是一个事故多发的行业，相对于其他行业来说更应该强调安全生产。

首先，建筑施工的特点决定了建筑业是高危险、事故多发行业：施工生产的流动性、建筑产品的单件性和类型多样性、施工生产过程的复杂性都决定了施工生产过程中的不确定性难以避免，施工过程、工作环境必然呈多变状态，因而容易发生安全事故。另外，建筑施工露天、高处作业多，手工劳动及繁重体力劳动多，而劳动者素质又相对较低，这些都增加了不安全因素。从全球范围来看，建筑业的事故率都远远高于其他行业的平均水平。2003年，全球的重大职业安全事故总数约为355 000起，其中建筑业安全事故约为60 000起(图8.2)。从地域上看，亚洲和太平洋地区的建筑业安全事故占了全球总数的约68% (图8.3)。从经济角度看，建筑安全事故造成的直接和间接损失在英国可达项目总成本的3%~6%，美国工程建设中安全事故造成的经济损失已占到其总成本的7.9%，而在香港特别行政区这一比例已高达8.5%。安全问题对人类的社会生活和经济发展都有巨大的影响，成为一个世界性的问题，阻碍了建筑业的发展。所以，必须强调安全生产，严格管理。

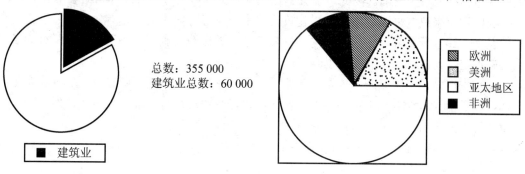

总数：355 000
建筑业总数：60 000

■ 建筑业

□ 欧洲
□ 美洲
□ 亚太地区
■ 非洲

图 8.2 2001 年全球职业伤害致命事故数的估计　　图 8.3 2003 年建筑业致命事故的地理分布估计

我国建筑业近年来事故率呈逐年上升趋势。这主要是因为，随着我国经济体制改革的不断深化，建设生产经营单位的经济成分日趋多样化，由国有、集体经济成分变为国有、股份制、私营、外商投资、个体工商户并存的形式，而且私人和外商投资越来越多，房地产和市政建设投资进一步加大。随着投资主体的多元化，建设规模越来越大，建设工程市场竞争越来越激烈。同时，建筑业的发展，对安全技术、劳动力技能、安全意识、安全生产科学管理方面都提出了新要求。尤其是新材料、新工艺在建设工程上的应用，使得工程建设速度也大大加快，施工难度不断加大，引发了新的危险因素，使得事故起数和死亡人数逐年增加。据统计，2000 年全国建筑职工死亡人数没有超过 1 000 人，2001 年死亡人数为 1 045 人，2002 年死亡人数为 1 292 人，2003 年全国建筑职工死亡人数为 1 512 人。2006年，全国建筑业(包括铁道、水利、交通等专业工程)共发生事故 2 224 起，死亡 2 538 人。

其次，建筑业在我国支柱产业的作用日益明显，因此建筑业的安全生产是关系到国家经济发展、社会稳定的大事。2003 年，建筑业产业规模不断扩大，运行状况良好，全社会固定资产投资 5.51 万亿元，比 2002 年同期增长 26.7%；建筑业总产值 21 865.49 亿元，比上年增长 23%；完成竣工产值 14 988 亿元，比上年增长 9.2%；房屋施工面积 26.35 亿 m²，比上年增长 22.2%；建筑业增加值 8 166 亿元，比上年增长 11.9%，占 GDP 比重为 7%；全国具有建筑业资质等级的总承包和专业承包企业实现利润 459 亿元，比上年增长 13.8%；对外工程承包完成营业额 138.4 亿美元；有 40 个国内建筑企业进入 2002 年国际承包商排名 225 强。目前我国正处于经济建设高速发展时期，2003 年全社会固定资产投资占当年国内生产总值的 47.23%。2009 年全社会建筑业增加值 22 333 亿元，比上年增长 18.2%。建筑业为我国能源、交通、通信、水利、城市公用等基础设施建设能力的不断增强，为我国冶金、建材、化工、机械等工业部门技术装备水平的不断提高，为人民群众物质文化生活条件的不断改善做出了基础性贡献。建筑业在实现工业、农业、国防和科学技术现代化进程中，在促进城乡经济统筹发展，全面建设小康社会中肩负着重要的历史使命。建筑业在国民经济中支柱产业的重要地位决定了建筑业的安全生产是关系到国家经济发展、社会稳定的大事。

工程安全是质量和效益的前提，没有安全意识或发生了安全事故，将直接影响到社会稳定的大局，影响建设事业的健康发展。人民群众生命和财产安全是人民群众的根本利益所在，直接关系到社会的稳定和改革开放的大局。在谋求经济与社会发展的全部过程中，人的生命始终是最宝贵的。因此，加强建设工程安全生产监督管理是非常必要的。

我国近年来通过采取一系列加强建筑安全生产监督管理的措施，有效地降低了伤亡事故的发生。2011 年修正《中华人民共和国建筑法》的颁布实施，对规范建筑市场行为做了明确的规定，使得我国建筑安全生产管理走上了法制轨道。

安全生产是我们国家的一项重大政策，也是企业管理的重要原则之一。做好安全生产工作，对于保证劳动者在生产中的安全健康，搞好企业的经营管理，促进经济发展和社会稳定具有十分重要的意义。

3. 当前建设工程安全生产存在的问题

我国现有建筑工人 3 893 万人，约占全世界建筑业从业人数的 25%，是世界上最大的行业劳动群体，但是他们的劳动环境和安全状况却存在很大的问题。由于行业特点、工人素质、管理难度等原因，以及文化观念、社会发展水平等社会现实，建筑工程安全生产形势严峻，建筑业已经成为我国所有工业部门中仅次于采矿业的最危险的行业。目前我国正在进行历史上也是世界上最大规模的基础建设。2001 年建筑企业完成单位工程施工个数近 80 万个，施工面积 18.8 亿 m²，单位工程竣工个数超过 50 万个，竣工面积 9.8 亿 m²。同时，我国建筑业每年由于安全事故死亡的从业人员超过千人，直接经济损失逾百亿元。近年来，随着各级政府对建筑安全生产工作的非常重视，全国的建筑工程安全生产状况有所好转，死亡人数基本呈下降趋势，但安全生产的整体形势还是比较严峻。

虽然我国的建设工程安全管理水平比以前有大幅度的提高，建设工程安全状况得到了很大程度的改善，但是由于政治、经济、文化等发展水平所限，目前我国建设工程安全生产管理工作还存在一些问题：国家安全生产综合管理与有关行业、专业部门安全生产监督管理工作的交叉；在各级政府及政府有关主管部门政府职能的改革方面，还未顺应市场经济制度，还存在政企不分等问题，与安全生产监督管理的成效还未形成直接关联；管理手段单调，资源缺乏；对违规行为缺乏有效的制约措施及没有激励社会力量投入安全管理的机制等。造成这种局面的主要原因是我国建设工程安全管理模式的发展，并没有及时跟上国家社会、经济、政治各方面迅速变化的步伐。很多在计划经济体制下形成的观念、管理方法和政府机构体系，虽然已经明显不适应市场经济下的建设工程安全问题，但是仍然广泛存在，阻碍了建设工程安全生产工作的提高。

具体说来，主要有以下一些方面的问题制约着建设工程安全生产水平的提高。

1) 法律法规方面

建设工程相关的安全生产法律法规和技术标准体系有待进一步完善，相关标准也需要完善。据统计，新中国成立以来颁布并实施的有关安全生产、劳动保护方面的主要法律法规约 280 余项，内容包括综合类、安全卫生类、伤亡事故类、职业培训考核类、特种设备类、防护用品类及检测检验类等。其中以法的形式出现、对安全生产和劳动保护具有十分重要作用的是《中华人民共和国劳动法》和《中华人民共和国矿山安全法》，这两个法律文件分别于 1994 年 7 月 5 日和 1992 年 11 月 7 日颁布实施。与此同时，国家还制定、颁布了 100 余项安全卫生方面的国家法规和标准，初步构成了我国安全生产、劳动保护的法规体系，对提高企业安全生产水平、减少伤亡事故起到了积极作用。

1998 年实施的《中华人民共和国建筑法》、2004 年施行的《建设工程安全生产管理条例》无疑对规范我国建筑市场，加强我国建设工程安全生产起到积极作用。

但必须承认的是，随着社会的发展，建筑相关法律法规已暴露出不少缺陷和问题。与工业发达国家相比存在的差距是：建筑法律法规的可操作性差；法律法规体系不健全，部分法律法规还存在着重复和交叉等问题。

2) 政府监管方面

建筑业安全生产的监督管理基本上还停留在突击性的安全生产大检查上，缺少日常的监督管理制度和措施。监管体系不够完善，资金不落实，监管力度不够，手段落后，不能适应市场经济发展的要求。

3) 人员素质方面

建筑行业整体素质低下，建筑业是吸纳农村剩余劳动力的产业。目前，全国建筑业从业人员有 3 893 万人，占全社会从业人员的 5%。目前建筑业吸纳农村富余劳动力 3 137 万人，占全行业职工总数的 80.58%，占农村富余劳动力进城务工总数近 1/3。农民工进入建筑业不仅是完成大规模施工任务和促进建筑业发展的需要，也是增加农民收入，促进城乡统筹发展，改变城乡二元经济结构的重要途径。行业整体素质低体现在，一是在这 3 000 多万从业人员中，农民工比例占到 80.58%，有的施工现场甚至 90%都是农民工，其安全防护意识和操作技能低下，而职业技能的培训却远远不够。据有关方面统计，农民工经过培训取得职业技能岗位证书的只有 74 万人。二是全行业技术、管理人员偏少。技术人员仅占 5.3%，管理人员仅占 4.9%。三是专职安全管理人员更少，素质低，远达不到工程管理的需要。

4) 安全技术方面

建筑业安全生产科技相对落后。近年来，科学技术含量高、施工难度大和施工危险性大的工程增多，给施工安全生产管理提出了新课题、新挑战。一大批高、大、精、尖工程的出现，都使施工难度、危险性增大，如国家大剧院、中央电视台、奥运会场馆工程、上海卢浦大桥等，安全技术亟待提高。

5) 企业安全管理方面

长期以来，我国安全生产工作的重点主要放在国有企业，特别是国有大中型企业。随着改革的深入和经济的快速发展，建设生产经营单位的经济成分及投资主体日趋多元化。单位的经济成分、组织形式、承包方式由国有、集体经济成分，变为国有、股份制、私营、外商投资、个体工商户并存的形式。另外，建设工程投资主体也发生了变化。在计划经济时期，建设工程的资金来源大部分是国家财政，政府是投资主体。随着改革的深化，投资主体日趋多元化，私人和外商投资越来越多，房地产和市政建设投资进一步加大。各类非国有生产经营单位大量增加，企业总量、就业、各类运输工具等大量增加及农民工和非法劳工大量地增加。由于大部分企业安全生产管理水平落后，在安全管理方面存在相当大的缺陷，与发达国家有很大的差距。施工企业安全生产投入不足，基础薄弱，企业违背客观规律，一味强调施工进度，轻视安全生产，蛮干、乱干、抢工期，在侥幸中求安全的现象相当普遍。各方从业人员过分注意自身的经济利益，忽视自身的安全，致使在对企业的安全监督管理方面出现有章不循、纪律松弛、违章指挥、违章作业、管理不严、监督不力和违反劳动纪律事件处罚不严的现象，加之当前各级机构改革使安全监督管理队伍发生较大变化，有些生产经营单位甚至取消了安全管理机构和专业安全管理人员，致使安全生产监督力量更加薄弱。

6) 安全教育方面

高等教育中与建筑安全有关的技术教育和安全系统工程专业学科很少。建筑业的三级安全教育执行情况较差，工人受到的安全培训非常少。

7) 个人安全防护

建筑业的个人安全防护装备落后，质量低劣，配备严重不足。几乎没有任何工地配备安全鞋、安全眼镜和耳塞等安全防护用品。

8) 建筑安全危险预测和评估

预防建筑工程安全生产中的事故，是实现建筑工程安全生产的基本保障。目前缺乏建筑安全危险的预测和评估机制。

9) "诚信制度"和"意外伤害保险制度"建设

按照市场经济客观规律，运用市场信誉杠杆，建立发育的保险市场，是市场经济安全生产管理的重要手段。目前我国建筑业的"诚信制度"和"意外伤害保险制度"建设与发达国家差距很大，企业安全生产信誉与市场进入、清出脱节，意外伤害保险开展缓慢，已纳入保险的工程项目较少，不适应建立市场经济的客观要求。

8.1.2 安全生产的含义

较有权威的工具书如《辞海》、《中国大百科全书》、《安全科学技术辞典》等分别从不同侧面对安全生产做了定义：

定义一：安全生产是指为预防生产过程中发生人身、设备事故，形成良好的劳动环境和工作秩序而采取的一系列措施和活动。

定义二：安全生产是指在生产过程中保障劳动者安全的一项方针，也是企业管理必须遵循的一项原则，要求最大限度地减少劳动者的工伤和职业病，保障劳动者在生产过程中的生命安全和身体健康。

定义三：安全生产是指企事业单位在劳动生产过程中的人身安全、设备安全、产品安全及交通运输安全等的总称。

无论从哪个侧面进行定义，都突出了安全生产的本质是：要在生产过程中防止各种事故的发生，确保国家财产和人民生命安全。因此，安全生产是指人类的生产经营活动中的人身安全和财产安全。

8.1.3 安全生产的范围

安全生产包括工业、商业、交通、建筑、矿山、农林等企事业单位职工的人身安全和财产安全，消防、农药、农电安全及工业、建筑产品的质量安全。总之，国家、企业在生产建设中围绕保护职工人身安全和设备安全，为搞好安全生产而开展的一系列活动，称之为安全生产工作。

8.1.4 安全生产的目的及意义

1. 安全生产的目的

安全生产的目的：使生产在保证劳动者安全健康和国家财产、人民生命财产安全的前提下顺利进行，从而实现经济的可持续发展。

2. 安全生产的意义

加强安全生产工作对保证劳动者安全与健康、维护社会稳定、促进经济发展具有重要的意义。

(1) 安全生产是我们党和国家在生产建设中一贯坚持的指导思想，是我国的一项重要政策，是社会主义精神文明建设的重要内容。

我国是共产党领导下的社会主义国家，国家利益和人民利益是根本一致的。保护劳动者在生产中的安全、健康，是关系到劳动人民切身利益的一个非常重要的方面。此外，安全生产还关系到社会安定和国家一系列其他重要政策的实施。

(2) 安全生产是发展社会主义经济，实现全面小康社会的重要条件。

发展社会主义经济，加速实现全面小康社会，首要条件是发展社会生产力。而发展生产力，最重要的就是保护劳动者，保护他们的安全健康，使之有健康的身体，调动他们的积极性，以充沛的精力从事社会主义建设。反之，如果安全生产搞不好，发生伤亡事故，劳动者的安全健康受到危害，生产会遭受巨大损失。

(3) 安全生产是企业现代化管理的一项基本原则。

安全生产在企业现代化管理中有重要的地位和作用。企业现代化管理的基本目标是通过管理现代化，使生产过程顺利、高效地进行。这个基本目标只有搞好安全生产才能实现。搞好安全生产，就可以调动广大劳动者的生产热情和积极性。劳动条件好，劳动者在生产中感到安全健康，有保障，就会发挥出主人翁的精神，提高生产效率，使企业取得好的效益。

生产要发展，经济效益要提高，劳动条件要改善，事故要减少，这是社会主义企业的客观要求。我们一定要以对党、国家和人民高度负责的态度，加强对安全生产工作的领导和管理，坚持"安全第一，预防为主"的方针，扎扎实实地搞好安全生产工作。

8.1.5　安全生产的方针

我国的安全生产方针是"安全第一，预防为主"。

"安全第一"是指，安全生产是全国一切经济部门和生产企业的头等大事。各企业及主管部门的行政领导、各级工会，都要十分重视安全生产，采取一切可能的措施保障劳动者的安全，努力防止事故的发生。对安全生产绝对不应抱有任何粗心大意、漫不经心的恶劣态度。当生产任务与安全发生矛盾时，应先解决安全问题，使生产在确保安全的前提下顺利进行。

"预防为主"是指，在实现"安全第一"的许许多多的工作中，做好预防工作是最主要的。它要求我们防微杜渐，防患于未然，把事故和职业危害消灭在发生之前。伤亡事故和职业危害不同其他，一旦发生，往往很难挽回，或者根本无法挽回。到那时，"安全第一"也就成了一句空话。

为了贯彻这一方针，2011年《中华人民共和国安全生产法》(修正)规定："生产经营单位必须遵守安全生产的法律、法规，加强安全生产管理，建立、健全安全生产责任制度，完善安全生产条件，确保安全生产；必须执行依法制定的保障安全生产的国家标准或者行业标准；应当具备本法和有关法律、行政法规和国家标准或者行业标准规定的安全生产条件；不具备安全生产条件的，不得从事生产经营活动；必须为从业人员提供符合国家标准或者行业标准的劳动防护用品；应当安排用于配备劳动防护用品、进行安全生产培训的经费；建筑施工单位的主要负责人和安全生产管理人员，应当由有关主管部门对其安全生产知识和管理能力考核合格后方可任职；生产经营单位的特种作业人员必须按照国家有关规定经专门的安全作业培训，取得特种作业操作资格证书，方可上岗作业。"

8.1.6　安全生产的原则

1. "管生产必须管安全"的原则

安全生产是确保企业提高经济效益和促进生产发展的重要前提，直接关系到职工的切身利益，特别是建筑施工过程中，本身客观存在许多潜在的不安全因素，一旦发生事故，不仅给企业造成直接的经济损失，往往还会有人员伤亡，造成不良的社会影响。不难看出，生产必须安全是现代建筑施工的客观需要，"管生产必须管安全"是安全生产管理的一项原则。

"管生产必须管安全"原则的核心是必须牢固树立"安全第一"的思想。在一切生产活动中，必须把安全作为前提条件考虑进去，落实安全生产的各项措施，保证职工的安全与健康，保证生产长期地、安全地进行；正确处理好生产与安全的关系，把安全生产放在首位；广大职工必须严格地自觉执行安全生产的各项规章制度，确保生产的正常进行。贯彻"管生产必须管安全"的原则，就是要各级企业管理人员，特别是企业领导，要重视安全生产，把安全生产渗透到生产管理的各个环节。要求把安全生产纳入计划，在编制企业的年度计划和长远规划时，应该把安全生产作为一项重要内容，结合企业的实际工作，消除事故隐患，改善劳动条件，切实做到生产必须安全。

2. "谁主管谁负责"的原则

这是落实"安全生产责任制"的一项重要原则。企业的各个部门都必须按照"谁主管谁负责"的原则，制定本单位、本部门的安全生产责任制，并严格执行，发生事故同样要追究主管人员的责任。

3. "安全生产，人人有责"的原则

现代建筑施工安全生产是一项综合性工作，领导者的指挥、决策稍有失误，操作者在工作中稍有疏忽，都可能酿成重大事故，所以必须强调"安全生产，人人有责"。在充分调动和发挥专职安全技术人员和安全管理人员的骨干作用的同时，应充分调动和发挥全体职工的安全生产积极性。在做思想工作和大力宣传"安全生产事关企业和职工切身利益"的基础上，通过建立健全各级安全生产责任制、岗位安全技术操作规程等制度，把安全与生产从组织领导上统一起来，提高全员安全生产的意识，以实现"全员、全过程、全方位、全天候"的安全管理和监督。依靠全体职工重视安全生产，提高警惕，互相监督，精心操作，认真检查，发现隐患及时消除，从而实现安全生产。

4. 坚持"四不放过"原则

一旦发生事故，在处理时实施"四不放过"原则，即对发生的事故原因分析不清不放过；事故责任者没有严肃处理不放过；广大职工没有受到教育不放过；没有落实防范措施不放过。实施这条原则，是为了对发生的事故找出原因，惩前毖后，吸取教训，采取措施，防止事故再发生。坚持"四不放过"原则，虽然是"亡羊补牢"之举，但就防止事故再发生来说，同样体现了"预防为主"的精神。

5. "五同时"原则

企业领导在计划、布置、检查、总结、评比生产的同时，要计划、布置、检查、总结、评比安全生产工作。

8.1.7 安全生产的特点

建筑产品的多样性决定建筑安全问题的不断变化。建筑产品是固定的、附着在土地上的，而世界上没有完全相同的两块土地；建筑结构是多样的，有混凝土结构、钢结构、木结构等；规模是多样的，从几百平方米到数百万平方米不等；建筑功能和工艺方法也是多样的，应该说建筑产品没有完全相同的。建造不同的建筑产品，对人员、材料、机械设备、防护用品、施工技术等有不同的要求，而且建筑现场环境也千差万别，这些差别决定了建设过程中总会不断面临新的安全问题。

建筑工程的流水施工，使得施工班组经常更换工作环境。与其他工业不同，建筑业的工作场所和工作内容是动态的、不断变化的。混凝土的浇筑、钢结构的焊接、土方的搬运、建筑垃圾的处理等每一个工序都可以使得工地现场在一夜之内变得完全不同。而随着施工的推进，工地现场则会从最初地下几十米的基坑变成耸立几百米的摩天大楼。因此，建设过程中的周边环境、作业条件、施工技术等都是在不断发生变化的，包含着较高的风险，而相应的安全防护设施往往落后于施工过程。

建筑施工现场存在的不安全因素复杂多变。建筑施工的高能耗、施工作业的高强度、施工现场的噪声、热量、有害气体和尘土等，以及施工工人露天作业，受天气、温度影响大，这些都是工人经常面对的不利工作环境和负荷。劳动对象体积、规模大，工人露天作业，受天气、温度影响大。建筑业的劳动对象庞大，工人围绕对象工作，劳动工具粗笨，工作环境不固定，危险源防不胜防。同时，高温和严寒使得工人体力和注意力下降，雨雪天气还会导致工作面湿滑，夜间照明不够，都容易造成事故。

公司与项目部的分离，致使公司的安全措施并不能在项目部得到充分的落实。一些施工单位往往同时有多个项目竞标，而且通常上级公司与项目部分离。这种分离使得现场安全管理的责任，更多的由项目部承担。但是，由于项目的临时性和建筑市场竞争的日趋激烈，经济压力也相应增大，公司的安全措施被忽视，并不能在项目上得到充分的落实。

多个建设主体的存在及其关系的复杂性决定了建筑安全管理的难度较高。工程建设的责任单位有建设、勘察、设计、监理及施工等诸多单位。施工现场安全由施工单位负责，实行施工总承包的，由总承包单位负责，分包单位向总承包单位负责，服从总承包单位对施工现场的安全生产管理。建筑安全虽然是由施工单位负主要责任，但其他责任单位也都是影响建筑安全的重要因素。世界各地的建筑业都主要推行分包程序，包括专业分包和劳务分包，这已经成为建筑企业经济体系的一个特色，而且正在向各个行业延伸。再加上现在施工企业队伍、人员是全国流动的，就使得施工现场的人员经常发生变化，而且施工人员属于不同的分包单位，有着不同的管理措施和安全文化。

目标(结果)导向对建设单位形成一定压力。建筑施工中的管理主要是一种目标导向的管理，只要结果(产量)不求过程(安全)，而安全管理恰恰体现在过程上。项目具有明确的目标(质和量)和资源限制(时间、成本)，这些使得建设单位承受较大的压力。

施工作业的非标准化使得施工现场危险因素增多。建筑业生产过程技术含量低，劳动、资本密集。建筑业生产过程的低技术含量决定了从业人员的素质相对普遍较低。而建筑业又需要大量的人力资源，属于劳动密集型行业，工人与施工单位间的短期雇佣关系，造成施工单位对施工作业培训严重不足，使得施工人员违章操作的现象时有发生。这其中就蕴涵着不安全行为。而当前的安全管理和控制手段比较单一，很多依赖经验、依赖监督、安全检查等方式。

8.1.8 安全生产的要素

建设工程安全生产管理是一个系统性、综合性的管理，其管理内容涉及建筑生产的各个环节。

建设工程安全生产管理的基本原理主要包括五个要素，其相互关系如图8.4所示。

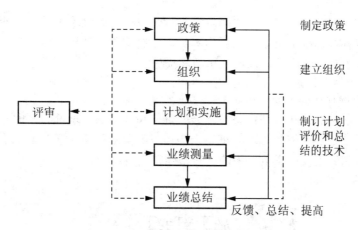

图 8.4　建筑安全生产管理的五个要素

1. 政策

任何一个施工单位要想成功地进行安全管理，都必须有明确的安全政策。这种政策不仅要满足法律的规定和道义上的责任，而且要最大限度地满足业主、雇员和全社会的要求。施工单位的安全政策必须有效并有明确的目标。政策的目标应保证现有的人力、物力资源的有效利用，并且减少发生经济损失和承担责任的风险。安全政策能够影响施工单位的很多决定和行为，包括资源和信息的选择、产品的设计和施工及现场废弃物的处理等。

2. 组织

施工单位的安全管理应包括一定的组织结构和系统，以确保安全目标的顺利实现。建立积极的安全文化，将施工单位中各个阶层的人员都融入到安全管理中，有助于施工单位组织系统的运转。施工单位应注意有效地沟通交流和员工能力的培养，使全体员工为施工单位的安全生产管理做出贡献。施工单位的最高管理者应用实际行动营造一个安全管理的文化氛围，目标不应该仅仅是避免事故，而应该是激励和授权员工安全的工作。领导的意识、价值观和信念将影响施工单位的所有员工。

3. 计划和实施

成功的施工单位能够有计划地、系统地落实所制定的安全政策。计划和实施的目标是最大限度地减少施工过程中的事故损失。计划和实施的重点是使用风险管理的方法确定消除危险和规避风险的目标及应该采取的步骤和先后顺序，建立有关标准以规范各种操作。对于必须采取的预防事故和规避风险的措施应该预先加以计划。要尽可能通过对设备的精心选择和设计，消除或通过使用物理控制措施来减少风险。如果上述措施仍不能满足要求，就必须使用相应的工作设备和个人保护装备来控制风险。

4. 业绩测量

施工单位的安全业绩，即施工单位对安全生产管理成功与否，应该由事先订立的评价标准进行测量，以发现何时何地需要改进哪方面的工作。施工单位应采用涉及一系列方法的自我监控技术对用于控制风险的措施成功与否，包括对硬件(设备、材料)和软件(人员、程序和系统)，也包括对个人行为的检查进行评价，也可通过对事故及可能造成损失的事件的调查和分析识别安全控制失败的原因。但不管是主动的评价还是对事故的调查，其目的都不仅仅是评价各种标准中所规定的行为本身，而更重要的是找出存在于安全管理系统的设计和实施过程中存在的问题，以避免事故和损失。

5. 经验总结

施工单位应总结经验和教训，要对过去的资料和数据进行系统的分析总结，并用于今后工作的参考，这是安全生产管理的重要工作环节。安全业绩良好的施工单位能通过企业内部的自我规范和约束及与竞争对手的比较不断持续改进。

8.2　施工安全工作要点

在施工管理工作中，有五个工作环节最为重要。这五个工作环节是：①建立各级安全生产责任制；②在施工组织设计中编写安全技术措施或进行专项的安全施工组织设计；③安全交底工作；④安全教育、培训工作；⑤安全检查工作。从管理的角度看，抓好这 5 个环节，工作就符合了建设行政主管部门和安全监察行政主管部门的要求。

 案例 8-1

安全管理与技术措施示例

本工程的安全生产工作由项目经理主抓，由专职安全员协助项目经理，负责日常工作。每个专业工种的负责人和项目部技术人员都要从各自的专业技术角度协助专职安全员做好施工安全防护工作，与专职安全员共同对各自专业工种的安全生产负责。每个施工队，施工班组的队长，班组长与安全员共同对本队、本班组的安全生产负责。各级人员的安全职责详见公司职业健康安全管理手册。

本工程的危险源的辨识，仓库的管理，应急计划的实施等均应按公司有关程序和相关文件的规定执行。在开工一个月内应安排一次健康安全事故应急演练。

本工程的各项安全防护工作除应符合法律、法规、各种规范性文件及企业安全操作规程的规定外，还应特别注意以下几点。

(1) 脚手架搭好后必须经使用工种班长及队安全员检查后方可使用，南侧临近马路的脚手架应经主管施工经理及安检部门验收后方可使用。

(2) 凡进入现场的人员均须戴安全帽。凡违反者，每次罚款 5 元。

(3) 各种机械设备应由专人使用，各种机电设备应每日检查，定期检修。雨后施工必须对电器设备摇测后使用。

(4) 配电箱、临时灯、各种机具设备，必须设漏电保护器或做接地保护。

(5) 本工程的北侧及西侧与民房相邻，应先探明相邻民房的基深。例如，本工程基底深于民房，且两房基深之差大于两建筑物基础之间的距离的 1/2 时，应向设计单位提出，请设计人重新考虑建筑物之间的距离。无论两房的基深情况如何，及两房距离如何确定，都应在基坑边做护坡支撑。基底夯实应用人工夯方法，以免引起振动。

(6) 在基础开挖前应先检查相邻民房主体的安全状况，并采取支撑措施。必要时应请有关部门进行鉴定。

(7) 主体结构施工约需 3 个月，而这一阶段是安全事故多发期。为此决定在进入这一阶段时开展"百日无事故"活动，对达标的班组予以奖励。评比条件及奖励金额由安全员拟定，报项目经理批准。

 案例 8-2

安全生产措施示例

(1) 塔吊使用中应严格遵守有关塔式起重机的安全操作规程。

(2) 阳台板就位、校正完毕，挑出部分下面应立即加设临时支撑，以防倾覆。

(3) 切割机不得放在楼面上加工砌块。所有电动工具均须设置专用配电盘。

(4) 楼梯、阳台安装后要立即通知架子工班加设护身栏。首层三个出入口均应搭设防护棚。防护棚通道长度不小于 3m。

(5) 本工程为高层建筑，必须支设 6m 宽双层水平安全网。

(6) 铁管、砌块物品不得堆放在接层临边处，与接边的距离不得小于 3m。

(7) 无论是操作人员、管理人员还是检查人员，凡进入现场必须戴安全帽，否则一律不准入内。

(8) 脚手架与主体结构拉接必须按楼层进行。拉接点的垂直距离不得超过 4m，水平距离不得超过 6m。拉结点处应设可布支顶。未经安全员批准，不得因室内施工而私自拆除拉接杆。

(9) 电梯井口应设金属防护门。井内自首层开始每隔 4 层应设一道水平安全网。

(10) 本工程与居民区相邻开挖土方时应设高度不小于 1.2m 的两道防护栏。夜间应设红色标灯。

(11) 本工程基础深度已达 5m，开工一周前应到建委施工管理处申报、备案。

(12) 基坑的护壁支撑方法应严格按照土方工程施工方案进行。发现异常情况应立即停止施工并上报安全、技术部门。

(13) 定期检查吊具、索具。各种构件起吊前应进行试吊，吊离地面 30cm 应停车或缓慢行驶，检查刹车是否灵敏，吊具是否安全可靠。

(14) 构件就位时注意不要挤压电线，以防止触电。

(15) 构件吊装时要注意在塔吊回转半径范围内严禁站人和通行。如遇有吊钩清脱、吊绳断裂等意外事故时，应立即发出危险信号，并采取紧急措施。

(16) 起吊楼板及操作平台时，禁止在上面站人或放小车。如放少量零星材料，则必须固定牢，以防止滑动，且重物不能超过其负荷。

(17) 顶板操作人员，要站在操作平台、高凳或爬梯上，在板顶行走时应铺设脚手板，严禁在外场及水平拉杆上行走，防止坠落。

(18) 在安装地段内，要设临时警戒线。塔吊回转半径内，电脱线需埋入地下，现场电线必须离开塔吊回转半径 4～5m。

(19) 夜间施工要有足够的照明。

(20) 现场闸刀要设箱加锁。设备要专人专机使用。

(21) 构件吊装遇大风、大雨、大雪、大雾时停止施工。

8.2.1 安全管理系统

1. 企业各级领导的安全责任

1) 企业领导层

(1) 企业法人代表对本企业的安全生产负全面领导责任。

(2) 企业技术负责人在本企业的施工安全生产工作中负技术领导责任。

(3) 企业主管生产的负责人对本企业安全生产工作负直接领导责任。

2) 项目经理部

(1) 项目经理对项目工程的安全生产负全面领导责任。

(2) 项目技术负责人对项目工程的安全生产负技术责任。

(3) 工长、施工员对所管辖班组和施工承包队的安全生产负直接领导责任。

(4) 班组长对本班组人员在生产中的安全和健康负责。

(5) 施工承包队负责人对本队人员在生产中的安全和健康负责。

(6) 专职安全员、兼职安全员对所管辖班组的安全生产负直接岗位责任。

企业应根据法律、法规及规范性文件，结合本企业的具体情况，以文件形式将上述安全责任具体化、职责化。

2. 安全管理系统

1) 主管领导

(1) 企业主管生产的副总经理是企业施工安全的主管领导。

(2) 企业下属公司(或工区、工程处)主管生产的副经理(或副主任)是本单位施工安全的主管领导。

(3) 项目经理部主管生产的负责人是项目工程施工安全的主管领导。

(4) 工程队(或施工队)的工长或主管生产的负责人是该工程施工安全的主管领导。

(5) 班组长是本班组施工安全的主管领导。

2) 职能机构(人员)

(1) 企业设安全管理部门。

(2) 下属公司(或工区、工程处)设安全管理的职能科室。

(3) 项目经理部设科、组等安全管理机构或设专职安全员。

(4) 施工队设专职安全员。专职安全员应持安全员岗位证书(有效证件)上岗。

(5) 生产班组设兼职安全员。兼职安全员应经过岗位培训。

3) 监督、指导

各级安全负责人在行政上受同级行政主要负责人领导。在业务上受上一级安全负责人的领导。并应接受上一级安全机构的监督、指导。各级安全管理机构受各级负责人和上一级安全管理机构的领导。

4) 处理方式

各级主管安全工作的负责人、各级安全管理机构、各级安全员对其职责范围内的施工安全问题有权也有责任处理，包括下达隐患通知书、限期整改、处罚、停工、向上级报告等。对不符合安全规定的施工作法有权也有责任制止和否决。

3. 与安全工作有相关责任的职能部门

下列部门与安全生产有相关责任:生产计划,级数,材料设备,劳动、人事,财务,消防、保卫,教育,医疗、卫生。

8.2.2 工程申报与事故报告

1. 工程申报

(1) 工程开工前应持"建设工程开工证"、"施工企业安全资格审查认可证"、施工组织设计中有关安全的部分,报至安全监察行政主管部门,领取该项工程的"安全施工许可证"。

(2) 采用电动(手动)提升式爬架的工程,施工前必须到市建委施工管理处申报、备案。

(3) 深度达到和超过 5m 的深基础工程,包括土方开挖、基坑边坡稳固和基础构筑物施工,应在开工前一周到市建委施工管理处及区建委施工管理科申报、备案。申报时须携带:资质等级证书及营业执照,工程合同,施工组织设计及上级单位技术负责人的审批意见。

(4) 基础护坡桩工程,总承包单位必须在开工前一周携带施工单位资质等级证书、营业执照、有关合同及规定的设计技术文件,到市建委施工管理处登记备案。

(5) 人工挖、扩桩孔〔含机钻人扩〕施工必须取得"人工挖扩桩孔施工许可证"(以下简称"许可证")。"许可证"由市建委审查核发。

(6) 人工挖、扩孔桩工程,施工单位应在开工前一周将施工方案、安全技术措施、施工申请书及"许可证"报市建委施工管理处备案后,方可进行施工。

(7) 桩孔施工应首先考虑机钻施工。如无法采用机钻时,应经建设单位同意,由施工单位向上级主管部门提出书面申请,经主管领导和专业总工程师审查,确属特殊情况,方可进行准备。

各种大直径灌注桩孔施工,如地质资料不全或不清楚时,严禁开工。

(8) 护坡桩及其支护系统应编制设计书。其设计与施工实行分级审批的方法:基坑深度在 8m 以内(含 8m)的,由施工企业技术负责人审批;基坑深度超过 8m,或深度虽在 8m 以内,但地质条件复杂或紧邻建筑物、管网的,由一级资质施工企业技术负责人审批。其中基坑深度超过 10m,且地质、环境条件复杂的工程,工程总包单位要组织专家讨论,并报总公司技术负责人核准。

(9) 从事玻璃幕墙施工,必须经行业主管资质审查后方可进行。

2. 事故报告

(1) 工程发生质量安全事故,应向质量监督机构和上级主管部门报告。

(2) 发生伤亡事故时(死亡一人以上或重伤三人以上),应在 24h 内以书面形式向建委、安全监察行政主管部门和公安局重大责任事故科报告。

8.2.3 施工组织设计与特殊工程的施工方案

(1) 编制施工组织设计(或施工方案)时,必须制定安全技术措施。安全技术措施应单独列项。内容应具体可行、符合工程特点、针对性强,关键部位和工序不得遗漏。

(2) 专业性较强的工程项目，应进行专项安全施工组织设计。

(3) 施工组织设计或施工方案，应经审批方能实施。

(4) 重要的土方工程施工前必须编制施工方案。编制时应依据地质勘探报告，并应突出安全技术措施的要求。

(5) 整体提升架、施工用承重平台及特殊脚手架，应编制施工方案，并应突出安全技术措施的要求。

(6) 土方工程的施工方案中应制定保证毗邻建筑安全的技术措施。

(7) 基础(或管沟)施工前，必须根据季节施工的特点制定防坍塌措施。

(8) 冬、雨季等季节施工措施中应包括安全技术措施的内容。

(9) 人工挖、扩桩孔或机钻扩孔施工，应编制施工方案及安全技术措施。雨季从事人工挖、扩桩孔施工时，还应拟定雨季施工方案，并采取相应的安全措施。

施工方案及安全措施应由工程技术负责人依照工程地质资料、设计要求和有关规程、规定编制，并经上级主管技术、安全的负责人签字批准。

(10) 护坡桩及其支护系统应编制基础工程施工组织设计或施工方案。施工组织设计或施工方案应依据设计计算书和图纸编制。内容应包括施工质量要求和安全注意事项。文件应经技术负责人审查并经专家讨论。

(11) 施工临时用电必须按有关规范的要求编制施工组织设计或施工方案。

(12) 施工组织设计中应有施工机械使用过程中的定期检测方案。

8.2.4 施工现场管理

(1) 实行施工总承包的工程，施工现场安全由总承包单位负责。分包单位向总承包单位负责，并应服从总承包单位对施工现场的安全生产管理。

(2) 实行劳务分包的，由用工单位负责安全管理。

(3) 建设单位(或发包单位)将部分项目另行发包的，由建设单位(或发包单位)对其指定的分包单位承担安全管理责任。为分清责任，应以文件形式将承包的项目明确划分。

(4) 施工现场应制定安全生产的管理制度。并做成"安全生产制度板"，与"消防保卫制度板"、"环境保护制度板"、"文明施工制度板"及"现场平面布置图"一起置于施工现场主入口的大门内，并于门外设置"施工标志牌"。

(5) 项目部应编写安全生产责任制度。责任制度应从项目经理到一线生产工人分级编写。

(6) 由总承包单位提供施工用电、脚手架及防护设施的，双方应办理交验手续。如有变动，须经总承包方批准。

(7) 总承包单位对进入现场的机械设备应实行统一管理。

(8) 施工现场对毗邻的建筑物、构筑物和特殊作业环境可能造成损害的，应当采取安全防护措施。

(9) 现场安全防护应包括以下六个方面：操作现场及洞口临边安全防护；土方工程安全防护；脚手架及高处作业安全防护；施工临时用电安全防护；施工机械安全防护；拆除工程安全防护。

上述各项中的作业条件、料具要求、技术要求、操作防护要求等，应符合国家及当地颁行的规程、规范、标准的规定。

(10) 施工前应进行安全技术交底。安全技术交底应由专职安全员或工长以书面形式，分项、按专业工程分别进行。

(11) 特种作业人员必须持证件上岗。

特种作业包括电工作业、锅炉司炉、压力容器操作、起重机械作业(起重机司机、起重工、信号指挥工)、爆破作业、金属焊接(气割)作业、机动车驾驶(含翻斗车司机、打桩机司机等)、电梯司机、脚手架搭设、卷扬机操作、搅拌机操作等。岗位证书有效：应在有效期内；所注专业、级别等应与持证人员所从事的工作相对应；外地施工队中的特种作业人员，须持原特种作业安全操作证，到区、县安全生产主管部门换领本地的特种作业临时操作证，方可进行特种作业操作。否则视为无证上岗。

(12) 现场应编写施工安全日志。安全日志由工程项目的专职安全员编写。也可由工长负责，在施工日志中一并编写。

(13) 待拆建筑物的相邻建筑，有可能受到影响时，对其也应进行安全检查。

(14) 建筑物拆除前，如果在内部发现易燃、易爆、有毒物质，应及时与建筑物的产权单位联系，妥善处理。

(15) 工程地点在市区时，在落地式外防护脚手架上及整体提升式脚手架等工具式脚手架四周的临边防护上，必须设置密目式防护安全立网。

(16) 支搭特殊(异型)脚手架和高度在 20m 以上的高大脚手架必须编制设计方案，并有审批、验收手续。

(17) 安全网、临边防护、孔洞、防护棚等安全防护设施，应经检查验收后方可使用。

(18) 槽、坑、沟边与建筑物、构筑物的距离不得小于 1.5m。特殊情况必须采用有效技术措施，并上报上级安全、技术部门审查同意后方准施工。

(19) 基坑(槽)深度超过 1.5m，又无放坡条件时，应对基坑(槽)进行立壁支护。支护前应编制设计书(图纸及计算书)。

(20) 人工挖、扩桩孔施工，总承包单位不得使用无人工挖、扩桩孔施工许可证的分包单位进行作业。

(21) 人工挖、扩桩孔施工，其作业条件、技术准备、机具设备要求、操作防护等，应按照行业主管部门关于人工挖扩桩安全管理的相关规定进行。

(22) 施工用电应编制设计书。并应绘制线路走向、配电箱分布及接线图。

(23) 施工用电应制定管理制度。

(24) 施工用电应采用三相五线制，实行两级漏电保护。

(25) 现场所用配电箱如自行制作时，必须符合部颁标准。并应经单位主管电气工程师审验，安全部门检查合格后方可使用。

(26) 施工用电系统应经过验收后启用。对电气设备进行测试、调试并进行接地电阻摇测合格后，方可使用。

(27) 电工值班室应按时填写设备检测、验收、维修记录。

(28) 施工机械的安装、使用应填写记录。

(29) 施工机械应定期进行检测，并填写自检记录。

(30) 施工机械应写明安全操作规程或要求的牌板。牌板应随机安放。牌板的制作和管理由施工队和班组的安全员负责。工程项目的专职安全员负责监督检查。

(31) 需租用塔式起重机时，必须向具有租赁资质的单位租用，并应签订安全管理协议书。

(32) 塔式起重机的拆装和顶升，必须由具备拆装和顶升施工资质的单位进行。同一台设备的拆装和顶升作业，必须由同一施工单位完成。

(33) 塔式起重机路基和轨道的铺设及起重机的安装应办理验收手续。

(34) 施工电梯的地基及电梯安装应办理验收手续。

(35) 井字架的搭设，应办理验收手续。

(36) 工程项目安全管理应建立档案资料。

资料的收集、建档由专职安全员和资料员共同负责。资料内容应主要包括：工程申报及批准文件；安全保证体系机构名单，安全员岗位证书复印件；施工安全日志；总包与分包的合同书、安全和现场管理的协议书及责任划分；项目部分级安全生产责任制；安全措施方案；高大、异型脚手架施工方案；脚手架的组装、升、降验收手续；各类安全防护设施的验收检查记录(安全网、临边防护、孔洞、防护棚等)；安全技术交底；安全检查记录；月检、日检、隐患通知整改记录，违章登记及奖罚记录；特殊工种名册及复印件；入场安全教育记录；防护用品合格证及检测资料。

临时用电安全资料应包括：临时用电施工组织设计及变更资料；安全技术交底；临时用电验收记录；电气设备测试、调试记录；接地电阻摇测记录；电工值班、维修记录；月检及自检记录；临时用电器材合格证。

机械安全资料应包括：机械租赁合同及安全管理协议书，机械拆装合同书，机械设备平面布置图，总包单位与机械出租单位共同对塔机组和吊装人员的安全技术交底，塔式起重机安装、顶升、拆除、验收记录(8 张表)，外用电梯安装验收记录，机械操作人员及起重吊装人员持证上岗记录及复印件，自检及月检记录。

8.2.5 教育培训

(1) 安全生产教育培训应制度化。

(2) 教育培训应按照企业的建制分级进行。

(3) 教育培训工作由安全生产管理部门和培训工作主要责任部门共同负责。

(4) 培训的范围和类型应包括：对各级管理人员的逐级培训，对需持证上岗的人员(如专职安全员)的取证选送培训，对班组工人的培训，对特种作业人员的培训，通常的业务培训，特殊工程的专项培训等。

(5) 全体施工人员入场后要集中进行安全生产专题培训教育，经单位安全生产管理部门考试合格后方准上岗作业。

(6) 入场培训应以工程项目为单位，分别进行。不同的工程项目，不应合并进行培训或考试，也不应以通常的单位培训代替入场培训。

(7) 培训及考试的过程、结果等应有记录。

8.2.6　安全检查

(1) 班组安全员、项目经理部(或施工队)的专职安全员和专业工长，应对所管的工程项目进行日常性的检查。

(2) 企业施工安全管理部门应对在施工程进行经常性的检查，并对项目经理部(或施工队)的安全管理体系及其运行状况定期检查。

(3) 企业施工安全管理部门应对在施的工程进行巡回检查。对项目经理部(或施工队)的安全管理体系及其运行状况进行抽查。

(4) 安全检查应随工程进度持续进行。对重要部位和项目，如土方、脚手架、塔式起重机等的检查应及时到位。

(5) 除常规性的安全检查外，还应组织各单位、各层级安全管理人员参加的联合检查。分公司一级的联检每季度不少于一次。总公司一级的联检每半年不少于一次。

(6) 除常规性的安全检查外，应针对季节、气象的变化增加专项的检查。例如，春季防塌方，雨季防触电，以及大风、冰雪可能对施工安全造成的影响等。

(7) 遇重要的节假日或工程处于特殊环境位置、特殊时期，应随之增加针对性的检查。

(8) 安全检查必须记录并备存。

(9) 施工现场安全检查的重点部位和重点项目。

土建施工安全防护：脚手架、安全网、防护棚支搭及防护，楼梯、阳台、楼层、屋面、洞口等临边防护，电梯井口、高车吊笼、卸料平台防护，违章作业情况等。

临时用电安全防护：线路、照明设备安装，配电箱、开关箱的设置、安装，漏电与防雷保护，工人操作防护，违章作业情况等。

施工机械安全防护：设备安装，安全保护装置，设备运转情况，违章作业情况等。

以资料形式表现的项目：安全措施方案；安全技术交底；培训、考试记录；持证上岗情况；高大异型脚手架的设计审批、验收手续；临时用电的设计书，用电管理制度，配电系统线路图、接线图；塔式起重机、施工电梯的安装验收手续；值班记录；安全检查记录等。

8.2.7　安全技术交底

(1) 安全技术交底工作应按分部、分项工程和专业工种分别进行。

(2) 安全技术交底的编写应从本工程的实际情况，工程所在地区环境和施工季节等情况出发。力求全面、具体和具有较强的针对性。

(3) 安全技术交底工作应以书面形式进行。

(4) 安全技术交底应由持有岗位证书的施工队专职安全员或工长负责编写和向专业班组交底。

(5) 安全技术交底一式两份。双方签字后，一份交专业班组保存，一份交资料员归档。

8.2.8 危险源控制

(1) 企业安全职能部门和项目经理部应对施工现场、材料加场地、仓库、办公地点等处的重大危险源，即对可能导致重大伤害、疾病、生产损失、工作环境破坏的根源或状态，进行辨识、确定，并应登记建档。

(2) 辨识、确定危险源时，应考虑以下因素：非常规活动带来的危险(如冬、雨季施工及大风、高温天气等)；所有进入现场的人员(如建设单位人员)；应包括外单位的设备、设施。

(3) 应对已确定的重大危险源进行风险评估，明确其风险等级。

(4) 应对已确定的重大危险源定期检测、评估。

(5) 应针对已确定的重大危险源制定相应的控制措施。

(6) 应针对已确定的重大危险源制定相应的应急方案。

(7) 企业安全职能部门应将重大危险源及其控制措施、应急方案上报安全生产监察行政主管部门及有关部门备案。

 案例 8-3

专项(单项)安全技术措施示例

××水塔工程安全技术措施

1) 工程概况

本工程为钢筋混凝土水塔，全高 30m。水塔由水柜、筒身和基础三部分组成。基础为钢筋混凝土圆板或整体结构，筒身为圆形钢筋混凝土结构。水柜为预制作法，现场浇筑。

2) 施工环境与部署

本工程周围为空地，施工条件较好。西侧距水塔 50m 为农田，南侧距水塔 65m 处有高压线路经过。因此，施工用电、用水、道路及原材料堆放可围绕水塔进行。但卷扬机房、水泥库、搅拌机房等，应安排在东侧和北侧。临时生活区应放在现场北侧，即远离高压线路的地方(详见平面布置图)(略)。

3) 主要施工方法

筒身钢筋混凝土用液压滑升模板施工。筒身模板滑升完工后，就地围绕水塔支模预制水柜。达到预定强度后采用液压提升机具提升。脚手架采用外脚手架(结构承重架)形式。

4) 安全技术措施

需要登高操作的人员的身体状况须经医院检查。患有高血压、心脏病、贫血、眩晕症、美尼尔综合症、恐高症及其他不适宜特级高处作业的人员，不得上岗。检查工作由项目部统一安排。

各专业工种上岗前，应进行本专业的安全技术操作规程及有关的安全知识的学习。学习由班组兼职安全员组织，专职安全员监督进行。

以水塔为中心，周围 20m 内为特别施工区，设警示标志和警卫人员，禁止非该区的人员进入特别施工区。该区人员由项目部统一发给胸卡。

降雨、降雪、雷电及六级以上大风天气，禁止高空作业。

无论是在特别施工区还是在其范围外的施工现场内，所有人员均须戴安全帽。

脚手架立杆间距不得大于 1m，里皮立杆距筒体 40～50cm，大横杆间距不得大于 1.2m，小模杆间距不得大于 1.2m，剪刀撑四面均须至顶部，与地面夹角不得超过 60°。封顶横杆及剪刀撑均必须使用双杆。每个作业层均须绑 1.2m 高的两道护身栏和档脚板。高度在 10m 以上的脚手板，下方应加铺一层安全板。具体支搭方案详见施工方案。

脚手架四周立挂密目式安全网。底层四周搭设 6m 宽，离地 5m 高的双层水平安全网。每升高 12m 应搭设一道 3m 宽的水平安全网。筒底底层支搭距地 5m 高的双层水平安全网。操作台的下面和四周也应支搭安全网，随工作台同时上升。

脚手架入口处及 20m 以内的运输道路，都要搭设防护棚。

卷扬机操作人员离岗或施工中途停电时，应切断电源，将吊笼降至地面。卷筒上的钢丝绳应排列整齐，发现重叠或斜绕现象，应停机重新排列，严禁在转动中拉、踩钢丝绳。作业中，任何人不得跨越卷扬钢丝绳。

电焊机的外壳必须接地良好。应采取有效措施保护导线并应经常检查。提升电焊机时必须先切断电源。地面上的导线架空距地 2.4m，并采用橡胶绝缘导线。电坪机单独设开关。每天下班后必须切断电源。

在吊笼上安装安全抱闸装置(一套自刹，一套手刹)。同时在上下增设保险装置，以防止因限位器失灵而产生留顶或墩底。载人一次不超过 4 人，载物不超过 500kg。每班作业前应空载 1～2 次。

应设照明设备，以备夜间施工，其电压应使用不大于 36V 的安全电压。

在操作台、吊笼、卷扬机等处安设电铃。施工人员配备对讲机。

脚手架和井架高度在 10m 时设一组钢丝缆风绳。绳径不小于 12.5mm。每增高 10m 加设一组。缆风绳与地面角度应为 45°～60°，必须单独固定在地锚上。地锚周围应设围栏，低处的缆风绳上应拴警示标志。

因工程地点在机场附近，因此脚手架顶部除应设红色警示标志外，夜间应设红色信号灯。

当水柜临时停升或提升至设计标高后，柜与筒身的间隙处要用木楔楔实，以防止其摆动。

当施工期间适逢雨季时，工程所在地的土质较软。因此雨期时应在脚手架周围开挖排水沟。每场雨后都要检查脚手架的安全状况，特别要注意立杆根部的土层是否有塌陷现象。

筒旁拆模及脚手架拆除时，严禁从空中扔下。应统一用吊笼和绳索吊下。

高空作业的人员，除须戴安全帽以外，必要时还应系好安全带。

因工程采用的是钢管架子，架子超过 30m，且周围无建筑，因此应采取防雷电接地措施。可在井架和水塔外架的底部连接扁钢，扁钢的另一端与水塔避雷导线的地极相连。如水塔地极不能提前埋设，应另行埋设临时地极。

 案例 8-4

安全技术交底编写示例

××工程土方分项工程安全技术交底

(1) 本工程为机械开挖，且为多台同时操作。挖土机间距应大于 10m。挖土应由上而下逐层进行。严禁先挖坡脚或逆向挖土。

(2) 本工程的开挖深度为 3m，土的类别为硬塑的粉质粘土、粘土，坡顶有动载，故边坡坡度(高宽比)不得小于 1∶0.7。

(3) 基坑西侧距原有围墙仅 2m，不宜放坡，故应进行护坡支撑。支撑作法应严格按照支撑方案进行(详见施工组织设计)。为避免机械振动对原有围墙的影响，邻近西侧的一段采用人工挖土。同时，挖出的土方不得堆在西侧围墙边。

(4) 因工程北侧邻近居民区。因此该段除了要设置高度不低于 1.2m 的两道防护栏以外，夜间还要设红色标志灯并安设照明设施。

(5) 施工时应随时注意土壁的变动情况，如发现有裂纹，应及时支撑或放坡。并继续注意支撑和土壁的变化情况。

(6) 根据施工进度安排，挖方是在冬季，而回填是在春季。因土壤解冻时要特别注意土壁的变化。发现问题后应及时处理。

(7) 在基坑内的北、南、东侧各设置两个梯子供工人上下，禁止踩踏西侧支壁上下。

(8) 施工期间如遇降雪，道路路面应加铺炉渣、沙粒(筛漏)或喷洒盐水。

本 章 小 结

本章从工程安全生产概述和工程安全生产工作两部分入手，简要介绍安全生产的背景、含义、范围、特点、原则、要素等。重点介绍工程安全生产的概念、工作要点、安全管理系统、安全施工组织设计及工程安全施工现场管理。

通过对本章的学习，使学生理解安全生产的概念。掌握安全生产管理制度、危险源控制、施工安全技术措施及安全检查等方面。

习 题

1. 选择题

(1) 开展安全预评工作，是贯彻落实(　　)方针的重要手段。
　　A."质量第一，信誉至上"　　　　B."企业负责，政府监督"
　　C."领导负责，群众监督"　　　　D."安全第一，预防为主"

(2) (　　)是安全生产管理的主要对象，在实际生活和生产过程中以多种多样的形式存在。
　　A. 企业员工　　B. 生产设备　　C. 危险源　　D. 生产资料

(3) 技术交底必须具体、明确、(　　)强。
　　A. 操作性　　B. 指导性　　C. 严谨性　　D. 针对性

(4) 施工安全技术措施必须包括(　　)。
　　A. 经费预算　　B. 应急预案　　C. 组织机构　　D. 注意事项

(5) 检查安全生产管理是否有效，安全生产管理和规章制度是否真正得到落实，此项检查属于(　　)。
　　A. 查管理　　B. 查思想　　C. 查制度　　D. 查整改

2. 思考题

(1) 安全生产的含义和要素有哪些?
(2) 安全生产的原则有哪些?
(3) 安全生产的特点有哪些?
(4) 危险控制源有哪些?
(5) 简述工程事故报告流程。

第 **9** 章
安全施工技术

本章讲述了建筑行业各主要工种的施工安全技术和措施，通过本章的学习，应达到以下目标。

(1) 掌握脚手架、模板工程、基坑工程施工安全要点和技术措施。

(2) 掌握高处作业的预防控制要点和安全技术规程，熟悉安全"三宝"的使用规定，熟悉临边、洞口防护要求。

(3) 了解物料提升机、外用电梯、塔吊的种类和构造，掌握其使用要求。

教学要求

知识要点	能力要求	相关知识
脚手架安全	(1) 掌握脚手架安全主要技术要点 (2) 掌握扣件式脚手架的搭设与拆除的相关规定	脚手架的施工方案、立杆基础、架体与建筑物拉结、立杆间距与剪刀撑、脚手板与防护栏杆、交底与验收、扣件式脚手架的搭设与拆除等
模板工程	掌握模板工程施工安全技术要点	模板的施工方案、支撑系统和立柱稳定、施工荷载、模板存放和支拆等
基坑支护	掌握基坑工程施工安全技术要点	施工方案的编制与审批、临边防护措施、坑壁支护设置、排水措施、坑边荷载规定等
高处作业	掌握高处作业安全防护技术措施	高处坠落事故的预防、技术规程等
建筑工程安全防护	掌握洞口、临边防护要求及安全"三宝"的使用规定	安全帽、安全带、安全网使用规定；洞口、临边的防护措施
物料提升机	掌握物料提升机的使用要求	架体制作、架体稳定、钢丝绳、楼层卸料平台防护、吊篮、安装验收等
外用电梯	掌握外用电梯的使用要求	安全装置设置、安全防护措施、司机操作规定、荷载限定、安装与拆卸规定、安装验收规定等
塔吊	掌握塔吊的使用要求	力矩限制器设置、限位器设置、保险装置设置、附墙装置与夹轨钳设置、安装与拆卸规定、塔吊指挥规定等

基本概念

安全技术、脚手架、模板工程、基坑工程、高处作业。

引例

北京西单工地脚手架倒塌事故

1) 事故概况

2005 年 9 月 5 日 22 时 10 分左右，在北京市西城区西单地区西西工程 4 号地项目工地(建筑面积为 205 276m²)，施工人员在浇筑混凝土时，模板支撑体系突然坍塌，造成 8 人死亡、21 人受伤，事故现场情况，如图 9.1 所示。后经专家鉴定因计算错误造成模板支架承载力不够，导致浇筑混凝土后坍塌。该工程建设单位是北京新奥西郡房地产开发有限公司，施工总包单位是中国第二十二冶金建设公司，工程监理单位是北京希地环球建设工程顾问有限公司。

2) 各方解释

施工单位：当时监理方同意施工。

据悉，西单工地坍塌事故发生后，北京市组织专家对事故发生原因进行了鉴定，专家组报告结论为，造成事故的根本原因是计算错误。

监理方律师团成员苏占军解释说，搭建模板支架是为了在模板上浇筑混凝土。脚手架搭建起来后，如果不浇筑混凝土，根本不会造成坍塌。浇筑混凝土后，由于计算错误造成模板支架承载力不够，才造成坍塌。

按工程要求，工程施工必须经过监理单位同意。那么，谁允许浇筑则是案件责任分担的关键。

法庭上，施工方的三名被告都表示，浇筑是经过监理方同意的。施工方李乐俊和胡钢成都说，他们在公安机关时就交代，有监理方同意施工的书面证据，但此次开庭，公诉机关却没有出示，两人申请法院重新调取。

图 9.1　施工现场情况资料

施工方总工程师李乐俊的律师说，施工方案并不是李乐俊制定的，他只是在技术上进行核实，然后还要报监理方审批。他认为李乐俊对事故负有责任，但"如果是监理方同意施工，那么责任肯定就小一些"。

监理单位：从未同意浇筑混凝土。

"这实际上是两个利益集团的博弈。"作为监理方的律师，苏占军分析说："如果监理方同意浇筑，施工方责任就小一点；如果监理方没同意，监理方责任就小了。"

监理单位的吕大卫和吴亚君都表示，他们没有同意浇筑。

检察机关出示证人证言，证实监理方当时同意浇筑。证人证言遭到了监理方律师苏占军的质疑："两名证人，一个是直接指挥 4 区施工的项目部副经理，一个是施工方案的制订者，他们本身没有作为责任人被诉就已经不合适了，再出庭作证就更荒唐了。"苏占军认为，因两人都是施工单位的人，他们的证词没有证明力。

苏占军提交了他们调取的监理单位在施工过程中下发的通知文件等材料，证明监理单位做了大量工作。

3) 事故处理结果

检察机关：5 人构成重大责任事故罪。

西西工程 4 号地工程项目的施工单位是中国第二十二冶金建设公司(以下简称二十二冶)，监理单位是北京希地环球建设工程顾问有限公司(以下简称希地环球公司)。检察机关指控，施工单位和监理单位的 5 名责任人构成重大责任事故罪。

二十二冶有 3 人被诉。该公司西西工程 4 号地工程土建总工程师李乐俊被指控：明知设计方案没经过审批，仍要求施工队施工；项目部总工程师杨国俊被指控：对存在问题的搭建情况未采取措施，导致严重安全隐患；工程项目经理胡钢成被指控：对模板支架施工没进行制止，并组织进行混凝土浇筑作业。

希地环球公司 2 人被诉。该公司驻 4 号地工程项目部总监吕大卫和监理员吴亚君，被指控没有履行监理职责，对不符合安全要求的模板支架施工没有进行制止。

4) 事故教训

事故发生后，国务院领导做出重要指示，要求有关方面全力抢救伤员，查明事故原因，并且举一反三，采取切实有效措施，防止此类事故发生。北京市立即启动应急预案，开展现场救援和处置工作。各地建设行政主管部门要认真贯彻落实国务院领导指示精神，汲取此次重大事故教训，结合本地区实际做好以下工作：切实加大预防模板坍塌等事故的措施力度；进一步落实工程监理企业的安全监理责任；严格实施安全生产行政许可制度；制定和完善应急救援预案，定期进行演练；有针对性地做好当前有关建筑的安全生产工作。

9.1　脚手架安全

1. 施工方案

(1) 根据工程实际编制脚手架专项施工方案，方案要有针对性，能有效地指导施工，明确安全技术措施。

(2) 搭设高度在 25m 以下的外脚手架应有搭拆方案，绘制架体与建筑物拉结详图、现场杆件立面和平面布置图。

(3) 搭设高度超过 25m 且不足 50m 的外脚手架，应采取双钢管立杆或缩小间距等加强措施。除应绘制架体与建筑物拉结详图、现场杆件立面和平面布置图外，还应说明脚手架基础做法。

(4) 搭设高度超过 50m 的外脚手架，应有设计计算书及卸荷方法详图，绘制架体与建筑物拉结详图、现场杆件立面和平面布置图，并说明脚手架基础做法。

(5) 外脚手架专项施工方案(包括计算书及卸荷方法等)必须经企业技术负责人审批并签字盖章。

2. 立杆基础

(1) 脚手架立杆需深埋地下 30cm 以上并支在垫木(块)上。基础夯实后,落地顶撑支设在木板或水泥垫块上,并设纵横相连扫地杆。立杆基础埋深上部分采用混凝土浇筑的可不设扫地杆。

(2) 钢管脚手架基础平整夯实,混凝土硬化,落地立杆垂直稳放在金属底座、混凝土地坪、混凝土预制块上,设纵横相连扫地杆。

(3) 立杆基础外侧设置截面不小于 20cm×20cm 的排水沟,并在外侧设 80cm 以上混凝土路面。

(4) 外脚手架不宜支在尾面、雨篷、阳台等处,确因工程需要搭设的脚手架,要分别对外架和屋面、雨篷、阳台等部位的结构稳定性进行计算并采取有效安全措施。其设计计算书和安全措施须经企业技术负责人审批并签字盖章。

3. 架体与建筑物拉结

(1) 脚手架与建筑物按水平方向不大于 7m,垂直方向不大于 4m 设一拉结点。拉结点在转角和顶部处加密,即在转角 1m 以内范围按垂直方向不大于 4m 设一拉结点,顶部 80cm 以内范围按水平方向不大于 7m 设一拉结点。

(2) 钢管外脚手架拉结点应刚性拉结;外脚手架采用 2 根并联 8 号铅丝加套管的柔性拉结(既拉又撑),拉结点应保证牢固,防止其移动变形,且尽量设置在外脚手架大、小横杆接点处。

(3) 外墙装饰阶段拉结点也须满足要求,确因施工需要除去原拉结点时,必须重新补设可靠、有效的临时拉结,以确保外架安全可靠。

(4) 拉结点或临时拉结点必须画出制作详图。

4. 立杆间距与剪刀撑

(1) 脚手架步距不大于 1.8m,立杆纵距不大于 1.5m,横距不大于 1.3m,架子总高度不得超过 25m。

(2) 钢管脚手架步距底部高度不大于 2m,其余不大于 1.8m,立杆纵距不大于 1.8m,横距不大于 1.5m。如搭设高度超过 25m,须采用双立杆或缩小间距的方法搭设,超过 50m 应进行专门设计计算。

(3) 架子转角处立杆间距应符合搭设要求。

(4) 脚手架外侧设置剪刀撑,由脚手架端头开始按水平距离不超过 9m 设置一排剪刀撑,剪刀撑杆件与地面成 45°～60° 角,自下而上、左右连续设置。设置时与其他杆件的交叉点应互相连接(绑扎),并应延伸到顶部大横杆以上。脚手架剪刀撑底部斜杆应深埋超过 30cm。

(5) 脚手架必须设置顶撑,顶撑能有效地搁在小横杆上,不得移位、偏离。

(6) 严禁搭设单排脚手架。

5. 脚手板与防护栏杆

(1) 25m 以下建筑物的外脚手架的脚手板除操作层及操作层的上下层、底层、顶层必须满铺外，还应在中间至少满铺一层，25m 以上建筑物的外架应层层铺设脚手板。装饰阶段必须层层满铺脚手板。

(2) 满铺层脚手板必须垂直墙面横向铺设，满铺到位不留空位，不能满铺处必须采取有效防护措施。

(3) 脚手板须用不细于 18# 的铅丝双股并联绑扎不少于 4 点，要求绑扎牢固，交接处平整，无探头板。脚手板完好无损，破损的要及时更换。

(4) 脚手架外侧必须用建设主管部门认证的合格的密目式安全网封闭，且应将安全网固定在脚手架外立杆里侧，不宜将网围在各杆件的外侧。安全网应用不小于 18# 的铅丝张挂严密。

(5) 脚手架外侧自第二步起必须设 1.2m 高同材质的防护栏杆和 30cm 高踢脚杆，顶排防护栏杆不少于 2 道，高度分别为 0.9m 和 1.3m。脚手架内侧形成临边的(如遇大开间门窗洞等)，在脚手架内侧设 1.2m 高的防护栏杆和 30cm 高踢脚杆。

(6) 脚手架的高度，里立杆低于檐口 50cm，平屋面外立杆高于檐口 1.0～1.2m，坡屋面高于檐口 1.5m 以上。

6. 交底与验收

(1) 脚手架搭设前应对架子工进行安全技术交底，交底内容要有针对性，交底双方履行签字手续。

(2) 脚手架搭设后由公司组织分段验收(一般不超过 3 步架)，办理验收手续。验收表中应写明验收的部位，内容量化，验收人员履行验收签字手续。验收不合格的，应在整改完毕后重新填写验收表。脚手架验收合格并挂合格牌后方可使用。

(3) 脚手架应进行定期检查和不定期检查，并按要求填写检查表，检查内容量化，履行检查签字手续。对检查出的问题应及时整改，项目部每半月至少检查一次。

7. 小横杆设置

(1) 外脚手架在立杆与大横杆交点处设置小横杆，两端固定在立杆上，确保安全受力。

(2) 小横杆应设置在大横杆的下方，顶撑的下端(仅指毛竹脚手架)。

(3) 小横杆两端各伸出的立杆净长度不少于 10cm，并应尽量保持一致。

8. 杆件搭接

(1) 钢管脚手架立杆必须采用对接，大横杆可以对接和搭接，剪刀撑和其他杆件采用搭接，搭接长度不小于 40cm，且不少于两只扣件紧固。

(2) 竹脚手架立杆、剪刀撑、大横杆和其他杆件均采用搭接，其中立杆、剪刀撑搭接长度不小于 1.5m，大横杆不小于 2m，且均用不细于 10# 的铅丝双股并联绑扎 3 道以上。

(3) 相邻杆件搭接、对接必须错开一个档距，同一平面上的接头不得超过 50%。

(4) 竹脚手架顶撑设置到位、有效，与立杆用不小于 10# 的铅丝双股并联绑扎 3 道。

9. 架体内封闭

(1) 脚手架的架体里，立杆距墙体净距一般不大于 20cm，如大于 20cm 的必须铺设站人片，站人片设置应平整牢固。

(2) 脚手架施工层里立杆与建筑物之间应进行封闭。

(3) 施工层以下外架每隔 3 步及底部应用密目网或其他措施进行封闭。

10. 脚手架材质

(1) 钢管脚手架应选用外径 48mm、壁厚 3.5mm 的 A3 钢管，表面平整光滑，无锈蚀、裂纹、分层、压痕、划道和硬弯，新用钢管有出厂合格证。搭设架子前应进行保养、除锈并统一涂色，颜色应力求环境美观。

(2) 搭设竹脚手架的竹竿要求挺直、质地坚韧，不得使用青嫩、枯脆、腐烂、虫蛀及裂纹连通两节以上的竹竿。竹竿有效部分小头直径必须符合：①立杆、大横杆、顶撑、剪刀撑等不小于 75mm；②小横杆不得小于 90mm；③搁栅、栏杆不得小于 60mm。

(3) 钢管脚手架搭设使用的扣件应符合《钢管脚手架扣件》(GB 15831—2006)的要求。有扣件生产许可证，规格与钢管匹配，采用可锻铸铁，不得有裂纹、气孔、缩松、砂眼等锻造缺陷，贴合面应平整，活动部位灵活，夹紧钢管时开口处最小距离不小于 5mm。

(4) 底排立杆及扫地杆均漆成红白相间色。

11. 通道

(1) 外脚手架应设置上下人行斜道，附着搭设在脚手架的外侧，不得悬挑。斜道的设置应为来回上折形，坡度不大于 1∶3，宽度不小于 1m，转角处平台面积不小于 $3m^2$。斜道立杆应单独设置，不得借用脚手架立杆，并应在垂直方向和水平方向每隔一步或一个纵距设一连接。

(2) 斜道两侧及转角平台外围均应设 1～2m 高防护栏杆和 30cm 高踢脚杆，并用合格的密目式安全网封闭。

(3) 斜道侧面及平台外侧应设置剪刀撑。

(4) 斜道脚手片应采用横铺，每隔 20～30cm 设一防滑条，防滑条宜采用 40mm×60mm 方木，并用多道铅丝绑扎牢固。

(5) 外架与各楼层之间应设置进出通道，坡度不大于 1∶3，宽度不小于 1m。通道宜采用木板铺设，两边设 1.2m 高防护栏杆和 30cm 高踢脚杆，并固定牢固。

(6) 斜道和进出通道的栏杆、踢脚杆统一漆成红白相间色。

12. 卸料平台

(1) 外脚手架吊物卸料平台和井架卸料平台应有单独的设计计算书和搭设方案。

(2) 吊物卸料平台、井架卸料平台应按照设计方案搭设，应与脚手架、井架断开，有单独的支撑系统。

(3) 卸料平台要求采用厚 4cm 以上木板统一铺设，并设有防滑条。外架吊物卸料平台应采用型钢做支撑，预埋在建筑物内，不得采用钢骨搭设。井架卸料平台可以用钢管从基础上搭设，但基础必须采用混凝土地立杆垫型钢或木板。

(4) 吊物卸料平台必须设置限载牌。

(5) 卸料平台临边防护到位，设置 1.2m 高防护栏杆和 30cm 高踢脚杆，四周采用密目式安全密封网。

13. 扣件式双排钢管脚手架搭设

1) 一般要求

(1) 建筑登高作业人员(架子工)，必须经专业安全技术培训，考核合格后持特种作业操作证上岗作业。架子工的徒工必须办理学习证，非架子工未经同意不得单独进行作业。

(2) 架子工必须经过体检，凡患有高血压、心脏病、癫痫病、晕高或高度近视及不适合登高作业的，不得从事登高架设工作。

(3) 正确使用个人安全防护用品，必须着装灵便(紧身紧袖)。在高处(2m 以上)作业时必须佩戴安全带与已搭好的立、横杆挂牢，穿防滑鞋作业时精神要集中。团结协作、互相响应、统一指挥，不得翻爬脚手架，严禁打闹玩笑、酒后上班。

(4) 班组(队)接受任务后，必须组织全体人员认真学习领会脚手架专项安全施工组织设计和安全技术措施交底，研讨搭设方法，明确分工，并派 1 名技术好、有经验的人员负责搭设主技术指挥和监护。

(5) 风力六级以上(含六级)强风和高温、大雨、大雪、大雾等恶劣天气，应停止高处露天作业。风、雨、雪过后进行检查，发现倾斜下沉、松扣、崩扣要及时修复，合格后方可使用。

(6) 脚手架要结合工程进度搭设；未搭设完的脚手架，在离开岗位时，不得留有未固定构件和安全隐患，确保架子稳定。

(7) 在带电设备附近搭、拆脚手架时，宜停电作业；在外电架空线路附近作业时，脚手架外侧边缘与外电架空线路的边线之间的最小安全操作距离不得小于《施工现场临时用电安全技术规范》(JGJ 46—2005)的要求。

在建筑工程(含脚手架具)的外侧边缘与外电架空线路的边缘之间的最小安全操作距离见表 9-1。

表 9-1　建筑工程外侧边缘与外电架空线路边缘之间最小安全操作距离

外电线路电压	1kV 以下	1~10kV	35~110kV	154~220kV	330~500kV
最小安全操作距离/m	4	6	8	10	15

(8) 各种非标准的脚手架，跨度过大、负载超重等特殊架子或其他新型脚手架，按专项安全施工组织设计批准的意见进行作业。

(9) 脚手架搭设到高于在建建筑物顶部时，里排立杆要低于檐口 40~50mm，外排立杆高出檐口 1~1.5m，搭设两道防护栏，并挂密目安全网。

(10) 脚手架搭设、拆除、维修必须由架子工负责。

2) 材料

(1) 钢管：采用外径 48mm 或 51mm 的管材。钢管应平直光滑，无裂缝、分层、硬弯、毛刺、压痕和深的划道。钢管应有产品质量合格证，钢管必须涂有防锈漆并严禁打孔。

脚手架钢管的尺寸应按表 9-2 采用，每根钢管的最大质量不应大于 25kg。

表 9-2 脚手架钢管尺寸

（单位：mm）

截面尺寸		最大长度	
外径 Φ	壁厚 t	横向水平杆	其他杆
48	3.5	2 200	6 500
51	3.0		

(2) 扣件：采用可锻造铁制作，其材质应符合《钢管脚手架扣件》(GB 15831—2006) 的规定。新扣件必须有产品合格证。旧扣件使用前应进行质量检查，有裂纹、变形的严禁使用，出现滑牙的螺栓必须更换。

(3) 脚手板：可采用钢材、木材两种，每块质量不宜大于 30kg。冲压新钢脚手板必须有产品质量合格证，板长度为 1.5～3.6mm，厚 2～3mm，肋高 5cm，宽 23～25cm。其表面锈蚀斑点直径不大于 5mm，并沿横截面方向不得大于 3 处。脚手板一端应压连接卡口，以便铺设时扣住另一块的端部，板面应冲有防滑圆孔。

木脚手板应采用杉木或松木制作，其长度为 2～6m，厚度不小于 5cm，宽度为 23～25cm，不得使用腐朽、裂纹、斜纹及大横透节的板材。两端应设直径为 4mm 的镀锌钢丝箍两道。

(4) 安全网：宽度不得小于 3m，长度不得大于 6m，网眼按使用要求设置，最大不得大于 10cm，必须使用维纶、锦纶、尼龙等材料，严禁使用损坏或腐朽的安全网和丙纶网。密目安全网只准作立网使用。

3) 扣件式钢管脚手架

(1) 扣件式钢管脚手架按其搭设位置分为外脚手架、内脚手架；按立杆排数分为单排、双排脚手架；按高度分为一般脚手架、高层脚手架，还可分为结构脚手架、装修脚手架。具体搭设的操作规定，其基本要求如下。

① 脚手架应由立杆(冲天)、纵向水平杆(大横杆、顺水杆)、横向水平杆(小横杆)、剪刀撑(十字盖)、抛撑(压栏子)、纵横扫地杆和拉结点等组成。脚手架应有足够的强度、刚度和稳定性，在允许施工荷载作用下，确保不变形、不倾斜、不摇晃。

② 脚手架搭设前应清除障碍物、平整场地、夯实基土、做好排水，根据脚手架专项安全施工组织设计(施工方案)和安全技术措施交底的要求，基础验收合格后，放线定位。

③ 垫板宜采用长度不少于 2 跨，厚度不小于 5cm 的木板，也可采用槽钢。底座应准确放在定位位置上。

(2) 结构承重的单、双排脚手架。

① 搭设高度不超过 20m 的脚手架，构造主要参数见表 9-3。

表 9-3　常用敞开式双排脚手架的设计尺寸

(单位：m)

连墙件设置	立杆横距	步距 h	下列荷载时的立杆纵距 l_a				脚手架允许搭设高度
			2+4×3.5 (kN/m²)	2+2+4×3.5 (kN/m²)	3+4×3.5 (kN/m²)	3+2+4×3.5 (kN/m²)	
二步三跨	1.05	1.20~1.35	2.0	1.8	1.5	1.5	50
		1.80	2.0	1.8	1.5	1.5	50
	1.30	1.20~1.35	1.8	1.5	1.5	1.5	50
		1.80	1.8	1.5	1.5	1.5	50
	1.55	1.20~1.35	1.8	1.5	1.5	1.5	50
		1.80	1.8	1.5	1.5	1.5	37
三步三跨	1.05	1.20~1.35	1.8	1.5	1.5	1.5	50
		1.80	2.0	1.5	1.5	1.5	34
	1.30	1.20~1.35	1.8	1.5	1.5	1.5	50
		1.80	1.8	1.5	1.5	1.2	30

注：1. 表中所示 2+2+4×3.5(kN/m²)的意思为 2+2(kN/m²)是两层装修作业层施工荷载 4×3.5(kN/m²)包括两层作业层脚手板，另两层脚手板是根据《建筑施工扣件式钢管脚手架安全技术规范》(JGJ 130—2011)第 7.3.12 条的规定确定；

2. 作业层横向水平间距，应按不大于 $l_a/200$ 设置。

② 立杆应纵成线、横成方，垂直偏差不得大于 1/200。立杆接长应使用对接扣件连接，相邻的两根立杆接头应错开 500mm，不得在同一步架内。立杆下脚应设纵、横向扫地杆。

③ 纵向水平杆在同一步架内纵向水平高差不得超过全长的 1/300，局部高差不得超过 50mm。纵向水平杆应使用对接扣件连接，相邻的两根纵向水平接头错开 500mm，不得在同一跨内。

④ 横向水平杆应设在纵向水平杆与立杆的交点处，与纵向水平杆垂直。横向水平杆端头伸出外立杆应大于 100mm，伸出里立杆为 450mm。

⑤ 剪刀撑的设置应在侧立面整个高度上连续设置。剪刀撑斜杆的接长宜采用搭接，应用 2 只旋转扣件搭接，接头长度不小于 500mm，剪刀撑与地面的夹角为 45°~60°。

⑥ 剪刀撑斜杆应采用旋转扣件固定在与之相交的横向水平杆(小横杆)的伸出端或立杆上，旋转扣件中心线至主节点的距离不宜大于 150mm。

⑦ 十字型、开口型双排脚手架的两端均必须设横向斜撑，中间宜每隔 6 跨设置一道。高度在 24m 以下的封闭型脚手架可不设横向斜撑；24m 以上脚手架，除拐角应设置横向斜面撑外，中间应每隔 6 跨设置一道。

⑧ 脚手架与在建建筑物的拉结点，对高度在 24m 以上的脚手架宜采用刚性连接墙件与建筑物连接，亦可采用拉筋和顶撑配合使用的附墙连接方式。严禁使用仅有拉筋的柔性连墙件。

⑨ 脚手架底笆必须铺满，并四角扎牢，四角做好防雷接地保护。

(3) 脚手架的基础除按规定设置外，必须做好排水处理。

(4) 所有扣件紧固力矩，应达到 45～55N·m。

(5) 同一立面的小横杆，应对等交错布置，同时立杆上下对直。

14. 扣件式钢管脚手架拆除工程

(1) 拆除现场必须设警戒区域，张挂醒目的警戒标志。警戒区域内严禁非操作人员通行或在脚手架下方继续施工。地面监护人必须履行职责。高层建筑脚手架拆除，应配备良好的通信装置。

(2) 仔细检查吊运机械(包括索具)是否安全可靠。吊运机械不准搭设在脚手架上，应另外设置。

(3) 如遇强风、雨、雪等特殊气候，应停止脚手架的拆除。夜间一般应停止拆除作业，除特殊情况并经领导审批同意后，方可进行拆除。拆除中应具备良好的照明设备，配备监护人员。

(4) 所有高处作业人员，应严格按高处作业规定执行并遵守安全纪律、拆除工艺及方案要求。

(5) 建筑内所有窗户必须关闭锁好，不允许向外开启或向外伸挑物件。

(6) 拆除人员进入岗位后，先进行检查，加固松动部位，清除步层内留的材料、物件及垃圾块。所有清理物应安全输送至地面，严禁从高处抛掷。

(7) 按搭设的反程序进行拆除，即密目安全网→踢脚板→防护栏杆→搁棚→斜拉杆→连墙杆、大横杆、小横杆→立杆。

(8) 不允许分立面拆除或上、下两步同时拆除(踏步式)。认真做到一步一清，一杆一清。

(9) 所有连墙杆、斜拉杆、隔离措施、登高措施必须随脚手架步层拆除同步进行，不准先行拆除。

(10) 所有杆件与扣件在拆除时应分离，不允许杆件随着扣件输送地面，或两杆同时拆下输送至地面。

(11) 所有垫铺笆拆除，应自外向里竖立、搬运，防止自里向外翻起后，笆面垃圾物件直接从高处坠落伤人。

(12) 脚手架内必须使用电焊气割工艺时，应严格按照国家特殊工种的要求和消防规范执行。增派专业人员，配备料斗(桶)，防止火星在切割时溅落。严禁无证动用焊割工具。

(13) 当日完工后，应仔细检查岗位周围情况，如果发现留有隐患的部位，应及时进行修复或继续完成至一个程序、一个部位的结束，方可撤离岗位。

(14) 输送至地面的所有杆件、扣件等物件，应按类堆放整齐。

案例 9-1

脚手架搭设应有专项施工方案，搭设完毕应进行验收、安全交底后才能使用。这方面的教训极其深刻，如 2010 年 1 月 2 日由芜湖恒达建筑安装有限责任公司、芜湖富贵建筑安装架业有限公司承建的芜湖华强文化科技产业园配送中心建设工地，在混凝土浇筑过程中发生坍塌事故，造成 15 名工人被埋。经紧急营救，7 人被当场救出。8 名被埋人员经救出后已死亡，如图 9.2 所示。

图 9.2 脚手架倒塌场情况资料

9.2 模板工程安全保证项目

模板工程指新浇混凝土成型的模板及支承模板的一整套构造体系。其中，接触混凝土并控制预定尺寸、形状、位置的构造部分称为模板，支持和固定模板的杆件、桁架、联结件、金属附件、工作便桥等构成支承体系。对于滑动模板、自升模板，则增设提升动力及提升架、平台等。模板工程在混凝土施工中是一种临时结构。

模板的分类有各种不同的方法：按照形状分为平面模板和曲面模板两种；按受力条件分为承重和非承重模板(即承受混凝土的自重和混凝土的侧压力)；按照材料分为木模板、钢模板、钢木组合模板、重力式混凝土模板、钢筋混凝土镶面模板、铝合金模板、塑料模板等；按照结构和使用特点分为拆移式、固定式两种；按其特种功能有滑动模板、真空吸盘或真空软盘模板、保温模板、钢模台车等。

模板及其支撑应具有足够的承载能力、刚度和稳定性，能可靠地承受模板自重、钢筋和混凝土的自重、运输工具及操作人员等活荷载和新浇注混凝土对模板的侧压力和机械振动力等。因此，模板工程安全技术非常重要。模板工程施工现场，如图 9.3 所示。

图 9.3 建筑工程模板工程施工现场

为保证建筑工程的模板工程的施工安全，施工企业必须从如下几个方面做好安全保证工作：施工方案的编制与审批、支撑系统的设计计算、立柱稳定措施、施工荷载限制、模板存放规定、支拆模板规定等。

1. 施工方案

施工方案内容应该包括模板及支撑的设计、制作、安装和拆除的施工程序、作业条件及运输、堆放的要求等。模板工程施工应针对混凝土的施工工艺(如采用混凝土喷射机、混凝土泵送设备、塔吊浇注罐、小推车运送等)和季节施工特点(如冬季施工保温措施等)制定出安全、防火措施，一并纳入施工方案之中。

模板工程专项安全施工组织设计(方案)的主要内容如下。

(1) 工程概况：要充分了解设计图纸、施工方法和作业特点及作业的环境、相关的技术资源、施工现场与模板工程相关的高处作业临边防护措施和季节性施工特点等。

(2) 模板工程安装和拆除的技术要求：主要是对模板及其支撑系统的安装和拆除的顺序，作业时应遵守的规范、标准和设计要求，有关施工机具设备的要求，作业时对施工荷载的控制措施，模板及其支撑系统安装后的验收要求，浇捣混凝土时应注意的事项，浇捣大型混凝土时对模板支撑系统及模板进行变形和沉降观测的要求，模板拆除前混凝土强度应达到的标准，模板拆除前应履行的手续等做出明确具体的规定。

(3) 模板工程安全技术措施编制：模板工程的安全技术措施要和现场的实际情况(如现场已有的安全防护设施)相配合。重点是登高作业的防护和操作平台的设置，立体交叉作业的隔离防护，作业人员上、下作业面通道的设置或登高用具的配置，洞口及临边作业的防护，悬空作业的防护，有关施工机具设备的使用安全，有关施工用电的安全和高层大钢模板的防雷，夜间作业时的照明问题等。

(4) 绘制有关支撑系统的施工图纸：主要有支撑系统的平面图，立面图，有关关键、重点部位细部构造的节点详图等施工图纸。如对支承模板及其支撑系统的楼、地面有加强措施的，也应按要求绘制相应的施工图纸。

2. 支撑系统

模板支撑系统的设计与计算主要包括：模板及其支撑系统材质选用，材料应达到的等级及规格尺寸，制作的方法，接头的方法，有关杆件设置和间距，剪刀撑的设置等。模板支撑系统的设计应考虑模板和支撑系统的自重，钢筋和需要灌筑混凝土的自重，施工人员、施工设备和混凝土堆集的自重作用下支撑系统的强度和稳定性，并对支承模板及其支撑系统的楼、地面的承载能力等进行计算和验算，并制定模板及其支撑系统在风荷作用下，应从构造上采取的有效防倾倒措施。支撑在安装过程中应考虑必要的临时固定措施，各部位支撑点应牢固平整，以保证支撑模板的稳定性。

3. 立柱稳定

(1) 立柱材料可用钢管、门型架、木杆，其材质和规格应符合设计要求。

(2) 立柱底部支撑结构必须具有支承上层荷载的能力，上下层立柱应对准。为合理传递荷载，立柱底部应设置木垫板，木楔应钉牢。禁止使用砖及脆性材料铺垫。当支承在地基上时，应验算地基土的承载力。

(3) 为保证立柱的整体稳定，应在安装立柱的同时，加设水平支撑和剪刀撑。立柱高度大于 2m 时，应设两道水平支撑，高度超过 4m 时，人行通道处的支撑应设置在 1.8m 以上，以免人员碰撞松动。满堂模板立柱的水平支撑必须纵横双向设置。其支架立柱四边及中间每隔四跨立柱，设置一道纵向剪刀撑。立柱每增高 1.5～2m 时，除再增加一道水平支撑外，还应每隔 2 步设置一道水平剪刀撑。

(4) 立柱的间距应经计算确定，按照施工方案要求进行。当使用 ϕ 48(mm)钢管时，间距不应大于 1m。

4. 施工荷载

现浇式整体模板上的施工荷载一般按 2.5kN/m^2 计算，并以 2.5kN 的集中荷载进行验算，新浇的混凝土按实际厚度计算自重。当模板上的荷载有特殊要求时，按施工方案设计要求进行检查。

模板上堆料和施工设备应合理分散堆放，不应造成荷载的过多集中。尤其是滑模、爬模等模板的施工，应使每个提升设备的荷载相差不大，保持模板平稳上升。

5. 模板存放

(1) 大模板应存放在经专门设计的存放架上，应采用两块大模板面对面存放。必须保证地面的平整坚实。当存放在施工楼层上时，应满足其自稳角度，并有可靠的防倾倒措施。

(2) 各类模板应按规格分类堆放整齐，地面应平整坚实，当无专门措施时，叠放高度一般不应超过 1.6m。大模板存放必须有稳固措施，防止倾倒。钢模板部件拆除后，临时堆放处离楼层边沿不应小于 1m，堆放高度不得超过 1m，楼层边口、通道口、脚手架边缘等处严禁堆放任何拆除物件。

6. 支拆模板

悬空作业处应有牢靠的立足作业面，支拆 3m 以上高度的模板时，应搭设脚手架工作台，高度不足 3m 的可用移动式高凳，不准站在拉杆、支撑杆上操作，也不准在梁底模上行走操作。

(1) 安装模板应符合方案的程序，安装过程应有保持模板稳定的临时措施(单片柱模吊装时，应待模板稳定后摘钩)；安装墙体模板时，从内、外角开始沿两个互相垂直的方向安装等。

(2) 拆除模板应按方案规定程序进行，先拆非承重部分。拆除大跨度梁支撑柱时，先从跨中开始向两端对称进行。大模板拆除前，要用起重机垂直吊牢，然后再进行拆除。拆除薄壳时从结构中心向四周均匀放松对称进行。当立柱水平拉杆超过两层时，应先拆两层以上的水平拉杆，最下一道水平杆与立柱模同时拆除，以确保柱模稳定。拆除模板作业比较危险，操作人员要使用长撬杠，省力平稳，模板拆除应按区域逐块进行，定型钢模板拆除不得大面积撬落。模板、支撑要随拆随运，严禁随意抛掷，拆除后分类码放。不得留有未拆净的悬空模板，要及时清除，防止板落或掉物伤人，还应设置警戒线，划出明显标志，有专人监护。

案例 9-2

模板支撑系统失稳，××建筑坍塌事故

1. 事故情况

××市电视台演播中心工程由市电视台投资兴建，××大学建筑设计院设计，××建设监理公司对工程进行监理。该工程在市招标办公室进行公开招投标，该市××建筑公司于 1 月 13 日中标，并于 3 月 31 日与市电视台签订了施工合同。该建筑公司组建了项目经理部，史某任项目经理，成某任项目副经理。4 月 1 日工程开工，计划竣工日期为第二年 7 月 31 日。工地总人数约 250 人，民工主要来自南方各地。

市电视台演播中心工程地下 2 层、地上 18 层，建筑面积 34 000m²，采用现浇框架剪力墙结构体系。演播中心工程的大演播厅总高 38m(其中地下 8.70m，地上 29.30m)，面积为 624m²。7 月份开始搭设模板支撑系统支架，支架钢管、扣件等约 290t，钢管和扣件分别由甲方、市建工局材料供应处、××物资公司提供或租用。原计划 9 月底前完成屋面混凝土浇筑，预计 10 月 25 日下午 4 时完成混凝土浇筑。

在大演播厅舞台支撑系统支架搭设前，项目部在没有施工方案的情况下，按搭设顶部模板支撑系统的施工方法，先后完成了三个演播厅、门厅和观众厅的搭设模板和浇筑混凝土施工。1 月，该项目经理部项目工程师茅某编制了"上部结构施工组织设计"，并于当月 30 日经项目副经理成某和分公司副主任工程师赵某批准实施。

7 月 22 日开始搭设施工后，时断时续。搭设时没有施工方案，没有图纸，没有进行技术交底。由项目副经理成某决定支架立杆、纵横向水平杆的搭设尺寸，按常规(即前五个厅的支架尺寸)进行搭设，由项目部施工员丁某在现场指挥搭设。搭设开始约 15d 后，分公司副主任工程师赵某将"模板工程施工方案"交给丁某。丁看到施工方案后，向项目副经理成某作了汇报，成答复还按以前的规格搭架子，到最后再加固。模板支撑系统支架由该建筑公司的劳务公司组织进场的朱某工程队进行搭设(朱某是市标牌厂职工，以个人名义挂靠在该建筑公司的劳务公司，6 月份进入施工工地从事脚手架搭设，事故发生时朱某工程队共 17 名民工，其中 5 人无特种作业人员操作证)，地上 25～29m 最上边一段由木工工长孙某负责指挥木工搭设。10 月 15 日完成搭设，支架总面积约 624m²，高度 38m。搭设支架的全过程中，没有办理自检、互检、交接检、专职检的手续，搭设完毕后未按规定进行整体验收。

10 月 17 日开始进行模板安装，10 月 24 日完成。23 日木工工长孙某向项目部副经理成某反映水平杆加固没有到位，成某即安排架子工加固支架，25 日浇筑混凝土时仍有 6 名架子工在继续加固支架。

10 月 25 日 6 时 55 分开始浇筑混凝土，8 时多，项目部资料质量员姜某才补填混凝土浇捣令，并送监理公司总监韩某签字，韩某将日期签为 24 日。浇筑现场由项目部混凝土工长邢某负责指挥。该建筑公司的混凝土分公司负责为本工程供应混凝土，为 B 区屋面浇筑 C40 混凝土，坍落度 16～18cm，用两台混凝土泵同时向上输送(输送高度约 40m、泵管长度约 60m×2)。浇筑时，现场有混凝土工工长 1 人，木工 8 人，架子工 8 人，钢筋工 2 人，混凝土工 20 人，以及电视台 3 名工作人员(为拍摄现场资料)等。自 10 月 25 日 6 时 55 分开始至 10 时 10 分，输送机械设备一直运行正常。到事故发生止，输送至屋面混凝土约 139m³，重约 342t，占原计划输送屋面混凝土总量的 51%。

10 时 10 分，当浇筑混凝土由北向南单向推进，浇至主次梁交叉点区域时，模板支架立杆失稳，引起支撑系统整体倒塌。屋顶模板上正在浇筑混凝土的工人纷纷随塌落的支架和模板坠落，部分工人被塌落的支架、模板和混凝土浆掩埋。

事故发生后，该建筑项目经理部向有关部门紧急报告事故情况。闻讯赶到的领导，指挥公安民警、武警战士和现场工人实施了紧急抢险工作，将伤者立即送往医院进行救治。最后，造成正在现场施工的民工

和电视台工作人员 6 人死亡、35 人受伤(其中重伤 11 人)，直接经济损失 70.781 5 万元。

2. 事故原因分析

(1) 支撑体系搭设不合理。在主次梁交叉点区域的每平方米钢管支撑的立杆数应为 6 根，实际上只有 3 根立杆受力；又由于梁底模下枋呈纵向布置，使梁下中间排立杆的受荷过大，有的立杆受荷最大达 4t 多；有部分立杆底部无扫地杆、步距过大达 2.6m，造成立杆弯曲；加之输送混凝土管的冲击和振动等影响，使节点区域的中间单立杆首先失稳并随之带动相邻立杆失稳。

(2) 模板支撑与周围结构连结点不足，在浇筑混凝土时造成了顶部晃动，加快了支撑失稳的速度。

(3) 未按"建筑法"的要求，对专业性较强的分项工程——现浇混凝土屋面板的模板支撑体系的施工编制专项施工方案；施工过程中，有了施工方案后也未按要求进行搭设。

(4) 没有按照规范的要求，对扣件或钢管支撑进行设计和计算。在后补的施工方案中模板支架设计方案过于简单，且无计算书，缺乏必要的细部构造大样图和相关的详细说明。即使按照施工方案施工，现场搭设时也是无规范可循。

(5) 监理公司驻工地总监理工程师无监理资质。工程监理组没有对支架搭设过程严格把关，在没有对模板支撑系统的施工方案审查认可的情况下同意施工；没有监督对模板支撑系统的验收，就签发了浇捣令；工作严重失职，导致工人在存在重大事故隐患的模板支撑系统上进行混凝土浇筑施工，是造成这起事故的重要原因。

(6) 在上部浇筑屋盖混凝土的情况下，民工在模板支撑下部进行支架加固是造成事故伤亡人员扩大的原因之一。

(7) 该建筑公司领导的安全生产意识淡薄，个别领导不深入基层，对各项规章制度执行情况监督管理不力，对重点部位的施工技术管理不严，有法有规不依。施工现场用工管理混乱，部分特种作业人员无证上岗作业，对民工未进行三级安全教育。

(8) 施工现场支架钢管和扣件在采购、租赁过程中质量管理把关不严，部分钢管和扣件不符合质量标准。

(9) 建筑安全管理部门对该建筑工程执法监督和检查指导不力；对监理公司的监督管理不到位。

3. 事故预防措施与对策

1) 组织措施

(1) 决定召开全市大会，通报事故情况，公布对责任者的处理意见，对全市建筑行业下一步安全生产工作提出具体明确的要求。

(2) 市建工局、市建委认真吸取事故教训，举一反三，按国家行业管理的各项法律法规的要求，强化行业管理，采取有力措施，加强技术管理工作，针对薄弱环节和存在的问题，完善各项规章制度和责任制。

(3) 加强对施工企业的管理力度，规范企业的施工现场管理、技术管理、用工管理，坚决制止私招乱雇现象；新工人入场，必须进行严格的三级安全教育；特别是对特种作业人员持证上岗情况，一定要严格履行必要的验证手续，如审查备案证书的原件；对农民工应加强对施工现场危险危害因素和紧急救援、逃生方面知识的教育。

(4) 加强对监理单位的管理工作，严格规范建设监理市场，严禁无证监理；禁止将监理业务转包或分包；监理人员必须持证上岗；监理公司应充实安全技术专业监理人员，对施工过程中的每个环节，特别是对技术性强、工艺复杂、危险性较大的项目一定要监理到位。

2) 技术措施

(1) 按照《中华人民共和国建筑法》的规定，对专业性较强的分部分项工程，必须编制专项施工方案，在施工中遵照执行。

(2) 专项施工方案必须具有按规范规定的计算方法的设计计算书，具有符合实际的、有可操作性的构造图及保证安全的实施措施。

(3) 对特殊、复杂、技术含量高的工程,技术部门要严格审查、把关;健全检查、验收制度,提高防范事故的能力。

(4) 严格履行现场施工技术管理程序,认真执行签字验收责任制度,依法追究责任。

(5) 在购买和使用建筑用材料、设备时,必须有产品合格证、检测报告书、生产许可证(若需要时)等,签订购置、租赁合同时要明确产品质量责任,必要时委托有资质的单位进行检验。

9.3 基坑支护安全保证项目

建造埋置深度大的基础或地下工程时,往往需要进行深度大的土方开挖。这个由地面向下开挖的地下空间称为基坑。基坑支护指为保证地下结构施工及基坑周边环境的安全,对基坑侧壁及周边环境采用的支挡、加固与保护措施。一般基坑大部分可放坡开挖或少量钢板桩支护,其开挖深度大致在5m之内。

在基坑开挖中造成坍塌事故的主要原因:①基坑开挖放坡不够,没按土的类别和坡度的容许值及规定的高宽比进行放坡,造成坍塌;②基坑边坡顶部超载或由于振动,破坏了土体的内聚力,受重压后,引起土体结构破坏,造成滑坡;③施工方法不正确,开挖程序不对,超标高挖土(未按设计设定层次)造成坍塌;④支撑设置或拆除不正确,或者排水措施不力(基坑长时间水浸)及解冻时造成坍塌等。

基坑支护施工现场,如图9.4所示。

图9.4 基坑支护施工现场

为保证建筑工程的基坑支护的施工安全,施工企业必须从如下几个方面做好安全保证工作:施工方案的编制与审批、临边防护措施、坑壁支护设置、排水措施、坑边荷载规定等。

1. 施工方案

基坑开挖之前要根据地质勘探报告和设计图纸,按照土质情况、基坑深度及周边环境制定技术设计和支护方案,其内容包括:放坡要求、支护结构设计、机械选择、开挖时间、开挖顺序、分层开挖深度、坡道位置、车辆进出道路、降水措施及监测要求、劳动力配备等。

施工方案的制定必须针对施工工艺并结合作业条件，对施工过程中可能造成坍塌的因素、作业人员的不安全行为及对周边建筑、道路等产生的不安全状态，制定具体可行的安全措施并在施工中付诸实施。

支护设计方案必须经上级审批。基坑深度超过 5m 时，必须经专家论证报建设行政主管部门审批。

施工方案的主要内容如下。

(1) 现场勘测：包括测绘现场的地形、地貌，工程的定位、现场生产、生活临设建筑物及作业通道的位置，地下管、线及障碍物的分布，现场周边的环境等。

(2) 安全边坡及基坑支护结构形式的选择与设计。根据现场的地质资料，基坑的深浅，采用的施工方法，作业场地的周边环境等决定安全边坡或基坑支护的结构形式。根据选定的基坑支护结构形式对锚固桩的布置、入土深度及其主要的各项施工参数，内支撑的形式及材料的选用，每节护壁的高度，桩与支撑的连接，土、桩、内支撑共同工作的问题等进行设计和计算，并对作业时应遵守的时间和施工顺序，基坑的排水措施等做出明确的规定。

(3) 基坑支护变形的监测措施。在基础施工过程中，应有对挡土结构位移、支撑锚固系统应力、支护系统的变形及位移、边坡的稳定，基坑周围建筑的变化、排水设计的变化等进行严密监测的措施。主要包括：监测点的设置和保护，监测的方式、内容及时间，监测的记录，监测记录的分析、处理等内容。

(4) 防止毗邻建筑物和邻近道路等沉降的措施。应当根据基坑的施工方法和开挖深度对周边建筑物地基持力层的影响，编制防止毗邻建筑物和邻近道路及重要管线沉降的具体措施。主要包括：观测点的设置，对毗邻的建筑物和邻近道路及重要管线等设施进行沉降观测及变形测量的方式及时间，监测的记录，监测记录的分析、处理等内容。

(5) 基础施工的安全技术措施。主要包括：临近防护的设置，作业人员上、下基坑专用通道的设置，夜间作业的照明配备，采用机械开挖土方时使用土石方机械的问题，人工挖土的作业安全，立体交叉作业的隔离防护问题，冬、雨季施工的安全技术措施等。

(6) 绘制有关基坑支护设计的施工图纸。主要包括：基坑支护施工总平面图和施工图、锚桩布置平面图和立面图、支撑系统的平面图和立面图及关键部位的细部构造节点详图等图纸。

(7) 有关人工挖孔桩施工的安全技术措施。其重点有：孔井护壁方案及井口围护措施；施工现场的围挡及有关的防护措施；安全用电的措施；深井挖孔时，保证井下通风的措施；要勘察并排除作业区域内的有毒有害气体；作业人员应严格遵守安全生产纪律和安全技术规程；应有监测孔井土壁稳定的措施。

(8) 随上层建筑荷载的加大，常要求在地面以下设置一层或二层地下室，因而基坑的深度常超过 5m 以上，且面积较大，给基础工程施工带来很大困难和危险，必须认真制定安全措施防止发生事故。

工程场地狭窄，邻近建筑物多，大面积基坑的开挖，常使这些旧建筑物发生裂缝或不均匀沉降；基坑的深度不同，主楼较深，群房较浅，因而需仔细进行施工程序安排，有时先挖一部分浅坑，再加支撑或采用悬臂板桩；合理采用降水措施，以减少板桩上的土压力；当采用钢板桩时，合理解决位移和弯曲，除降低地下水位外，基坑内还需设置明沟和集水井，以排除暴雨突然而来的明水；大面积基坑应考虑配两路电源，当一路电源发生故障时，可以及时采取另一路电源，防止停止降水而发生事故。

2. 临边防护

(1) 当基坑施工深度达到 2m 时，对坑边作业已构成危险，深度超过 2m 的基坑要有临边防护措施，四周必须设置临边防护栏，栏杆高度不得低于 1.2m，用密目式安全网全封闭，必须设置 18cm 以上的踢脚板，两边防护离开基坑边水平距离 0.5m，夜间设置红灯示警。

(2) 基坑周边搭设的防护栏杆，从选材、搭设方式及牢固程度等方面应符合如下要求：钢管采用 $\phi 48 \times 3mm$ 管材，以扣件固定，并分段涂上白红色，以示美观；能经受任何方向的 1 000N 外力。

具体制作是：在基坑四周离边口大于 500mm 地方打入地面 500～700mm 深。当基坑周边采用板桩时，栏杆立柱可打在板桩外侧。上栏杆高 1.2m，下栏杆高 0.6m，立杆间距不大于 2m。

3. 坑壁支护

对不同深度的基坑和作业条件，坑壁支护所采取的支护方式和放坡大小也不同。

1) 原状土放坡

一般基坑深度小于 3m 时，可采用一次性放坡；当深度达到 4～5m 时，可采取分级(阶梯式)放坡；明挖放坡必须保证边坡的稳定；根据土的类别进行稳定计算，确定安全系数；原状土放坡适用于较浅的基坑，对于深基坑，可采用打桩、土钉墙和地下连续墙方法来确保边坡稳定(表 9-4、表 9-5)。

表 9-4　直立壁不加支撑的挖深限制

序号	土质类别	挖深限制/m
1	密实、中密的砂土和碎石类土(充填物为砂土)	1.00
2	硬塑、可塑的轻亚粘土	1.25
3	硬塑、可塑的粘土和碎石类土(充填物为粘性土)	1.50
4	坚硬的土	2.00

表 9-5　挖深 5m 以内且不加支撑时坡度要求

土的类别	边坡坡度(高：宽)		
	坡顶无荷载	坡顶有静载	坡顶有动载
中密的砂土	1：1	1：1.25	1：1.5
中密的碎石类土(充填物为砂土)	1：0.75	1：1	1：1.25
硬塑的轻亚粘土	1：0.67	1：0.75	1：1
中密的碎石类土(充填物为粘性土)	1：0.5	1：0.67	1：0.75
硬塑的亚粘土、粘土	1：0.33	1：0.5	1：0.67
老黄土	1：0.1	1：0.25	1：0.33
软土(经井点降水后)	1：1		

注：静载指堆土或材料等；动载指机械挖土或汽车运输作业等。静载和动载距挖方边缘的距离应符合规定。

2) 排桩

当周边无条件放坡时，可设计成挡土墙结构。采用预制桩、钢筋混凝土桩和钢桩，当采用间隔排桩(护坡桩)时，可采用高压旋喷或深层搅拌将桩与桩之间的土体固化，形成桩墙挡土结构。桩墙结构实际上是利用桩的入土深度形成悬臂结构，当基础较深时，可采用坑外拉锚或坑内支撑来保护桩的稳定。

3) 坑外拉锚与坑内支撑

(1) 坑外拉锚。

用锚具将锚杆固定在桩的悬臂部分，将锚杆的另一端伸向基坑边土层内锚固，以增加桩的稳定。

土锚杆由锚头、自由段和锚固段组成。锚杆必须有足够长度，锚固段不能设置在土层的滑动面之内，锚杆可设计一层和多层，并要现场进行抗拔力确定试验。

(2) 坑内支撑。

坑内支撑有单层平面或多层支撑，一般材料取型钢或钢筋混凝土。操作时要注意支撑安装和拆除顺序。多层支撑必须在上道支撑混凝土强度达 80%时才可挖下层；钢支撑严禁在负荷状态下焊接。

4) 地下连续墙

地下连续墙就是在深层地下浇注一道钢筋混凝土墙，其作用是可挡土护壁又可隔渗。具体制作是：机械成槽(长槽)，用膨润土泥浆护壁，槽内放入钢筋笼，浇注混凝土，按 5～8m 分段进行，后连接接头，形成一道地下连续墙。

4. 排水措施

基坑施工要设置有效的排水措施，对地下水的控制一般有排水、降水、隔渗等方法。

1) 排水

基坑深度较浅，常采用明排。即沿槽底挖出两道水沟，每隔 30～40m 设一集水井，用水泵将水抽走。

2) 降水

开挖深度大于 3m 时，可采用井点降水，井点降水每级可降 4.5m；再深时，可采用多级降水；水量大时，可采用深井降水。降水井井点位置距坑边 2～2.5m。基坑外面挖排水沟，防止雨水流入坑内。

为了防止降水后造成周围建筑物不均匀沉降，可在降水同时，采取回灌措施，以保持原有的地下水位不变。抽水过程中要经常检查真空度，防止漏气。

3) 隔渗

基坑隔渗是用高压旋喷、深层搅拌形成的水泥土墙和底板筑成止水帷幕，阻止地下水渗入坑内。

5. 坑边荷载

施工机械和物料堆放距槽边距离应按设计规定执行。开挖出的土方，不得堆在基坑外侧，以免引起地面堆载超负荷。

沿挖土方边缘移动的运输工具和机械，不应离槽边过近。堆置土方距坑槽上部边缘不少于 1.2m，弃土堆置高度不超过 1.5m。

大中型施工机具距坑槽边距离应根据设备自重、基坑支护、土质情况经设计计算确定，一般情况下不得小于 1.5m。

9.4 高处作业安全技术

高处作业，是指在距基准面 2m 以上(含 2m)有可能坠落的高处进行作业。在此作业过程中因坠落而造成的伤亡事故，称之为高处坠落事故。这类事故在各行业中均有发生，但以建筑业居多，约占全部事故的 20%左右。

9.4.1 高处坠落事故的规律

高处坠落事故规律，是指人们在从事高处作业中，人与相关物体结合时因违背客观事物规律而产生的异常运动而失去了控制，经过量变积累发生了灾变的普遍性表现形式。掌握了规律，就能有效地予以预防和控制。

1. 高处坠落事故的类别

高处坠落事故的类别大约有如下九种。

(1) 洞口坠落(预留口、通道口、楼梯口、电梯口、阳台口坠落等)。

(2) 脚手架上坠落。

(3) 悬空高处作业坠落。

(4) 石棉瓦等轻型屋面坠落。

(5) 拆除工程中发生的坠落。

(6) 登高过程中坠落。

(7) 梯子上作业坠落。

(8) 屋面作业坠落。

(9) 其他高处作业坠落(铁塔上、电杆上、设备上、构架上、树上及其他各种物体上坠落等)。

2. 高处坠落事故的原因

1) 个性原因

个性原因是指每类高处坠落事故在发生过程中各自具有的具体原因。

(1) 洞口坠落事故的具体原因主要有：洞口作业时不慎身体失去平衡；行动时误落入洞口；坐躺在洞口边缘休息时失足；洞口没有安全防护；安全防护设施不牢固、损坏、未及时处理；没有醒目的警示标志等。

(2) 脚手架上坠落事故的具体原因主要有：脚踩探头板；走动时踩空、绊倒、滑倒、跌倒；操作时弯腰、转身不慎碰撞杆件等使身体失去平衡；坐在栏杆或脚手架上休息、打闹、站在栏杆上操作；脚手板没铺满或铺设不平稳；没有绑扎防护栏杆或防护栏杆损坏；操作层下没有铺设安全防护层；脚手架超载断裂等。

(3) 悬空高处作业坠落事故的具体原因主要有：立足面狭小，作业时用力过猛，身体失控，重心超出立足面；脚底打滑或不舒服，行动失控；没有系安全带或没有正确使用安全带，或在走动时将安全带取下；安全带挂钩不牢固或没有牢固的挂钩地方等。

(4) 屋面檐口坠落事故的具体原因主要有：屋面坡度大于 25°，无防滑措施；在屋面上从事檐口作业不慎，身体失衡；檐口构件不牢或被踩断，人随着坠落等。

2) 共性原因

共性原因是指任何一次高处坠落事故在发生过程中，均具有由基本原因、根本原因、间接原因和直接原因而形成的系列原因。

(1) 基本原因，是高处作业的安全基础不牢。其表现是：人不符合高处作业的安全要求，物未达到使用安全标准，如从事高处作业人员缺乏安全意识和安全技能，身体条件较差或有疾病；与高处作业相关的各种物体和安全防护设施有缺陷等。

(2) 根本原因，是高处作业违背建筑规律的异常运动。其表现是：安全规章制度不健全、有章不循、违章指挥、违章作业，如从事高处作业人员的着装不符合安全要求，高处作业时没有安全措施、冒险蛮干，违反劳动纪律，酒后作业；安全防护设施不完备、不起作用，或擅自拆除、移动或在施工过程中损坏未及时修理等。

(3) 间接原因，是高处作业的异常运动失去了控制。其表现是：由于安全管理不严，没有行之有效的安全制约手段，对违章作业、对不符合安全要求的异常行为，对工具、设备等物质没有达到使用安全标准的异常状态，不能做到及时地发现和及时地加以改变。

(4) 直接原因，是高处作业的异常运动发生了灾变。其表现是：由于人的异常行为、物的异常状态失去了控制，经过量变的异常积累，当人与物异常结合发生了灾变时，如人从洞口坠落、从脚手架坠落、从设备上坠落、从电杆上坠落等造成了人身伤害，从而构成了高处坠落事故。

9.4.2　高处坠落事故的预防与控制要点

依据安全管理的客观要求，运用安全与事故的运动规律，为了改变人的异常行为、物的异常状态，以及人与物的异常结合，应从本质上超前有效地预防、控制高处坠落事故。高处坠落事故的预防、控制又分为具体预防与控制和综合预防与控制。

1. 高处坠落事故的具体预防与控制

高处坠落事故的具体预防与控制，是依据不同类型高处坠落事故的具体原因，有针对性地提出对每类高处坠落事故进行具体预防与控制要点。

1) 洞口坠落事故的预防与控制要点

(1) 预留口、通道口、楼梯口、电梯口、上料平台口等都必须设有牢固、有效的安全防护设施(盖板、围栏、安全网)。

(2) 洞口防护设施如有损坏必须及时修缮；洞口防护设施严禁擅自移位、拆除。

(3) 在洞口旁操作要小心，不应背朝洞口作业。

(4) 不要在洞口旁休息、打闹或跨越洞口及从洞口盖板上行走。

(5) 洞口必须挂醒目的警示标志等。

2) 脚手架上坠落事故的预防与控制要点

(1) 要按规定搭设脚手架、铺平脚手板，不准有探头板。

(2) 要绑扎牢固防护栏杆，挂好安全网；脚手架荷载不得超过 $270kg/m^2$。

(3) 脚手架离墙面过宽应加设安全防护；并要实行脚手架搭设验收和使用检查制度，发现问题及时处理。

3）悬空高处作业坠落事故的预防与控制要点

(1) 加强施工计划和各施工单位、各工种配合，尽量利用脚手架等安全设施，避免或减少悬空高处作业。

(2) 操作人员要加倍小心，避免用力过猛，身体失稳。

(3) 悬空高处作业人员必须穿软底防滑鞋，同时要正确使用安全带。

(4) 身体有疾病或疲劳过度、精神不振时，不宜从事悬空高处作业。

4）屋面檐口坠落事故的预防与控制要点

(1) 在屋面上作业的人员应穿软底防滑鞋，屋面坡度大于 25° 时应采取防滑措施。

(2) 在屋面作业时不能背向檐口移动。

(3) 使用外脚手架施工，外排立杆要高出檐口 1.2m 并挂好安全网，檐口外架要铺满脚手板。

(4) 没有使用外脚手架的工程施工时，应在屋檐下方设安全网。

2. 高处坠落事故的综合预防与控制

高处坠落事故的综合预防与控制，是依据高处坠落事故的不同类别和系列原因，提出的对高处坠落事故进行综合预防与控制的要点。

(1) 对从事高处作业的人员要坚持开展经常性的安全宣传教育和安全技术培训，使其认识、掌握高处坠落事故的规律和事故危害，牢固树立安全思想和具有预防与控制事故的能力，并要做到严格执行安全法规。当发现自身或他人有违章作业的异常行为，或发现与高处作业相关的物体和防护措施有异常状态时，要及时加以改变使之达到安全要求，从而预防、控制高处坠落事故的发生。

(2) 高处作业人员的身体条件要符合安全要求。严禁患有高血压病、心脏病、贫血、癫痫病等不适合高处作业的人员从事高处作业；对疲劳过度、精神不振和情绪低落的人员要停止高处作业；严禁酒后从事高处作业。

(3) 高处作业人员的个人着装要符合安全要求。根据实际需要配备安全帽、安全带和有关劳动保护用品；不准穿高跟鞋、拖鞋或赤脚作业，而应穿软底防滑鞋；不准攀爬脚手架或乘运料的井字架吊篮上下，也不准从高处跳下。

(4) 要按规定要求支搭各种脚手架。架子高度达到 3m 以上时，每层要绑两道护身栏，设一道挡脚板，脚手板要铺严，板头、排木要绑牢，不准留探头板。

使用桥式脚手架时，要特别注意桥桩与墙体是否拉结牢固、周正。升桥、降桥时，均要挂好保险绳，并保持桥两端升降同步。升降桥架的工人，要将安全带挂在桥架的立柱上。升桥的吊索工具均要符合设计标准和安全规程的规定。

使用吊篮架子和挂架子时，其吊索必须牢靠。吊篮架子在使用时，还要挂好保险绳或安全卡具。升降吊篮时，保险绳要随升降调整，不得摘除。吊篮架子与挂架子的两侧面和外侧均要用网封严。吊篮顶要设头网或护头棚，吊篮里侧要绑一道护身栏，并设挡脚板。提升桥式架、吊篮用的倒链和手板葫芦，必须经过技术部门鉴定合格后方可使用。倒链最少应用 2t 的，手板葫芦最少应用 3t 的。承重钢丝绳和保险绳应用直径为 12.5mm 以上的钢丝绳。另外，使用插口架、吊篮和桥式架子时，严禁超负荷。

(5) 要按规定要求设置安全网。凡 4m 以上建筑施工工程，在建筑的首层要设一道 3~6m 宽的安全网。如果是高层施工，首层安全网以上每隔四层还要支一道 3m 宽的固定安全网。如果施工层采用立网做防护，应保证立网高出建筑物 1m 以上，而且立网要搭接严密。要保证安全网的规格、质量，使用安全可靠。

(6) 要切实做好洞口处的安全防护，具体方法与洞口坠落事故的预防、控制措施相同。

(7) 使用高凳和梯子时，单梯只许上 1 人操作，支设角度以 60°～70° 为宜，梯子下脚要采取防滑措施；支设人字梯时，两梯夹角应保持为 40º，同时两梯要牢固，移动梯子时梯子上不准站人。使用高凳时，单凳只准站 1 人，双凳支开后，两凳间距不得超过 3m 如使用较高的梯子和高凳，还应根据需要采取相应的安全措施。

(8) 在没有可靠的防护设施时，高处作业必须系安全带，否则不准在高处作业。同时安全带的质量必须达到使用安全要求，并要做到高挂低用。

(9) 登高作业前，必须检查脚踏物是否安全可靠，如脚踏物是否有承重能力；木电杆的根部是否腐烂；严禁在石棉瓦、刨花板、三合板顶棚下行走。

(10) 不准在六级以上强风或大雨、雪、雾天气从事露天高空作业。

9.4.3 高空作业安全技术规程

(1) 从事高空作业要定期体检。经医生诊断，凡患高血压、心脏病、贫血病、癫痫病及其他相关病症的，不得从事高空作业。

(2) 高空作业衣着要灵便，禁止穿硬底和带钉、易滑的鞋。

(3) 高空作业所用材料要堆放平稳，工具应随手放入工具袋(套)内。上下传递物件禁止抛掷。

(4) 遇有恶劣气候(如风力在六级以上)影响施工安全时，禁止进行露天高空作业、起重和打桩作业。

(5) 梯子不得缺挡，不得垫高使用。梯子横挡间距以 30cm 为宜。使用时上端要扎牢，下端应采取防滑措施。单面梯与地面夹角以 60°～70° 为宜，禁止两人同时在梯上作业。如需接长使用，应绑扎牢固。人字梯底脚要拉牢。在通道处使用梯子，应有人监护或设置围栏。

(6) 没有安全防护设施时，禁止在屋架的上弦、支撑、檩条、挑架的挑梁和未固定的构件上行走或作业。高空作业与地面联系，应设通信装置，并由专人负责。

(7) 乘人的外用电梯、吊笼，应有可靠的安全装置。除指派的专业人员外，禁止攀登起重臂、绳索和随同运料的吊篮、吊装物上下。

9.5 建筑工程安全防护

9.5.1 安全帽、安全带、安全网

为了预防高空坠落和物体打击事故的发生，在建筑施工现场强调和广泛使用避免人员受伤害的三件劳动保护用品：安全帽、安全带和安全网。这三种劳动保护用品简称为"三宝"。

1. 安全帽

安全帽是用来保护使用者头部的防护用品。安全帽是由帽壳(帽外壳、帽舌、帽檐)、帽衬(帽箍、顶衬、后箍等)、下颊带三部分组成。制造安全帽的材料有很多种，帽壳可用玻璃钢、塑料、藤条等制作，帽衬可用塑料或棉织带制作。

安全帽的防护性能主要是对外物冲击的吸收性能、耐穿透性能。根据特殊用途和实际需要也可以增加一些其他性能要求，如耐低温性能、耐燃烧性能、电绝缘性能、侧向刚性性能等。

在人的头部受物体打击的情况下，如果正确戴好了安全帽，安全帽就会发挥其保护作用，减轻或避免发生伤亡事故。如果没有戴好安全帽就会失去它对头部的防护作用，使人受到伤害，甚至造成死亡。正确使用安全帽应做到以下几点。

(1) 选用与自己头型合适的安全帽，帽衬顶端与帽壳内顶必须保持 25～50mm 的空间。有了这个空间，才能形成一个能量吸收系统，才能使冲击力分布在头盖骨的整个面积上，减轻对头部的伤害。

(2) 必须戴正安全帽。如果戴歪了，一旦头部受到物体打击，就不能减轻对头部的伤害。

(3) 必须扣好下须带。如果不扣好下须带，一旦发生坠落或物体打击，安全帽就会离开头部，这样就起不到保护作用，或达不到最佳效果。

(4) 安全帽在使用过程中会逐渐损坏，要经常进行外观检查。如果发现帽壳与帽衬有异常损伤、裂痕等现象，水平垂直间距达不到标准要求的，就不能使用。

(5) 安全帽如果较长时间不用，则需存放在干燥通风的地方，远离热源，不受日光直射。

(6) 安全帽使用期限：藤条的安全帽不超过 2 年；塑料的安全帽不超过 2 年半；玻璃钢的安全帽不超过 3 年半。到期的安全帽要进行抽查测试。

2. 安全带

安全带是高处作业预防坠落的防护用品。由带子、绳子和金属配件组成。高处作业的工人由于环境的不安全状态或人的不安全行为，会造成坠落事故的发生。但有安全带的保护，就能避免造成严重伤害。

使用安全带时，必须注意以下几点。

(1) 新使用的安全带，必须有产品检验合格证明。安全带在实际使用中应高挂低用，注意防止摆动碰撞。安全带长度一般在 1.5～2m 内。使用 3m 以上长绳时应加缓冲器。

(2) 不准将绳打结使用。不准将钩直接挂在安全绳上使用，应挂在连接环上使用。

(3) 安全带上的各种部件不得任意拆掉。

(4) 存放安全带的位置要干燥、通风良好，不得接触高温、明火、强酸等。

(5) 使用频繁的安全带，要经常作外观检查，发现异常时应立即更换，使用期为 3～5 年。一般情况下，安全带使用 2 年后，应按批量购入的情况抽验一次。安全带各部件及安全带整体要做静负荷和冲击试验。

3. 安全网

安全网是预防坠落伤害的一种劳动保护用品，安全网不仅能防止高处作业的人或处于高处作业面的物体发生坠落，而且当人或物发生坠落时，可以避免坠落事故的发生，或减轻伤害。

安全网一般由网体、边绳、系绳、筋绳、网绳、试验绳等组成。

正确使用安全网的要点如下。

(1) 安全网安装后，必须经专人检查验收合格签字后才能使用。

(2) 在使用过程中，不能把网拖过粗糙的表面或锐边；不准在网内或网下方堆积物品；不得把物品等投入网内；不得让焊接或其他火星落入网内；安全网不许受到严重的酸、碱烟雾的熏烤。

(3) 对使用中的安全网，必须每星期进行一次检查。当受到较大冲击(人体或相当于人体质量的物体)后，应及时检查其是否有严重的变形、磨损、断裂，连接部位是否有松脱，以及是否有霉变等情况，以便及时更换或修整。

(4) 如使用中要对局部进行清理时所用材料、编结方法应与原网相同。修理完后必须经专人检查合格后才可继续使用。

(5) 要经常清理网上落物。当网受到化学物品的污染，或网绳嵌入粗砂及其他可能引起磨损的异物时，应及时处理和清洗，洗后让其自然干燥。

(6) 必须保持试验绳始终穿在网上。安全网使用后，每隔 3 个月必须进行试验绳强力试验，试验完毕，应填写试验记录。如多张网一起使用，只需从其中任意抽取不少于 5 根试验绳进行试验即可。当安全网上没有试验绳供试验时，安全网即应报废。

9.5.2　洞口、临边的防护措施

1) 预留洞口防护

1.5m×1.5m 以下的孔洞应预埋通长钢筋网或固定盖板。1.5m×1.5m 以上的孔洞，四周必须设两道护身栏杆，中间支挂水平安全网。

2) 电梯井口防护

电梯井口防护必须设高度不低于 1.2m 的金属防护门。电梯井内首层和首层以上每隔四层设一道水平安全网，安全网应封闭严密，未经上级技术主管部门批准，电梯井不得做垂直运输通道和垃圾通道。

3) 楼梯踏步及休息平台口防护

楼梯踏步及休息平台处必须设两道牢固防护栏杆或用立挂安全网做防护。回转式楼梯间应支设首层水平安全网。

4) 阳台边及楼层临边四周防护

(1) 阳台边防护。阳台栏板应随层安装；不能随层安装的，必须设两道防护栏，或立挂安全网封闭。

(2) 建筑物楼层临边四周防护。建筑物楼层临边四周无维护结构时，必须设两道防护栏，或立挂安全网加一道防护栏杆。

5) 建筑物出入口及通道防护

建筑物的出入口应搭设长 3~6m、宽于出入口通道两侧各 1m 的防护棚，棚顶盈满铺不小于 5cm 厚的脚手板，非出入口和通道两侧必须封严。

9.6 物料提升机(龙门架、井字架)安全保证项目

物料提升机(井字架)简称提升机。它是建筑施工中用来解决垂直运输常用的一种既简单又方便的起重设备。一般由底盘、井架体(标准节)、天梁、架轨、吊篮、滑轮组、摇臂和电动卷扬机、钢丝绳、缆风绳(附墙架)、地锚及各种安全防护装置等组成，属于一种不定型的半机械化产品。

井架或龙门架提升机(也称升降机)是以地面卷扬机为动力，由型钢组成井字形架体或由两根立柱与天梁和地梁构成门式架体的提升机。提升吊篮在井孔内或在两立柱中间沿轨道作垂直运动，把施工物料提升至所需的作业面。它是目前非常普遍的垂直运输机械，制造简单，成本低，适用于一般建筑的新建、装修、拆除等工程施工。其额定起重量在 2t 以下。一般提升高度在 30m 以下称为低架提升机，在 30m 以上称为高架提升机。

1) 物料提升机的特点

物料提升机的特点是制造成本低、安装操作简便、适用性强。

2) 物料提升机存在的主要问题

制造方面：无安全停靠装置；采用单根钢丝绳；对高架、低架提升机安装要求区分不清；吊篮无安全门。

安装方面：架体基础不稳；入口防护棚搭设不规范；卸料平台搭设不规范；附墙架和缆风绳安装不规范；上下极限限位器不安装；楼层停靠门安装不规范；无立网防护或立网防护不全。

使用方面：设备使用保养维护不够；随意拆除设备上的一些安全保护装置，如上下极限限位器、安全门、安全停靠装置等；违章作业，如人员乘提升机上下，运行时不使用安全停靠装置，将头伸进架体等，这都是不安全的行为，应该坚决杜绝。

3) 物料提升机现场

为保证建筑工程的物料提升机(龙门架、井字架)的安全使用，施工企业必须从如下几

个方面做好安全保证工作：架体制作要求、限位保险装置设置、架体稳定措施、钢丝绳使用规定、楼层卸料平台防护措施、吊篮使用规定、安装验收规定等，如图9.5所示。

图9.5 物料提升机现场

1. 架体制作

(1) 架体的制作必须经过设计并有详细的设计计算书，设计计算书须经上级审批。设计计算书一般应包括以下三个方面内容：井架荷载计算；井架弯矩稳定性验算；井架架体基础的验算。

(2) 架体制作必须符合设计和规范要求。企业自制的井字架应先提出设计方案，严格按《钢结构设计规范》(GB 50017—2012)的规定进行设计，制定质量保证措施。在设计中一定注意架体标准件或标准材质的选择，一般应选3号钢、16锰钢或16锰桥钢等型钢制作，杜绝脚手架钢管和扣件制作。

(3) 使用的产品必须是经市级建筑安全监督部门质量认证的合格产品，并发放产品准用证，严禁使用"三无产品"。

2. 限位保险装置

(1) 吊篮安全停靠装置：吊篮运行到位时，停靠装置将吊篮定位，该装置应能可靠地承担吊篮自重额定荷载及操作人员和装卸物料的荷载。停靠装置必须达到两点要求：一是保证吊篮在任一卸料平台位置准确停靠，二是停靠平稳。

(2) 断绳保护装置：是安全停靠的另一种方式，即当吊篮运行到位，作业人员进入吊篮内作业，或当吊篮上下运行中，若发生断绳时，此装置迅速将吊篮可靠地停住并固定在架体上，确保吊篮内作业人员不受伤害。但是许多事故案例说明，此种装置可靠性差，必须在装有断绳保护装置的同时，还有安全停靠装置。

(3) 上极限限位器：主要作用是限定吊篮的上升高度(吊篮上升的最高位置与天梁最低处的距离不应小于 3m)，安全检查时应做动作试验验证。当动力采用可逆式卷扬机时，超高限位可采取切断提升电源方式，电动机自行制动停车；再开动时，电动机反转使吊篮下降。当动力采用摩擦式卷扬机时，超高限位不准采用切断提升电源方式，否则会发生因提升电源被切断，吊篮突然滑落的事故。应采用到位报警(响铃)方式，以提示司机立即分离离合器，并用手刹制动，然后慢慢松开制动使吊篮滑落。上极限限位装置应安装在卷扬机卷轴处(螺栓滑块式限位器)或安装在井架地面基础节 2m 以下位置。

(4) 下极限限位器：当吊篮下降运行至碰到缓冲器之前限位器即能动作。当吊篮达到最低限定位置时，限位器自动切断电源，吊篮停止下降。安全检查时应经动作试验验证。

(5) 缓冲器：在架体的最下部底坑内设置缓冲器，当吊篮以额定荷载和规定的速度作用到缓冲器上时，应能承受相应的冲击力。缓冲器可采用弹簧或橡胶等。

(6) 超载限制器：此装置可在达到额定荷载的 90% 时，发出报警信号提示司机，荷载达到和超过额定荷载时，切断起升电源。安全检查时应做动作试验验证。

3. 架体稳定

提升机架体稳定的措施一般有两种：当建筑主体未建造时，采用缆风绳与地锚方法；当建筑物主体已形成时，可采用连墙杆与建筑结构连接的方法来保障架体的稳定。

1) 缆风绳

提升机架体在确保本身强度的条件下，为保证整体稳定采用缆风绳时，高度在 20m 以下可设一组(不少于 4 根)，往上每增高 10m 增设一道缆风绳，架体顶部必须设一道缆风绳，设置缆风绳的井架不允许留出自由高度。高度在 30m 以下不少于两组，超过 30m 时不应采用缆风绳方法，应采用连墙杆设置附墙等刚性措施。

缆风绳必须使用钢丝绳，钢筋不能代替钢丝绳，钢丝绳由许多细钢丝组成，具有抗弯、受冲击的性能，而且在使用中由于断丝发生，可提前发现隐患，不会发生突然拉断的事故。钢丝绳直径大于 9.3mm。

缆风绳角度符合 45°～60°。

缆风绳对称布置。每组缆风绳不应小于 4 根，沿架体平面 360° 范围进行对称布置，井架各组缆风绳合力必须垂直落在井架架体的支面上。

缆风绳两端连接符合要求。缆风绳与架体的连接处应采取措施，防止架体钢材对缆风绳的剪切破坏，主要采用鸡心卡环过渡，并使用绳卡固定，每处绳卡不少于三个，绳卡规格必须与直径为 9.3mm 钢丝绳相匹配；而与锚桩连接端必须用 M10 以上花篮螺栓与锚桩连接，钢丝绳与花篮螺栓也必须用鸡心卡环过渡，严禁缆风绳直接绑扎在锚桩上。

缆风绳的地锚，根据土质情况及受力大小设置，应经计算确定。缆风绳的地锚，一般采用水平式地锚，当土质坚实，地锚受力小于 15kN 时，可选用桩式地锚。露出地面的索扣必须采用钢丝绳，不得采用钢筋或多股铅丝。当提升机低于 20m 和坚硬的土质情况下，也可采用脚手钢管等型钢材料打入地下 1.5～1.7m，并排两根，间距 0.5～1m，顶部用横杆及扣件固定，使两根钢管同时受力，同步工作。缆风绳应与地面成 45°～60° 夹角，与地锚拴牢，不得拴在树木、电杆、堆放的构件上。

2) 与建筑结构连接

连墙杆的位置符合规范要求，连墙杆避免在建筑物以下部位设置。

① 空斗墙、12cm 厚砖墙、砖独立柱。

② 砖过梁上与过梁成 60° 的三角形范围内。

③ 宽度小于 1m 的窗间墙。

④ 梁或梁垫下及其左右各 50cm 的范围内。

⑤ 砖砌体的门窗洞内两侧 18cm 和转角 43cm 范围内。

连墙杆必须与建筑物和提升机连接牢固。

连墙杆严禁与脚手架连接。

连墙杆材质应选择与架体材质相同的角钢或槽钢，连接点紧固合理，与建筑结构的连接处应在施工方案中有预埋(预留)措施。现场常出现的问题是附墙杆采用钢筋或螺纹钢。

连墙杆若采用角钢时，其规格应比标准节角钢规格大二级，如标准节角钢 60mm×60mm×5mm，连墙杆为角钢 70mm×70mm×6mm。连墙杆的水平杆四侧应加设大二级的围箍。

连墙杆最好制成双向螺纹结构。现场常出现的问题为附墙杆与架体通过焊接连接。

高架必须采用连墙杆连接，而不能使用缆风绳。

连墙杆间距要符合规范要求，连墙杆与建筑结构相连接并形成稳定结构架，其竖向间隔不得大于 9m，且在建筑物的顶层必须设置 1 组。架体顶部自由高度不得大于 6m。

4. 钢丝绳

卷扬机用的钢丝绳应是合格产品，并符合设计的安全系数的要求，不得有磨损、锈蚀、缺油、断丝。绳卡应是合格产品并与钢丝绳匹配。钢丝绳要有过路保护，运行时不得拖地。滑轮与钢丝绳的比值：低架提升机不应小于 25；高架提升机不应小于 30。严禁选用拉板式滑轮。钢丝绳不得接长使用。

(1) 钢丝绳磨损、断丝达到报废标准的应立即更新。

钢丝绳报废标准可参考如下。

① 继丝数满足《塔式起重机安全规程》(GB 5144—2006)中钢丝绳的报废标准。

② 钢丝绳表面磨损或腐蚀使原钢丝绳的直径减少 20%。

③ 钢丝绳失去正常状态，产生波浪形、绳股挤出、钢丝挤出、绳径局部增大或减少、钢丝绳被压扁、扭结、弯折等变形情况。

④ 钢丝绳缺油时，将加速磨损，从而导致报废，故钢丝绳在使用时，每月要润滑一次。

(2) 绳卡符合规定。

绳卡规格应与钢丝绳的绳径相匹配，钢丝绳直径为 7～16mm 时，绳卡不少于 3 个；钢丝绳直径 19～27mm 时，绳卡不少于 4 个。间距不得小于钢丝绳直径的 6 倍，绳卡滑鞍应在受力绳一侧，不得正反交错设置绳卡，绳头距最后一个绳卡的长度不小于 100mm。绳卡紧固应将鞍座放在承受拉力的长绳一边，U 形卡环放在返回的短绳一边，不得一倒一正排列。

(3) 当钢丝绳穿越道路时，为避免碾压损伤，应有过路保护。钢丝绳使用中不应拖地，减少磨损和污染。钢丝绳在经过通道处应挖沟砌槽加盖板，保护行人安全。

(4) 钢丝绳拖地将加剧磨损，从而导致报废；钢丝绳浸水将会锈蚀，从而导致报废。

(5) 钢丝绳与吊笼连接使用鸡心卡环，鸡心卡环的主要作用为减小钢丝绳与吊笼连接处的磨损。

5. 楼层卸料平台防护

卸料平台两侧须增设两道(0.6m 与 1.2m 处)防护栏杆，并且用密目式安全立网将两侧封闭。

平台脚手板搭设严密牢靠。平台脚手板不宜用易滑的钢模板、钢板，应采用木板，板的厚度不应小于 5cm，并与架体连接牢固。平台脚手板还应铺设严密，不应留下间隔。

平台防护门设在楼层卸料平台处，主要用钢筋与角钢焊成，其作用是：吊盘离开后防止人、物从卸料平台掉下。所有防护门规格、大小一样，开启方便，且应采用联锁开启装置。

提升机地面进料口是运料人员经常出入和停留的地方，易发生落物伤人的事故，必须设防护棚，防护棚应设在提升机架体地面进料口上方。防护棚材质应能对落物有一定防御能力和强度(5cm 厚木板或相当于 5cm 厚木板强度的其他材料)。防护棚的尺寸应视架体的宽度和高度而定，防护棚两侧应挂立网，防止人员从侧面进入。其宽度应大于提升机的最外部尺寸，长度应大于 3m，高架应大于 5m。采用木板搭设时，木板厚度不小于 5cm，或采用双层竹笆(中间隔 60cm)。若为高架，则应采用双层防护。只有当吊篮运行到位时，楼层防护门方可开启；只有当各层防护门全部关闭时，吊篮方可上下运行。在防护门全部关闭之前，吊篮应处于停止状态。

6. 吊篮

(1) 物料提升机在任何情况下都不准许人员乘吊篮、吊笼上下。高架提升机采用吊笼运送物料，吊笼的顶板可采用 5cm 厚木板，防止作业人员进入吊笼内作业时被落物打击。

(2) 物料提升机在重新安装后使用之前，必须进行整机试验，确认符合要求方可投入运行。试验方法及内容如下。

试验前编制试验方案，并对提升机和试验场地进行全面检查，确认符合要求。

空载试验。在空载情况下按照提升机正常工作时需做的各种动作，包括上升、下降、变速、制动等，在全程范围内以各种工作速度反复试验，不少于 3 次，并同时试验各安全装置的灵敏度。

额定荷载试验。吊篮内按设计规定的荷载，按偏心位置 1/6 处加入，然后按空载试验动作反复进行，不少于 3 次。

试验中检查动作和安全装置的可靠性，有无异常现象，金属结构不得出现永久变形、可见裂纹、油漆脱落、节点松动及振颤、过热等现象。

将组装后检验的结果和试验过程中检验的情况按照要求认真填写记录，最后由参加试验的人员签字确认是否符合要求。

(3) 吊篮应设置安全门。吊篮的进料口处应设置安全门。吊篮的安全门应定型化，构造简单，安全可靠。吊篮安全门是为防止吊篮在运行过程中，发生小推车及物料从吊盘两侧滚出的事故。安全门分进料门和出料门。进料门一般采用联锁：吊篮落地，门自动开启；吊篮提升，门自动落下关闭；当吊盘着地后顶起门，工人可进出吊盘。出料门：吊篮到达楼层卸料平台时，门开启，吊篮运行中及吊篮落地，门均为关闭状态，因出料时停于空中，一般很难采用联锁自动装置。当吊篮运行到位时，安全门又可作为临边防护，防止进入吊篮内作业人员发生坠落事故。

7. 安装验收

提升机安装好后，需经上级安全部门、设备部门会同安装单位和使用单位共同检查验收，符合要求后方能使用。

验收内容量化，如垂直度偏差、接地电阻等，必须附有相应的测试记录或报告。

验收单责任人签字，验收单位、安装单位、使用单位负责人都在验收表中签字确认后，验收表才算正式有效。

操作规程牌：主要放置于卷扬机操作棚内，警示卷扬机操作人员按规范操作。

验收合格牌：一定要标明提升机验收的单位与时间。

限载标志牌：标明提升机的最大载荷量。

安全警示牌：在提升机的进料口处悬挂"禁止通行"、"禁止停留"、"禁止吊篮乘人"、"禁止攀登"、"当心落物"等安全标志牌，提醒人们注意安全。

定人定机责任牌：标明某台卷扬机的责任人。

 案例 9-3

"4.30"龙门架吊盘坠落事故分析

1. 事故情况

××市××区省直机关经济适用型住房 B 区 R 栋(以下简称"省直 R 栋")工程，由××省直机关经济适用房建设中心开发，由××市××建筑企业集团有限责任公司总承包(以下简称"××建筑集团")，其模板工程分包给×省×建筑集团(以下简称"××建筑集团")。该工程于 2000 年 9 月 28 日开工，至 2001 年 4 月 30 日时，施工已进行到主体 9 层。该工程建筑面积为 22 000m²，建筑物呈一字长方形，建筑物总长为 132m。

2001 年 4 月 30 日早 7 点 10 分左右，该工地发生一起龙门架吊盘坠落，造成 4 人死亡，1 人重伤，直接经济损失 65 万元的重大生产责任事故。

事故发生后，××建筑集团与××建筑集团私下商议，企图对该事故隐瞒不报，并自行处理。由××建筑集团承担经济损失(死亡每人 8 万元，重伤者负责治病)，××建筑集团负责其善后处理事宜。××建筑集团董事长、法人代表郑某为推卸责任、逃避法律制裁和行政处罚，故意隐瞒事故真相；××建筑集团总经理尤某，组织策划隐瞒事故，对外只讲发生过吊盘坠落事故，但没有人员伤亡，指使项目经理、工长等人出具伪证，阻挠调查工作的正常进行。

从 5 月初到 7 月上旬，××省、××市和××区等有关部门接到对该事故的举报后，先后 8 次组织人员对此次事故进行调查，但对是否有人员伤亡一直没有查清。

2. 事故原因

1) 直接原因

龙门架吊盘装载物料未按规定捆扎，在上升时物料散乱卡阻吊盘上升，导致吊盘坠落。

2) 间接原因

××建筑集团使用的龙门架未经国家规定的专门检测机构进行检验；安全设施不齐全；施工现场管理混乱，工地随意录用人员从事特种作业，卷扬机手没经过培训就上岗工作；并且在吊盘违章乘人的情况下，进行操作，仅工作 4d 就发生了事故。

9.7 外用电梯(人货两用电梯)安全保证项目

施工外用电梯简称施工电梯,是一种垂直井架(立柱)导轨式外用笼式电梯,是升降机的一种。它主要用于高层建筑的施工及桥梁、矿井、水塔的高层物料和人员的垂直运输。其构造原理是将运载梯笼和平衡重之间,用钢丝绳悬挂在立柱顶端的定滑轮上,立柱与建筑结构进行刚性连接。梯笼内以电力驱动齿轮,凭借立柱上固定齿条的反作用力,梯笼沿立柱导轨做垂直运动。运载物料和人员的人货两用电梯,由于经常附着在建筑物的外侧,所以亦称外用电梯。外用电梯在建筑施工中做垂直运输使用。外用电梯是类似于室内电梯的形式,可以载人也可以载物,而且高度不受限制,只要加上扶墙可以随着楼层的增加而增加。

外用电梯使用现场如图9.6所示。

图 9.6　外用电梯

为保证建筑工程的外用电梯(人货两用电梯)的安全使用,施工企业必须从如下几个方面做好安全保证工作:安全装置设置、安全防护措施、司机操作规定、荷载限定、安装与拆卸规定、安装验收规定等。

1. 安全装置

制动器:制动器是保证电梯运行安全的主要安全装置,由于电梯启动、停止频繁及作业条件的变化,制动器容易失灵,梯笼下滑导致事故。应加强维护,经常保持自动调节间隙机构的清洁,发现问题及时修理。安全检查时应做动作试验验证。

限速器:坠落限速器是电梯的保险装置,电梯在每次安装后进行检验时,应同时进行坠落试验。要求限速器每两年标定一次,安全检查时应查标定日期、结果。

门联锁装置:门联锁装置是确保梯笼门关闭严密时,梯笼方可运行的安全装置。当梯笼门没按规定关闭严密时,梯笼不能投入运行,以确保梯笼内人员的安全。安全检查时应做动作试验验证。

上、下限位装置：确认梯笼运行时上极限限位位置和下极限限位位置的正确及装置灵敏可靠。安全检查时应做动作试验验证。

2. 安全防护

电梯底笼周围 2.5m 范围内必须设置牢固的防护栏杆，进出口处的上部应搭设足够尺寸的防护棚。防护棚必须具有防护物体打击的能力，可用 5cm 厚木板或相当 5cm 厚木板强度的其他材料。

电梯与各层站过桥和运输通道，除应在两侧设置两道护身栏及挡脚板并用立网封闭外，进出口处尚应设置常闭型的防护门。防护门在梯笼运行时处于关闭状，当梯笼运行到哪一层站时，该层站的防护门方可开启。防护门构造应安全可靠且必须是常闭型，平时全部处于关闭状。

各层通道或平台必须采用 5cm 厚木板搭设且平整牢固，不准采用竹板及厚度不一的板材。板与板应固定，沿梯笼运行一侧不允许有局部板伸出的现象。

3. 司机

外用电梯司机属特种作业人员，应经正式培训考核并取得合格证书。电梯每班首次作业前，检查试验各限位装置、梯笼门等处的联锁装置是否良好，各层站台口门是否关闭，并进行空车升降试验和测定制动器的效能。

电梯在每班首次载重运行时，必须从最低层上升，严禁自上而下。当梯笼升离地面 1m 高处时，要停车试验制动器的可靠性。

多班作业的电梯司机应按照规定进行交接班，并认真填写交接班记录。

4. 荷载

由于外用电梯一般均未装设超载限制装置，所以施工现场使用时要有明显的标志牌，对载人或载物做出明确限载规定，要求施工人员与司机共同遵守，并要求司机每次启动前先检查确认符合规定时，方可运行。

"未加配重不准载人"主要是针对原设计有配重的电梯而规定的。当电梯在安装或拆除过程中，往往出现配重已被拆除而梯笼仍在运行的情况，此时梯笼的制动力矩大大增加，如果仍按正常使用载人、载物，容易导致事故。为防止制动器失灵，梯笼应采用点动下滑，每下滑一个标准节停车一次。电梯原设计中就无配重的，不受此限制。

5. 安装与拆卸

安装或拆卸之前，由主管部门按照说明书要求结合施工现场的实际情况制定详细的作业方案，经公司技术负责人审批方可安装，并在班组作业之前向全体工作人员进行技术交底和指定监护人员。

安装和拆卸的作业人员，应由专业队伍和取得市级有关部门核发的资格证书的人员担任，并设专人指挥。

6. 安装验收

电梯安装后应按规定进行验收，包括：基础的制作、架体的垂直度、附墙距离、顶端的自由高度、电气及安全装置的灵敏度检查测试结果，并做空载及额定荷载的试验进行验证。

案例 9-4

武汉载人电梯坠落事故

2012 年 9 月 13 日，湖北省武汉市"东湖景园"在建住宅发生载人电梯从 30 层坠落事故，共有 19 人遇难。事故现场如图 9.7 所示。

当日中午 13 时 26 分，刚刚吃完午饭的 19 名粉刷工搭上施工电梯。没想到，一分多钟后，电梯突然失控，直冲到 100m 高程后，在顶层失去约束，呈自由落体状直坠地面。造成梯笼内的作业人员随笼坠落。

据现场工人介绍，事故发生在当天下午 1 时左右，正是工人上工时间。出事升降机限载 24 人，为铁丝网全封闭结构，事故发生时有 19 名工人乘坐该升降机。当行至约 34 楼时，电梯突然出现故障开始下坠。据现场目击者称，当升降机下坠至十几层时，先后有 6 人从梯笼中被甩出，其中 2 人为女性。随即一声巨响，整个梯笼坠向地面。附近工人赶至现场时看到，铁制梯笼已完全散架，笼内工人遗体散落四处。

另有工人介绍，当时另一架升降机则被卡在了 13 楼。

图 9.7　电梯坠落现场资料

在现场清理的过程中，记者在出事的电梯残骸上，看到了一块电梯登记牌，上面写着有效使用期限为"2011 年 6 月 23 日至 2012 年 6 月 23 日"。显然，出事的这部电梯已经超出有效使用期限工作两个多月。

针对这起"湖北省十多年来发生的最为严重的建筑安全生产事故"，湖北省住建厅连夜紧急召开会议，研究部署安全生产工作，当晚发出紧急通知，敦促各级建设行政主管部门必须按照"领导挂帅、全地域覆盖、谁检查谁负责"的要求，立即部署开展本行政管辖区域内的建设工程安全专项检查工作。

拥有 6 000 多个建设工地的武汉市，也要求全市在建工地全部停工，进行拉网式安全检查，确保工程施工安全。

湖北省虽然公布了涉及这起事故的相关单位，但事故发生的本身既凸显工地设施维护制度的缺失，又暴露了监督管理体制的缺位。

其实，这种因施工电梯高坠而酿成惨剧的现象并非个案，早在 2008 年 12 月，湖南省长沙市就发生过一起施工电梯从高空坠落造成 18 人死亡的事故。

工地起重机械事故频发，也引发了社会对于身旁电梯安全的再次关注。

我国电梯行业协会统计数据显示，目前我国正在运行的电梯约有 163 万台，是世界上拥有电梯最多的国家。按电梯平均寿命 20 年测算，我国已进入电梯老化的重要时期。据相关专家介绍，电梯存在安全隐患的重要原因是维保不及时。电梯行业流行一句话：三分凭产品，七分靠维保。但在我国，绝大部分电梯既少检修，更少保养。保养问题已成为电梯运行安全的重大隐患。一些物业单位为节省费用，几个月才对电梯检查一次，甚至等出了问题才请人来检查，逃检、漏检和滞后年检现象十分严重。此外，部分老旧电梯超期"服役"也存在安全隐患。

专家呼吁说，除了加强工地工人的安全知识普及工作外，政府对施工电梯和普通电梯安全的监管力度也要不断加强。其实，如果升降机的日常安全检测及检查执行到位，悲剧岂会发生？

安全责任重于山。希望这样的标语不应只是写在墙上，挂在口上，而是真正落在行动上。武汉发生的这种人祸"不是第一起，但愿是最后一起"。

9.8 塔吊安全管理

塔式起重机，其起重臂与塔身能互成垂直，可把它安装在靠近建筑物的周围。其工作幅度的利用率比普通起重机高，可达80%。塔吊的工作高度可达100～160m，故被广泛用于高层建筑施工。

塔式起重机，又称"塔机"或"塔吊"，是修建高层建筑时用的一种起重设备，是常见的建筑机械之一。因样子像铁塔，因而称为"塔式起重机"。

按国家标准分类，塔式起重机的型号标准是QT，其中的"Q"就代表"起重机"，"T"代表"塔式"的。

塔式起重机也可以按设计的形式不同分为很多品种，如自升式塔机、内爬式塔机、平头塔机、动臂式塔机、快装式塔机等。

一般来说，塔吊按各部分的功能可以分为：基础、塔身、顶升、回转、起升、平衡臂、起重臂、起重小车、塔顶、司机室、变幅等部分。

塔吊使用现场如图9.8和图9.9所示。

图9.8 塔吊使用现场(一)

图9.9 塔吊使用现场(二)

塔吊安装在地面上需要基础部分；塔身是塔吊身子，也是升高的部分；顶升部分使塔吊可以升高；回转是保持塔吊上半身水平旋转；起升机构用来将重物提升起来的；平衡臂架是保持力矩平衡的；起重臂架一般就是提升重物的受力部分；小车用来安装滑轮组和钢绳及吊钩的，也是直接受力部分；塔顶当然是用来保持臂架受力平衡的；司机室是操作的地方；变幅是使得小车沿轨道运行的。

为保证建筑工程的塔吊的安全使用，施工企业必须从如下几个方面做好安全保证工作：力矩限制器设置、限位器设置、保险装置设置、附墙装置与夹轨钳设置、安装与拆卸规定、塔吊指挥规定等。

1. 力矩限制器

安装力矩限制器后，当发生超重或作业半径过大而导致力矩超过该塔吊的技术性能时，即自动切断起升或变幅动力源，并发出报警信号，防止事故发生。

装有机械型力矩限制器的动臂变幅式塔吊，在每次变幅后，必须及时对超载限位的吨位按照作业半径的允许荷载进行调整。对塔吊试运转记录进行检查，确认该机当时对力矩限制器的测试结果符合要求，且力矩限制器系统综合精度满足±5%的规定。

超载限制器(起升荷载限制器)。有的塔吊机型同时装有超载限制器，当荷载达到额定起重量的90%时，发出报警信号；当起重量超过额定起重量时，应切断上升方向的电源，机构可作下降方向运动。进行安全检查时，应同时进行试验确认。

进行安全检查时，若现场无条件检查力矩限制器，可检查安装后的试运转记录，或其公司平时的日常安全检查记录。

2. 限位器

1) 超高限位器

超高限位器也称上升极限位置限制器，即当塔吊吊钩上升到极限位置时，自动切断起升机构的上升电源，机构可作下降运动，防止吊钩上升超过极限而损坏设备并发生事故的安全装置。它有重锤式和蜗轮蜗杆式两种，一般安装在起重臂头部或起重卷扬机上。超高限位器应能保证动力切断后，吊钩架与定滑轮的距离至少有2倍的制动行程，且不小于2m。安全检查时，可对超高限位器现场做试验确认。

2) 变幅限位器

小车变幅：塔吊采用水平臂架，吊重悬挂在起重小车上，靠小车在臂架上水平移动实现变幅。小车变幅限位器是利用安装在起重臂头部和根部的两个行程开关及缓冲装置对小车运行位置进行限定。

动臂变幅：塔吊变换作业半径(幅度)，是依靠改变起重臂的仰角来实现的。通过装置触点的变化，将灯光信号传递到司机室的指示盘上，并指示仰角度数。当控制起重臂的仰角分别到了上下限位时，则分别压下限位开关切断电源，防止超过仰角造成塔吊失稳。现场做动作验证时，应由有经验的人员做监护指挥，防止发生事故。

3) 行走限位器

控制轨道式塔吊运行时不发生出轨事故。安全检查时，应进行塔吊行走动作试验，碰撞限位器验证其可靠性。

4) 回转限位器

防止电缆扭转过度而断裂或损坏电缆，造成事故。一般安装在回转平台上，与回转大齿圈啮合。其作用是限制塔机朝一个方向旋转一定圈数后，切断电源，只能作反方向旋转。安全检查时，可对其现场做试验确认。

3. 保险装置

1) 吊钩保险装置

吊钩保险装置主要用于防止当塔吊工作时，重物下降被阻碍，但吊钩仍继续下降而造成的索具脱勾事故。工作中使用的吊钩必须有制造厂的合格证书，吊钩表面应光滑，不得有裂纹、刻痕、锐角等现象存在。部分塔机出厂时，吊钩无保险装置，如自行安装保险装置，应采取环箍固定，禁止在吊钩上打眼或焊接，防止影响吊钩的机械性能。另外，弹簧锁片与吊钩的磨损值不得超过钩口尺寸的 10%。

2) 卷筒保险装置

卷筒保险装置主要用于防止当传动机构发生故障时，造成钢丝绳不能够在卷筒上顺排，以致越过卷筒端部凸缘，发生咬绳等事故。当吊物需中间停止时，使用的滚筒棘轮保险装置防止吊物自由向下滑动。一般安装在起升卷扬机的滚筒上。

3) 滑轮防绳滑脱装置

这种装置实际上是滑轮组成的一个不可分割的部分。它的作用是把钢丝绳束缚在滑轮绳槽里以防跳槽。

4) 爬梯护圈

当爬梯的通道高度大于 5m 时，从平台以上 2m 处开始设置护圈。护圈应保持完好，不能出现过大变形和少圈、开焊等现象。

当爬梯设于结构内部时，如爬梯与结构的间距小于 1.2m，可不设护圈。上塔人行通道是为行走和检修的需要而设置的。为防止工作人员发生高处坠落事故，需设安全防护栏杆。防护栏杆应由上、下两根横杆及立杆组成，上杆离平台高度为 1~1.2m，下杆离平台高度为 0.5~0.6m，并由安全立网进行封闭。栏杆应能承受 1 000N 水平移动的集中荷载。

4. 附着装置与夹轨钳

塔的自由高度应按照说明书要求，当超过规定时，应与建筑物进行附着，以确保塔吊的稳定性。

1) 附墙装置

附着在建筑物时，其受力强度必须满足设计要求且必须使用塔吊生产厂家的产品。

附着时应用经纬仪检查塔身垂直度，并进行调整。每道附墙装置的撑杆布置方式、相互间隔及附墙装置的垂直距离应按照说明书规定。

当由于工程的特殊性需改变附着杆的长度、角度时，应对附着装置的强度、刚度和稳定性进行验算，确保不低于原设计的安全度。

轨道式起重机作附着式使用时，必须提高轨道基础的承载能力并切断行走机构的电源。

一般塔吊的使用说明书都对附墙高度有明确规定，必须按规定严格执行。

2) 附墙装置的安装

附墙装置的安装应注意以下六个方面。

附墙杆与建筑物的夹角以 45°~60° 为宜。至于采用哪种方式，要根据塔吊和建筑物的结构而定。

附墙杆与建筑物连接必须牢固，保证起重作业中塔身不产生相对运动。在建筑物上打孔与附墙杆连接时，孔径应与连接螺栓的直径相称。分段拼接的各附着杆、各连接螺栓、销子必须安装齐全，各连接件的固定要符合要求。

塔机的垂直度偏差，自由高度时为 3‰，安装附墙后为 1‰。

当塔吊未超过允许的自由高度，而在地基承受力弱的场合或风力较大的地段施工，为避免塔机在弯矩作用下基础产生不均匀沉陷及其他意外事故，必须提前安装附着装置。

因附墙杆只能受拉、受压，不能受弯，故其长度应能调整，一般调整范围以 200mm 为宜。

塔机附墙的安装，必须在靠近现浇柱处。

3) 夹轨钳

轨道式起重机露天使用时，应安装防风夹轨钳。夹轨钳装置必须保证卡紧后的制动效果。当司机午饭、下班及中间临时停车需要离开塔吊时，必须按规定将塔吊的夹轨钳全部卡牢后方可离开。

5. 安装与拆卸

(1) 出租单位在建筑起重机械首次出租前，自购建筑起重机械的使用单位在建筑起重机械首次安装前，应持建筑起重机械特种设备制造许可证、产品合格证和制造监督检验证明，到本单位工商注册所在地县级以上地方人民政府建设主管部门办理备案。应当在签订的建筑起重机械租赁合同中，明确租赁双方的安全责任，并出具建筑起重机械特种设备制造许可证、产品合格证、制造监督检验证明、备案证明和自检合格证明，提交安装使用说明书。

(2) 有下列情形之一的建筑起重机械，不得出租、使用。

① 属国家明令淘汰或者禁止使用的。

② 超过安全技术标准或者制造厂家规定的使用年限的。

③ 经检验达不到安全技术标准规定的。

④ 没有完整安全技术档案的。

⑤ 没有齐全有效的安全保护装置的。

(3) 建筑起重机械安全技术档案应当包括以下资料：购销合同、制造许可证、产品合格证、制造监督检验证明、安装使用说明书、备案证明等原始资料；定期检验报告、定期自行检查记录、定期维护保养记录、维修和技术改造记录、运行故障和生产安全事故记录、累计运转记录等运行资料。

(4) 安装单位应当依法取得建设主管部门颁发的相应资质和建筑施工企业安全生产许可证，并在其资质许可范围内承揽建筑起重机械安装、拆卸工程。建筑起重机械使用单位和安装单位应当在签订的建筑起重机械安装、拆卸合同中明确双方的安全生产责任。安装单位应当履行下列安全职责。

① 按照安全技术标准及建筑起重机械性能要求，编制建筑起重机械安装、拆卸工程专项施工方案，并由本单位技术负责人签字。

② 按照安全技术标准及安装使用说明书等检查建筑起重机械及现场施工条件。

③ 组织安全施工技术交底并签字确认。

④ 制定建筑起重机械安装、拆卸工程生产安全事故应急救援预案。

⑤ 将建筑起重机械安装、拆卸工程专项施工方案，安装、拆卸人员名单，安装、拆卸

时间等材料报施工总承包单位和监理单位审核后，告知工程所在地县级以上地方人民政府建设主管部门。

(5) 安装单位应当按照建筑起重机械安装、拆卸工程专项施工方案及安全操作规程组织安装、拆卸作业。安装单位的专业技术人员、专职安全生产管理人员应当进行现场监督，技术负责人应当定期巡查。建筑起重机械安装完毕后，安装单位应当按照安全技术标准及安装使用说明书的有关要求对建筑起重机械进行自检、调试和试运转。自检合格的，应当出具自检合格证明，并向使用单位进行安全使用说明。安装单位应当建立建筑起重机械安装、拆卸工程档案。建筑起重机械安装、拆卸工程档案应当包括以下资料：安装、拆卸合同及安全协议书；安装、拆卸工程专项施工方案；安全施工技术交底的有关资料；安装工程验收资料；安装、拆卸工程生产安全事故应急救援预案。

(6) 总承包单位应当履行下列安全职责。

① 向安装单位提供拟安装设备位置的基础施工资料，确保建筑起重机械进场安装、拆卸所需的施工条件。

② 审核建筑起重机械的特种设备制造许可证、产品合格证、制造监督检验证明、备案证明等文件。

③ 审核安装单位、使用单位的资质证书、安全生产许可证和特种作业人员的特种作业操作资格证书。

④ 审核安装单位制定的建筑起重机械安装、拆卸工程专项施工方案和生产安全事故应急救援预案。

⑤ 审核使用单位制定的建筑起重机械生产安全事故应急救援预案。

⑥ 指定专职安全生产管理人员监督检查建筑起重机械安装、拆卸、使用情况。

⑦ 施工现场有多台塔式起重机作业时，应当组织制定并实施防止塔式起重机相互碰撞的安全措施。

(7) 建筑起重机械安装完毕后，使用单位应当组织出租、安装、监理等有关单位进行验收，或者委托具有相应资质的检验检测机构进行验收。建筑起重机械经验收合格后方可投入使用，未经验收或者验收不合格的不得使用。使用单位应当自建筑起重机械安装验收合格之日起 30 日内，将建筑起重机械安装验收资料、建筑起重机械安全管理制度、特种作业人员名单等，向工程所在地县级以上地方人民政府建设主管部门办理建筑起重机械使用登记，登记标志置于或者附着于该设备的显著位置。

(8) 使用单位应当履行下列安全职责。

① 根据不同施工阶段、周围环境及季节、气候的变化，对建筑起重机械采取相应的安全防护措施。

② 制定建筑起重机械生产安全事故应急救援预案。

③ 在建筑起重机械活动范围内设置明显的安全警示标志，对集中作业区做好安全防护。

④ 设置相应的设备管理机构或者配备专职的设备管理人员。

⑤ 指定专职设备管理人员、专职安全生产管理人员进行现场监督检查。

⑥ 建筑起重机械出现故障或者发生异常情况的，立即停止使用。消除故障和事故隐患后，方可重新投入使用。使用单位应当对在用的建筑起重机械及其安全保护装置、吊具、索具等进行经常性、定期的检查、维护和保养，并做好记录。

(9) 使用单位在建筑起重机械租期结束后，应当将定期检查、维护和保养记录移交出租单位。建筑起重机械租赁合同对建筑起重机械的检查、维护、保养另有约定的，从其约定。建筑起重机械在使用过程中需要附着顶升的，使用单位应当委托原安装单位或者具有相应资质的安装单位按照专项施工方案实施，验收合格后方可投入使用。禁止擅自在建筑起重机械上安装非原制造厂制造的标准节和附着装置。验收表中需要有实测数据的项目，如垂直度偏差、接地电阻等，必须附有相应的测试记录或报告。

验收单位、安装单位、使用单位负责人都在验收表中签字确认后，验收表才算正式有效。

塔吊使用必须有完整的运转记录，这些记录作为塔吊技术档案的一部分，应归档保存。每个台班都要如实做好设备的运转、交接签字和设备的维修保养记录。交接班记录要求有每个台班的设备运转情况记录。设备的维修记录要对维修设备的主要零配件更换情况进行记录。

塔吊在露天工作，环境恶劣，必须及时正确地进行维护保养，使机械处于完好状态，高效安全地运行，避免和消除可能发生的故障，提高机械使用寿命。机械的保养应该做到：清洁、润滑、紧固、防腐。

塔吊的维护保养分日常保养、一级保养和二级保养：日常保养在班前班后进行；一级保养每工作 1 000h 进行一次；二级保养每工作 3 000h 进行一次。

标志牌挂设应整齐美观。操作规程牌：主要警示塔吊操作人员按规范操作。验收合格牌：一定要标明塔吊验收的单位和时间。限载标志牌：标明塔吊的最大荷载量。安全警示牌：在塔吊下方悬挂"禁止攀登"、"当心落物"等安全标志牌，提醒人们注意安全。定人定机责任牌：标明某台塔吊的责任人。

6. 塔吊指挥

塔吊司机属特种作业人员，应经正式培训考核并取得合格证书。必须经过特种作业培训、考核并取得合格证，取证后持证上岗，严禁无证操作。必须与司机所驾驶吊车类型相符。

塔吊的信号指挥人员应经正式培训考核并取得合格证书。其信号应符合国家标准《起重吊运指挥信号》(GB 5082—1985)的规定。当现场多塔作业相互干扰，或高塔作业司机不能清晰地听到信号指挥人员的笛声和看到手势时，应结合现场实际，改用旗语或对讲机进行指挥。

 案例 9-5

甘肃省天水市××大厦"12·24"塔吊倒塌事故分析

1. 事故情况

甘肃省天水市××大厦工程地处××市××路××号，建筑面积 1.11 万 m²，框架 13 层，总投资 1 100 万元。建设单位为××市××房地产开发有限责任公司(具有三级开发资质)，××市××建筑公司(具有二级资质)负责施工。××大厦工程在未取得规划许可证、未进行工程招标、未委托政府质量监督情况下，于 2001 年 6 月擅自开工建设。开工后，××市建设局曾多次书面和口头通知停工，但未能彻底制止。

2001 年 12 月 24 日下午，该工地塔机正在实施正常作业，使用吊斗吊运土方，塔机吊斗卸土后轻载回臂时塔机基础节钢构件断裂，致使塔身突然向平衡臂方向倾倒，起重机配重砸在与该工地相邻的××市××路××小学南教学楼上，将三层教学楼击穿，造成 4 名学生和吊车司机死亡，19 名学生重伤的重大伤亡事故。事故发生时，无风、无雨、无地震及其他外力作用，如图 9.10 所示。

图 9.10 塔吊倒塌教室情景

2. 事故原因

1) 直接原因

(1) 该塔机型号为 OT2—40c，××省第二建筑机械厂制造，有生产许可证和检验合格证。×市×建筑公司于 1998 年购进，先后搬家三次，除第一次安装使用了原厂基础节外，其余两次均使用施工单位自制的基础节。调查表明，施工单位自制的基础节无论构造形式还是钢材的用料都与原设计相差较大，严重违反了《塔式起重机技术条件》(GB 9462—1999)4.3.5 条 "承受交变载荷(应力循环特征 x<0)时，主要承受压弯荷载的结构不许结构" 的规定及 4.3.10 条 "材料代用必须保证不降低原设计计算强度、刚度、稳定性、疲劳性，不影响原设计规定的性能和功能要求" 的规定，为事故发生埋下了隐患。

(2) 该塔机在使用过程中严重违反了《建筑机械使用安全技术规程》(JGJ 33—2012)4.1.12 条 "严禁使用起重机进行斜拉、斜吊和起吊地下埋设或凝固在地面上的重物及其他不明质量的物体" 的规定，曾使用塔机吊拔降水井套管，并将吊环拉断，使塔机承受极大破坏力。塔身产生极大振幅，使本来就达不到设计要求的基础节角钢产生损伤，再加上长期起吊荷载承受反复拉压作用，在损伤处引起应力集中，进一步加重损伤，最后导致塔机倾倒。经对事故调查中取样的科学检测证明，事故发生前塔机基础节弦杆已断裂截面占 91.6%，只有 8.4%的截面在此次倾倒时被拉断。事实证明，违章作业是造成这起事故的直接原因。

2) 间接原因

塔吊安装由该工程项目部委托给由王某等 6 人临时组合的、不具备塔机拆装资格的塔机拆装队伍，王某通过个人关系取得××省××建公司的 "塔式起重机拆装许可证" 正本复印件，承接了该项安装任务，安装方案经××省××建公司批准。由于该塔机安装的非法委托和违规安装，未能发现和清除事故隐患。

3. 事故责任划分及处理情况

(1) ××市××建筑公司在该工程施工中，违反《中华人民共和国建筑法》第五章规定和《塔式起重机技术条件》、《建筑机械使用安全技术规程》的相关规定，自制塔机基础节，非法安装塔机并未按规定组织自检，严重违章作业，安全管理混乱，应负事故的主要责任。决定降低企业资质一级，依法追究法人代表和分管领导的责任；吊销该工程项目经理的二级项目经理资质，建议依法追究其刑事责任。建议撤销该工地安全员的职务，调回原工人岗位。

(2) ××市××房地产开发有限责任公司未依法组织工程招标，私自确定施工队伍，未取得规划许可证和施工许可证，擅自开工建设，严重违反了《中华人民共和国建筑法》第六十四条规定，决定降低资质一级,并决定依法对该公司给予经济处罚,对公司法人代表给予行政处罚。该工程停工整顿,重新办理有关手续,重新组织工程施工招标,待取得施工许可证、完善工程施工安全条件后,再行施工。

(3) 解散王某等6人非法安装队伍,没收违法所得,解除当事人劳动合同。建议将王某移交司法机关依法处理。××省××建公司内部管理不善,给予全省通报批评,对机械吊装队队长行政撤职处分。

(4) ××省××建公司内部管理不善,给予全省通报批评,对机械吊装队队长行政撤职处分。

(5) 对××市建设局在全省范围内通报批评;责成××市建设局向××市政府做出书面检查,并对所属其他相关责任人员进行处理。

(6) 给予××省工程运输机械质量监督检验站塔机主检人员、审核人员、检验站副站长行政记大过处分。

9.9 起重吊装的安全管理

起重吊装是指建筑工程中,采用相应的机械和设施来完成结构吊装和设备吊装,其作业属高处危险作业,作业条件多变,施工技术也比较复杂。

起重吊装施工过程中的危险主要在于被吊装物的碰撞和坠落,此类情况一旦发生,将造成巨大的人身伤害和经济损失,并产生十分恶劣的社会影响。起重吊装施工现场如图9.11和图9.12所示。

图9.11 起重吊装施工现场(一)

图9.12 起重吊装施工现场(二)

起重机械的种类很多,大致可分为三大类。

(1) 第一类为轻、小型起重设备,包括千斤顶、滑车、起重葫芦和卷扬机等。

(2) 第二类为起重机,包括各种桥架式起重机、缆索式起重机、桅杆式起重机、汽车(轮胎)式起重机、履带式起重机和塔式起重机等。

(3) 第三类为升降机,包括简易升降机、井架提升机和施工电梯等。

为保证建筑工程的起重吊装的施工安全,施工企业必须从如下几个方面做好安全保证工作:施工方案的编制与审批;起重机械的安全使用规定;钢丝绳与地锚的安全使用规定;吊点设置;司机、指挥操作规定等。

1. 施工方案

起重吊装包括结构吊装和设备吊装，其作业属高处危险作业，作业条件多变，施工技术也比较复杂。施工前应编制专项施工方案，其内容应包括：现场环境、工程概况、施工工艺、起重机械的选择依据、起重扒杆的设计计算、地锚设计、钢丝绳及索具的设计选用、地耐力及道路的要求、构件堆放就位图及吊装过程中的各种防护措施等。

专项施工方案必须针对工程状况和现场实际，具有指导性，并经上级技术部门审批确认符合要求。

专项安全施工方案的主要内容如下。

(1) 现场勘测包括：作业的对象；施工现场的地形、地貌；作业场地的周边环境；场内道路及作业场地起重机械行驶道路的承载能力等。

(2) 起重吊装作业的设计和计算包括：起重吊装的方式；起重吊装机械设备的选用；场内道路及作业场地起重机械行驶道路的设计和计算；起重扒杆的设计和计算；有关材料的材质、规格、尺寸、制作的要求；有关起重吊装作业的作业顺序；作业时的联络；高处作业及悬空作业的防护等。

(3) 起重吊装机械设备的安装和拆除包括：起重吊装机械设备安装和拆除的工作顺序；安装作业时应遵守的有关标准；安装的质量要求、验收方法及标准等。

(4) 起重吊装作业的安全技术措施包括：起重吊装作业人员的资格；作业人员的技术等级是否与所从事的作业相适应，与作业内容有关的技术和安全专项培训教育是否符合要求；作业的指挥和起重信号的规定；高处作业及悬空作业的防护措施；作业通道的设置和登高工具的配置；作业区域的管制措施、安全标志；起重机械、设备的安全使用措施；起重吊装的安全技术规程和规定；安全用电问题；突发性天气影响的对应措施等。

(5) 有关的施工图纸包括：起重吊装作业的施工平面图、立面图，有关防护设施的平面立面图；使用扒杆进行起重作业的设计、制作及细部构造的大样图等。

2. 起重机械

1) 起重机

起重机应有超载、变幅和力矩限制器，吊钩要有保险装置。应根据工程特点选用不同的起重设备，起重机要取得当地建筑安全管理部门核发的准用证或备案证，经技术、安全、机械部门验收合格后，方准使用。

2) 起重扒杆

起重扒杆的选用应符合作业工艺要求，扒杆的规格、尺寸应通过设计计算确定，其设计计算应按照有关规范标准进行并经上级技术部门审批。

扒杆选用的材料、截面及组装形式必须按设计图纸要求进行，组装后应经有关部门检验，确认符合要求。

扒杆与钢丝绳、滑轮、卷扬机等组合后，应先经试吊确认。可按 1.2 倍额定荷载吊离地面 200～500mm，使各缆风绳就位，起升钢丝绳并逐渐绷紧，确认滑车及钢丝绳受力良好，轻轻晃动吊物，检查扒杆、地锚及缆风绳情况，确认符合设计要求。

3. 钢丝绳与地锚

(1) 吊装用的钢丝绳、锁具、吊具都应符合标准，损坏程度超过报废标准应及时更换，地锚的埋设要符合设计要求。

(2) 钢丝绳断丝数在一个节距中超过 10%、钢丝绳锈蚀或表面磨损达 40%以上及有死弯、绳芯挤出时，应报废停止使用。断丝或磨损小于报废标准的应按比例折减承载能力。钢丝绳应按起重方式确认安全系数：人力驱动时，$K=4.5$；机械驱动时，$K=5\sim6$。

(3) 扒杆滑轮及地面导向滑轮的选用应与钢丝绳的直径相适应，其直径比值不应小于 15，各组滑轮必须用钢丝绳牢靠固定，滑轮出现翼缘破损等缺陷时应及时更换。

(4) 缆风绳应使用钢丝绳，其安全系数 $K=3.5$，规格应符合施工方案要求，缆风绳应与地锚牢固连接。

(5) 地锚的埋设作法应经计算确定，地锚的位置及埋深应符合施工方案要求并适应扒杆作业时的实际角度。当移动扒杆时，也必须使用经过设计计算的正式地锚，不准随意拴在电杆、树木和构件上。地锚的施工是在地上挖 1m 见方、深为 1.5m 的坑，用两根直径 12～15cm 且长度不大于 1m 的硬木作十字绑扎，套入钢筋环内，埋入坑中，回填土分层夯实。钢筋环露出地面 20cm 并与缆风绳连接，荷载大的缆风绳可以设双地锚，两个地锚一前一后相距 1m。

4. 吊点

根据重物的外形、重心及工艺要求选择吊点并在方案中进行规定。

吊点是在重物起吊、翻转、移位等作业中必须使用的，吊点选择应与重物的重心在同一垂直线上，且吊点应在重心之上(吊点与重物重心的连线和重物的横截面成垂直)，使重物垂直起吊，禁止斜吊。

当采用几个吊点起吊时，应使各吊点的合力作用点在重物重心的位置之上。必须正确计算每根吊索的长度，使重物在吊装过程中始终保持位置稳定。当构件无吊鼻需用钢丝绳捆绑时，必须对棱角处采取保护措施，防止切断钢丝。钢丝绳做吊索时，其安全系数 $K=6\sim8$。

5. 司机、指挥

起重机司机属特种作业人员，应经正式培训考核并取得合格证书。合格证书或培训内容必须与司机所驾驶起重机类型相符。汽车吊、轮胎吊必须由起重机司机驾驶，严禁同车的汽车司机与起重机司机相互替代(司机持有两种证的除外)。起重机的信号指挥人员应经正式培训考核并取得合格证书，其信号操作应符合《起重吊运指挥信号》(GB 5082—1985)的规定。起重机在地面而吊装作业在高处时，必须专门设置信号传递人员，以确保司机能清晰准确地看到和听到指挥信号。

 案例 9-6

起重机吊装过程中发生倒塌，致 36 人死亡

1. 事故概况

2001 年 7 月 17 日 8：00 左右，在上海沪东中华造船公司的船坞工地，由上海电力建筑公司等单位承担安装的 600t×170m 龙门起重机在吊装主梁过程中，主梁发生倒塌事故，造成 36 人死亡，2 人重伤，

1 人轻伤,直接经济损失 8 000 多万元。

龙门起重机的结构主要由主梁、刚性腿、柔性腿和行走机构组成。该起重机轨距 170m,主梁下底面至轨面的高度 77m,主梁高度 10.5m,长度 186m,重约 3 050t(含上、下小车)。正在安装的主梁分别利用龙门起重机自身行走机构、刚性腿及主梁 17 号分段的总成(高 87m,重 900 多吨,迎风面积 1 300m²,由 4 根缆风绳固定)与自制塔架作为 2 个液压提升装置的支撑架,采用同济大学的计算机控制液压千斤顶同步提升工艺技术进行整体提升安装。

2001 年 7 月 17 日早 7:00,施工人员按施工指挥人员的布置,通过陆侧(远离黄浦江一侧)和江侧(靠近黄浦江一侧)卷扬机先后调整刚性腿的两对内、外两侧缆风绳。现场测量员利用经纬仪监测刚性腿顶部的基准靶标志,并通过对讲机指挥两侧卷扬机操作工放缆作业。放缆时先放松陆侧内缆风绳。当刚性腿出现外偏时,通过调松陆侧内缆风绳,减少外侧拉力进行修偏,直至恢复原状态。经过 10 余次放松与调整,陆侧内缆风绳处于完全松弛状态。此后,采取同样方法和相近的次数,将江侧内缆风绳调整为完全松弛状态。约 7:55,地面人员正要通知上面作业人员推移江侧缆风绳时,测量员发现基准标志逐渐外移,并逸出经纬仪观察范围,同时现场人员也发现刚性腿不断地向外侧倾斜。随后,刚性腿倾覆,主梁被拉动横向平移坠落,另一端塔架也随之倾倒。

2. 事故分析

经调查分析,造成此次事故的原因如下。

(1) 刚性腿在缆风绳调整过程中受力失衡是事故的直接原因。在吊装主梁过程中,由于违规指挥与操作,在未采取任何安全措施的情况下,放松内侧缆风绳,致使刚性腿向外侧倾倒,并依次拉动主梁、塔架向同一侧倾坠、垮塌。

(2) 施工中违规指挥是事故的主要原因。施工现场指挥在发生主梁上小车碰到缆风绳需要更改施工方案时,违反吊装工程方案中关于"在施工过程中,任何人不得随意改变施工的作业要求。如有特殊情况进行调整必须通过一定的程序以保证整个施工过程安全"的规定。而现场指挥人员未按程序编制修改作业指令和逐级报批,而且在未采取任何安全保障措施的情况下,下令放松刚性腿内侧的两根缆风绳,导致事故发生。

(3) 吊装工程方案不完善、审批把关不严是事故发生的重要原因。吊装工程方案中未能提供规范的、齐全的施工阶段结构倾覆稳定的验算资料;对沪东厂 600t 龙门起重机刚性腿的设计特点,特别是刚性腿顶部外倾 710mm 后的结构稳定性未能予以充分重视;对主梁提升到 47.6m 时,主梁上小车碰撞刚性腿内侧缆风绳这一可预见的问题未考虑,在此情况下如何保持刚性腿稳定的这一关键施工过程却无定量的控制要求和操作要领。

吊装工程方案及作业指导书编制后,虽按规定的程序进行了审核与批准,但有关人员及审批单位均未能发现有关问题,使得吊装工程方案和作业指导书在重要环节失去了指导作用。

(4) 施工现场缺乏统一严格的管理,安全措施不落实是事故伤亡扩大的原因。

① 施工现场组织协调不力。在吊装过程中,施工现场甲、乙、丙三方立体交叉作业,但没有形成统一、有效的组织协调机构对现场进行严格管理。在 7 月 10 日主梁提升前,仓促成立的"600t 龙门起重机提升组织体系"由于机构职责不明、分工不清,并未起到施工现场总体调度和协调作用,致使施工各方不能有效沟通。乙方在决定更改施工方案放松缆风绳后,并未正式告知现场施工其他各方采取相应的安全措施;甲方也未明确将 7 月 17 日的具体作业情况告知乙方,导致 23 名在刚性腿内作业的职工死亡。

② 安全措施不具体、不落实。在制定有关安全措施时没有针对吊装施工的具体情况,由各方进行充分研究并提出全面、系统的安全措施。有关要求中既没有对各方必要人员在现场做出明确规定,也没有关于现场人员如何进行统一协调管理的条款。施工各方均未制定相应程序及指定具体人员对会上提出的有关规定进行具体落实,如为吊装工程制定的工作牌制度基本未落实。

9.10 临时用电安全

1. 施工现场安全用电一般规定

(1) 施工现场临时用电设备在 5 台及 5 台以上或设备总用量在 50kW 及以上时,应编制安全技术措施。

(2) 在建工程的外侧边缘与 1kV 以下外电架空线路的边线之间的最小安全距离应大于 4m。

(3) 变配电室要求做到"五防一通"。"五防"即防火、防水、防雷、防雪、防小动物。"一通"即保持通风良好。

(4) 使用的电气设备外壳应有防护性接地或接零。

(5) 施工现场临时用电采用总配电箱、分配电箱、开关箱。

(6) 在操作闸刀开关和磁力开关时,防止万一短路时发生电弧或熔丝熔断飞溅伤人,必须将盖盖好。

(7) 施工现场专用的中性点直接接地的电力线路中,必须采用 TN-S 接零保护系统。

(8) 施工现场内临时用电的施工和维修必须由经过培训后取得上岗证书的专业电工完成,电工的等级应同工程的难易程度和技术复杂性相适应,初级电工不允许进行中、高级电工的作业。

(9) 各类用电人员应做到以下几点。

① 掌握安全用电基本知识和所用设备的性能。

② 使用设备前必须按规定穿戴和配备好相应的劳动防护用品;并检查电气装置和保护设施是否完好。严禁设备带"病"运转。

③ 停用的设备必须拉闸断电,锁好开关箱。

④ 负责保护所用设备的负荷线、保护零线和开关箱。发现问题,及时报告解决。

⑤ 搬迁或移动用电设备,必须经电工切断电源并作妥善处理后进行。

(10) 电气设备的使用与维护。

① 施工现场所有的配电箱、开关箱应每月进行一次检查和维修。检查、维修人员必须是专业电工。工作时必须穿戴好绝缘用品,必须使用电工绝缘工具。

② 检查、维修配电箱、开关箱时,必须将其前一级相应的电源开关分闸断电,并悬挂停电标志牌,严禁带电作业。

③ 配电箱内盘面上应标明各回路的名称、用途,同时要作出分路标记。

④ 总、分配电箱门应配锁,配电箱和开关箱应指定专人负责施工现场。停止作业 1h 以上时,应将动力开关箱上锁。

⑤ 各种电气箱内不允许放置任何杂物,并应保持清洁。箱内不得挂接其他临时用电设备。

⑥ 熔断器的熔体更换时,严禁用不符合原规格的熔体代替。

2. 施工现场用电安全技术

1) 一般规定

(1) 电工必须经专业安全技术培训，考核合格后方可上岗作业，非电工严禁进行电气作业。

(2) 电工作业时，必须穿绝缘鞋、戴绝缘手套，酒后不准操作。

(3) 所有绝缘、检测工具应妥善保管，严禁他用，并定期检查、校验。保证正确、可靠接地接零所有接地或接零处，必须保证可靠电气连接保护零线，PE 必须采用绿/黄双色线，严格与相线、工作零线相区别，不得混用。

(4) 电气设备的装置、安装、防护、使用、维修必须符合《施工现场临时用电安全技术规范》(JGJ 46—2005)的要求。

(5) 在施工现场专用的中性点直接接地的电力系统中，必须采用 TN-S 接零保护。

(6) 电气设备带金属外壳、框架、部件、管道、金属操作台和移动式碘钨灯的金属柱等，均应做保护接零。

(7) 定期与不定期对临时用电工程的接地、设备绝缘和漏电保护开关进行检测、维修，发现隐患及时消除，并建立检测维修记录。

(8) 建筑工程竣工后，临时用电工程拆除时，应按顺序切断电源后拆除，不留有隐患。

(9) 施工现场的供电系统必须实施三级配电两级保护。

2) 配电箱要求

(1) 配电箱及其内部开关、器件的安装应端正牢固。安装在建筑物或构造物上的配电箱为固定式配电箱，其箱底距地面的垂直距离应大于 1.3m，小于 1.5m。移动式配电箱不得置于地面上随意拖拉，应固定在支架上，其箱底与地面的垂直距离应大于 0.6m，小于 1.5m。

(2) 配电箱内的开关、电器，应安装在金属或木制的绝缘电器安装板上，然后整体紧固在配电箱体内，金属箱体、金属电器安装板及箱内电器不带电的金属底座、外壳等，必须做保护接零。保护接零线必须通过线端子板连接。

(3) 配电箱和开关箱的进出口，应设在箱体的下面，并加护套保护。进、出线应分路成束，不得承受外力，并做好防水弯。导线束不得与箱体进、出线口直接接触。

(4) 配电箱内的开关及仪表等电器应排列整齐，配线绝缘良好，绑扎成束熔丝及保护装置按设备容量合理选择，不同设备的熔丝大小应一致。三个及以上回路的配电箱应设总开关，分开关应标有回路名称。三相胶盖闸开关只能作为断路开关使用，不得装设熔丝，应另加熔断器。各开关、触点应动作灵活、接触良好。配电箱的操作盘不得有带电体明露，箱内应整洁，不得放置工具等杂物，箱门应设有线路图。下班后必须拉闸断电，锁好箱门。

(5) 配电箱周围 2m 内不得堆放杂物。电工应经常巡视检查开关、熔断器的接点处是否过热，各接点是否牢固，配线绝缘有无破损，仪表指示是否正常等，发现隐患立即排除。配电箱应经常清扫除尘。

(6) 每台用电设备应有各自专用的开关箱，必须实行"一机一闸一漏一箱"制，严禁同一个开关直接控制两台及两台以上用电设备(含插座)。

(7) 两级漏电保护。分配电箱和开关箱中两级漏电保护器的额定漏电动作电流和额定漏电动作时间应合理配合，使之具有分级、分段保护的功能。

(8) 施工现场的漏电保护开关在分配电箱上安装的漏电动作电流应为 50mA,保护该线路;开关箱安装漏电保护开关的漏电动作电流应为 30mA 以下。

(9) 漏电保护开关不得随意拆卸和调零部件,以免改变原有技术参数,并应经常检查,发现异常后,必须立即查明原因,严禁异常使用。

3) 施工照明

(1) 施工现场照明应采用高光效、长寿命照明光源。工作场所不得只装设局部照明,对于需要大面积照明的场所,应采用高压汞灯、高压钠灯或碘钨灯。灯头与易燃物的净距离不小于 0.3m。流动性碘钨灯采用金属支架安装时,支架应稳固,灯具与金属支架之间必须用不小于 0.2m 的绝缘材料隔离。

(2) 施工照明灯具露天装设时,应采用防护式灯具,距地面高度不得小于 3m。工作棚、场地照明工具可分路控制,每路照明支线上连接灯数不得超过 10 盏;若超过 10 盏时,每个灯具上装设熔断器。

(3) 室内照明灯具距地面不得低于 2.4m。每路照明支线上灯具和插座数不宜超过 25 个,额定电流不得大于 15A,并用熔断器保护。

(4) 一般施工场所宜选用额定电压为 220V 的照明灯具,不得使用带开关的灯头,应选用螺口灯头。相线接在与中心触头相连的一端,零线接在与螺纹相连的一端。灯头的绝缘外壳不得有损伤和漏电,照明灯具的金属外壳必须做保护接零。单相回路的照明开关箱内必须装设漏电保护开关。

(5) 现场局部照明工作灯。室内抹灰、水磨石地面等潮湿的作业环境,照明电源电压应不大于 36V。在特殊潮湿、导电良好的地面、锅炉或金属容器内工作的照明工具,其电源电压不得大于 12V。手持灯具应用胶把和网罩保护。

(6) 36V 的照明变压器,必须使用双绕组型,二次线圈、铁芯、金属外壳必须有可靠保护接零。一、二次线圈应分别装设熔断器,一次线圈长度不应超过 3m。照明变压器必须有防雨、防砸的措施。

(7) 照明线路不得拴在金属脚手架、龙门架和井字架上,严禁在地面上乱拉、乱拖,控制刀闸应配有熔断器和防雨措施。

(8) 施工现场的照明灯具应采用分组控制或单灯控制。

4) 施工用电线路

(1) 架空线路。

① 施工现场运输电杆时,应有专人指挥。小车搬运,必须绑扎牢固,防止滚动。人抬时,前后要响应,协调一致,电杆不得离地过高,防止一侧受力扭坏。

② 人工立杆时,应有专人指挥。立杆前,检查工具是否牢固可靠(如叉木无伤痕,溜绳、横绳、钠丝绳无伤痕)。地锚钎子要牢固可靠,溜绳各方向受力应均匀。上空(吊车起重臂杆回转半径内)所有带电线路必须停电。

③ 电杆就位移动时,坑内不得有人;电杆立起后,必须先架好叉子,才能撤去吊钩。电杆坑填土夯实后才允许撤掉叉木、溜绳或横绳。

④ 电杆的梢径不小于 13cm,埋入地下深度为杆长的 1/10 再加上 0.6m。木制杆不得开裂、腐朽,根部应刷沥青防腐。水泥杆不得有露筋、环向裂纹、扭曲等现象。

登杆组装横担时,活络扳手开口要合适,不得用力过猛。

登杆脚扣规格应与杆径相适应，使用脚手板，钩子应向上。使用的机具、护具应完好无损，操作时系好安全带，并拴住料具。

杆上作业时，禁止上下抛掷料具，料具应放在工具袋内，上下传递料具的小绳在牢固可靠递完料具后，要离开电杆 3m 以外。

⑤ 架空线路的干线架设(380V/220V)应采用铁横担、瓷瓶水平架设，挡距不大于 35m，线宽距离不小于 0.3m。

架空线路必须采用绝缘导线。架空绝缘铜芯导线截面面积不小于 10mm²，架空绝缘铝芯导线截面面积不小于 16mm²。在跨越铁路、管道的挡距内，铜芯导线截面面积不小于 10mm²，铝芯导线截面面积不小于 35mm²，导线不得有接头。

架空线路距地面一般不低于 4m，过路线的最下一层不低于 6m。多层排列时，上、下层的间距不小于 0.6m。高压线在上方，低压线在中间，广播线、电话线在下方。

干线的架空零线应不小于相线截面的 1/2，导线截面面积在 10mm² 以下时，零线和相线截面面积相同。支线零线是指干线到闸箱的零线，应采用与相线大小相同的截面。

架空线路摆动最大时与各种设施最小的距离：外侧边线与建筑物凸起部分的最小距离 1kV 以下时，为 1m；1～10kV 时，为 1.5m；在建工程(含脚手架)的外侧边缘与外电架空线路的边线之间的最小距离 1kV 以下时为 4m；1～10kV 时，为 6m。

⑥ 杆上紧线应侧向操作，并将夹紧螺栓拧紧；紧有角度的导线时，操作人员应在外侧作业。紧线时装设的临时脚踏支架应牢固，如用竹梯，必须用绳将梯子与电杆绑扎牢固。调整拉线时，杆上不得有人。

⑦ 紧绳用的铅(铁)丝或钢丝绳，应能承受全部拉力，与电线连接必须牢固。紧线时导线下方不得有人。终端紧线时反方向应设置临时拉线。

⑧ 大雨、大雪及六级以上强风天，停止登杆作业。

(2) 电缆。

电线电缆干线应采用埋地或架空敷设，严禁沿地面明敷设，并应避免机械损伤和介质腐蚀。

① 电缆在室外直接埋地敷设时，应砌砖槽防护，埋设深度不得小于 0.6m。

② 电缆的上下各均匀铺设不小于 5cm 厚的细砂，上盖电缆盖板或粘土砖作为电缆的保护层。

③ 地面上应有埋设电缆的标志，并应有专人负责管理。不得将物料堆放在电缆埋设的上方。

④ 有接头的电缆不准埋在地下，接头处应露出地面，并配有电缆接线盒(箱)。电缆接线盒(箱)应防雨、防尘、防机械损伤，并远离易燃、易爆、易腐蚀场所。

⑤ 电缆穿越建筑物、构筑物、道路、易受机械损伤的场所及引出地面从 2m 高度至地下 0.2m 处，必须加设防护套管。

⑥ 电缆线路与其附近热力管道的平行间距不得小于 2m，交叉间距不得小于 1m。

⑦ 橡套电缆架空敷设时，应沿着墙壁或电杆设备，并用绝缘子固定。电缆间距大于 10m 时，必须采用铅(铁)丝线或钢丝绳吊绑，以减轻电缆自重，最大弧垂距地面不小于 2.5m。电缆接头处应牢固可靠，做好绝缘包扎，保证绝缘强度，不得承受外力。

⑧ 在建建筑的临时电缆配电，必须采用电缆埋地引入。电缆垂直敷设时，应充分利用竖井、垂直孔洞进行敷设。每楼层固定点不得少于一处。水平敷设应沿墙或门口固定，最大弧垂距离不得小于 1.8m。

 案例 9-7

上海某住宅工程私接电源、违规作业安全事故

1. 事故情况

2002 年 8 月 10 日，在上海某建筑工程有限公司承建的某住宅小区工地上，油漆班正在进行装饰工程的墙面批嵌作业。下午上班后，油漆工屈某在施工现场 47#房西南广场处，用经过改装的手电钻搅拌机(金属外壳)伸入桶内搅拌批嵌材料。下午 15 时 35 分左右，泥工何某见到屈某手握电钻坐在地上，以为他在休息而未注意。大约 1min 后，发现屈某倒卧在地上，面色发黑，不省人事。何某立即叫来油漆工班长等人用出租车将屈某急送医院，经抢救无效死亡。医院诊断为触电身亡。

2. 事故原因分析

1) 直接原因

屈某在现场施工中用不符合安全使用要求的手电钻搅拌机，本人又违反规定私接电源，加之在施工中赤脚违章作业，是造成本次事故的直接原因。

2) 间接原因

项目部对职工、班组长缺乏安全生产教育，现场管理不到位，发现问题未能及时制止；况且用自制的手枪钻作搅拌机使用，在接插电源时，未经漏电保护，违反"三级配电，二级保护"原则，是造成本次事故的间接原因。

3) 主要原因

公司虽对职工进行过进场的安全生产教育，但缺乏有效的操作规程和安全检查，加之屈某自我保护意识差，是造成本次事故的主要原因。

3. 事故预防及控制措施

(1) 召开事故现场会，对全体施工管理人员、作业人员进行反对违章操作、冒险蛮干的安全教育，吸取事故教训，落实安全防范措施，确保安全生产。

(2) 公司领导，应提高安全生产意识，加强对下属工程项目安全生产的领导和管理，下属工程、项目部必须配备安全专职干部。

(3) 项目部经理必须加强对职工的安全生产知识和操作规程的培训教育，提高职工的自我保护意识和互相保护意识，严禁职工违章作业，违者要严肃处理。

(4) 法人代表、项目经理、安全员按规定参加安全生产知识培训，做到持证上岗。

(5) 建立健全安全生产规章制度和操作规程，组织职工学习，并在施工生产中严格执行，预防事故发生。

(6) 加强安全用电管理和电器设备的检查、检验，强化用电人员的安全用电的意识，加强现场维修电工的安全生产责任性，对施工现场的用电设备进行全面的检查和维修，消除事故隐患，确保用电安全。

4. 事故处理结果

(1) 本起事故直接经济损失约为 16 万元。

(2) 事故发生后，施工单位根据事故调查小组的意见，对本次事故负有一定责任者进行了相应的处理。

本 章 小 结

本章主要讲述了脚手架安全、模板工程安全保证项目、基坑支护安全保证项目、高处作业安全技术、建筑工程安全防护、物料提升机(龙门架、井字架)安全保证项目、外用电梯(人货两用电梯)安全保证项目、塔吊安全管理、起重吊装的安全管理、临时用电安全技术等安全生产技术。

习 题

1. 选择题

(1) 脚手架外侧设置剪刀撑，在脚手架端头开始按水平距离不超过(   )设置一排剪刀撑，剪刀撑杆件与地面成(   )角，自下而上、左右连续设置。

    A．9m，45°　　　　　　　　　B．5m，45°～60°

    C．9m，45°～60°　　　　　　　D．5m，60°

(2) 拆除模板应按方案规定程序进行，先拆(   )部分；拆除大跨度梁支撑柱时，先从(   )对称进行。

    A．非承重，跨中间开始向两端　　B．非承重，跨两端开始向中间

    C．承重，跨中间开始向两端　　　D．承重，跨两端开始向中间

(3) 为保证建筑工程的基坑支护的施工安全，施工企业必须从(   )方面做好安全保证工作。

    A．施工方案的编制与审批、土方开挖、坑壁支护设置、排水措施、坑边荷载规定等

    B．施工方案的编制与审批、临边防护措施、坑壁支护设置等

    C．施工方案的编制与审批、土方开挖、坑边荷载规定等

    D．施工方案的编制与审批、临边防护措施、坑壁支护设置、排水措施、坑边荷载规定等

(4) 高处作业，是指在距基准面(   )及以上有可能坠落的高处进行作业，在此作业过程中因坠落而造成的伤亡事故。

    A．1m　　　　　B．2m　　　　　C．5m　　　　　D．9m

(5) 建筑施工中最主要的三种伤亡事故类型为(   )。

    A．高处坠落、物体打击和触电　　B．坍塌、火灾、中毒

    C.机械伤害、触电、坍塌　　　　D．坍塌、高处坠落、物体打击

(6) 建筑工程中为了预防高空坠落和物体打击事故的发生，在建筑施工现场强调和广泛使用避免人员受伤害的三件劳动保护用品简称为"三宝"，是指(   )。

    A．安全帽、安全带和安全网　　　B．安全帽、安全带和安全锁

    C．安全帽、安全锁和安全网　　　D．安全锁、安全带和安全网

(7) 市民如发现缺少安全防护措施的施工现场，应及时( )。

  A．向有关部门举报   B．向施工单位举报

  C．向施工单位提示   D．向监理单位举报

(8) 建筑施工中的电梯井口必须设高度不低于( )米的金属防护门。

  A．1.0   B．1.05   C．1.2   D．1.5

2. 思考题

(1) 脚手架施工的交底与验收有哪些规定？

(2) 模板工程的安全技术要求有哪些？

(3) 基坑工程临边防护的主要规定是什么？

(4) 什么是高处作业？悬空高处作业坠落事故的预防、控制要点是什么？

(5) 建筑施工过程中洞口、临边的防护措施有哪些？

(6) 物料提升机安装验收内容是什么？

(7) 外用电梯(人货两用电梯)有哪些安全装置？

(8) 塔吊的组成有哪些？塔吊附墙装置的安装应注意哪些方面？

(9) 变配电室要求做到"五防一通"，是指什么？

第 **10**章
自然灾害事故及处理简介

　　本章重点阐述常见的几类自然灾害，即火灾、地震灾害、洪水灾害、风灾等及相应处理方法。通过本章学习，应达到以下目标。

(1) 了解火灾危害性和特点。

(2) 了解地震、洪水、风灾危害性及对建筑的影响，掌握相应的防灾措施。

知识要点	能力要求	相关知识
火灾	了解火灾的危害性和特点	(1) 高层建筑火灾 (2) 公共场所的火灾 (3) 地下空间和隧道的火灾
地震	(1) 了解地震引起建筑破坏的主要因素 (2) 熟悉震害处理措施	(1) 地震作用力及引起的地质灾害 (2) 震害的各种处理措施
洪灾	(1) 熟悉建筑物洪涝灾害损伤的鉴定与处理 (2) 掌握建筑物的防洪措施	(1) 洪水灾害引起建筑物的损害 (2) 建筑物洪灾损伤的鉴定与处理 (3) 防洪的各种措施
风灾	熟悉减小风灾对建筑物的破坏措施	(1) 风灾对建筑物的影响 (2) 防止风灾对建筑物的破坏措施

基本概念

　　自然灾害、火灾、地震、洪灾、防治措施。

引例

河南 "75·8" 大水

　　1975 年 7 月 31 日，3 号台风在太平洋上空形成。8 月 4 日，该年度我国第 3 号台风("7503 号"台风)穿越台湾地区后在福建晋江登陆。台风没有像通常那样在陆地上迅速消失，却以罕见的强力，越江西，穿湖南，在常德附近突然转向，北渡长江直入中原腹地。强烈低气压和南下的冷空气形成对峙，热低压从海洋携带的大量水汽，遭遇强冷空气，受到桐柏山、伏牛山组成的"喇叭口"地形的抬升，使罕见的大暴雨形成。

那场雨有多大？后来的气象专家统计的数字显示，1975 年 8 月 5～7 日的降水量超过我国以往的正式记录。最大的暴雨中心为河南泌阳林庄，8 月 7 日一天降下 1 005.4mm，其中 6h 的降雨为 830.1mm，超过了世界纪录。林庄一位当地水文工作者记录下的那 3 天的降水量为 1 606.1mm，是当地正常年份两年的降水量。

1975 年 8 月 8 日凌晨零时 40 分，河南驻马店地区板桥水库因特大暴雨引发溃坝，洪水波及范围内顿时一片汪洋。在东西 150km、南北 75km 的范围内，人们被悉数淹没在高达 10m 的水舌之下。

据由我国原水利部长钱正英院士作序的《中国历史大洪水》一书披露，在这次被称为"75.8"大水的灾难中，河南省有 29 个县市、1 700 万亩(1 亩≈666.7m^2，后同)农田被淹，其中 1 100 万亩农田受到毁灭性的灾害。孙越崎等人在 1987 年第 4 期的《水土保持通报》中发表文章指出，"75.8"大洪水造成 1 100 万人受灾，26 万人死难，共计 60 多个水库相继发生垮坝溃堤，倒塌房屋 524 万间，致使纵贯中国内地北京至广州的铁路(京广线)冲毁 102km，中断行车 18d，影响运输 48d，直接经济损失近百亿元，成为世界最大、最惨烈的水库垮坝惨剧，如图 10.1～图 10.3 所示。

图 10.1　板桥水库溃坝资料图

图 10.2　洪灾现场情况

图 10.3　京广铁路冲毁资料图

10.1 火 灾 事 故

1. 火灾概述

火与人类的生活和生产密不可分，火的利用是人类文明过程中的重大标志之一，但一旦失控则酿成灾害。世界多种灾害中发生最频繁、影响面最广的首属火灾。"火灾"是指在时间或空间上失去控制的燃烧所造成的灾害。在各种灾害中，火灾是较普遍地威胁公众安全和社会发展的主要灾害之一。人类能够对火进行利用和控制，是文明进步的一个重要标志。火给人类带来文明进步、光明和温暖。但是，失去控制的火就会给人类造成灾难。所以说，人类使用火的历史与同火灾做斗争的历史是相伴相生的。人们在用火的同时，不断总结火灾发生的规律，尽可能地减少火灾及其对人类造成的危害。对于火灾，在我国古代，人们就总结出"防为上，救次之，戒为下"的经验。随着社会的不断发展，在社会财富日益增多的同时，导致发生火灾的因素也在增多，火灾的危害性也越来越大。

据联合国"世界火灾统计中心(WFSC)"的不完全统计，全球每年发生 600 万～700 万起火灾，全球每年死于火灾的人数有 6.5 万～7.5 万人。

据统计，20 世纪 70 年代我国火灾年平均损失不到 2.5 亿元，80 年代火灾年平均损失不到 3.2 亿元。进入 90 年代，特别是近几年来，统计数据表明我国每年发生火灾 20 多万起，死亡人数为 2 000～4 000 人，受伤人数为 3 000～5 000 人，每年火灾造成的直接财产损失上升到年均十几亿元，尤其是造成几十人、几百人死亡的特大恶性火灾时有发生，给国家和人民群众的生命财产造成了巨大的损失。严峻的现实证明，火灾是当今世界上多发性灾害中发生频率较高的一种灾害，也是时空跨度最大的一种灾害。

2. 火灾害的种类

1) 高层建筑火灾

《高层民用建筑设计防火规范》(GB 50045—2005)规定：高层民用建筑是指 10 层及 10 层以上的居住建筑(包括首层设置商业服务网点的住宅)；建筑高度超过 24m，且层数为 10 层及 10 层以上的其他民用建筑。建筑高度为建筑物室外地面到其檐口或屋面面层的高度。随着国民经济的高速发展，我国的高层建筑如雨后春笋，发展十分迅速，防火设计也积累了比较丰富的经验。但国内外许多高层建筑的火灾教训告诉人们，在高层建筑设计中，防火设计十分重要，如果缺乏考虑或考虑不周，一旦发生火灾，将会带来巨大的损失。由此可见，根据高层建筑防火设计的实践和经验，在高层建筑中贯彻防火要求，防止和减少高层建筑发生火灾的可能性，保护人身和财产的安全，是必不可少的。在防火条件相同的情况下，高层建筑比低层建筑火灾危害性大，而且发生火灾后容易造成重大的损失和伤亡，其火灾特点主要有火势蔓延的途径多、速度快，安全疏散比较困难，扩散难度相对较大，高层建筑功能复杂、隐患多，人员伤亡损失惨重。

2) 公共场所的火灾

随着经济和社会的发展，大跨度、大空间建筑将大量增加。这些建筑主要集中在大型商场、市场、展览场馆、会议中心、娱乐中心等使用功能复杂、人员密集的场所，并采用大量易燃可燃材料进行装修。目前，国际上该类建筑还没有有效的防火及灭火措施，一旦发生火灾，由于空气流动快，供氧充分，极易形成立体燃烧，很难进行扑救，致使短时间内烧掉整个建筑。近年来，国内外发生多起此类型火灾，造成大量人员伤亡和巨大财产损失。1993 年，江西南昌市万寿宫商城火灾直接财产损失 586 万元；1994 年，新疆克拉玛依友谊馆火灾死亡 325 人；1996 年，韩国汉城某商场火灾死亡 502 人，辽宁沈阳商业城火灾直接财产损失 3 509 万元；1999 年，韩国仁川市某商场火灾死亡 57 人；北京市丰台区玉泉营环岛家具城火灾直接财产损失 2 087 万元；2000 年，安徽合肥市城隍庙市场庐阳宫火灾直接财产损失 2 179 万元；河南洛阳东都商厦火灾死亡 309 人；2002 年，山东德州百货大楼在火灾中化为灰烬，直接财产损失近亿元；2009 年，北京中央电视台新台址北配楼发生火灾，火灾损失为 6 亿～7 亿元。

3) 地下空间和隧道的火灾

随着经济的发展、城市规模的扩大和功能的完善，处于地面以下的建筑日益增多。地下车库、隧道、人防工程的兴起，虽然节约了用地，扩大了城市空间，增强了现代城市的立体感，但是地下建筑内部结构复杂，通道弯曲，一旦发生火灾，扑救和疏散困难，会造成重大的人员伤亡和财产损失。

 **案例 10-1**

上海高楼火灾事故

2010 年 11 月 15 日，上海市静安区胶州路 728 号公寓大楼发生一起因企业违规造成的特别重大火灾事故，造成 58 人死亡、71 人受伤，建筑物过火面积 12 000m²，直接经济损失 1.58 亿元。调查认定，这起事故是一起因企业违规造成的责任事故，如图 10.4 所示。

图 10.4 现场作业及火灾情况

1) 事故基本情况

上海市静安区胶州路 728 号公寓大楼所在的胶州路教师公寓小区于 2010 年 9 月 24 日开始实施节能综合改造项目施工，施工内容主要包括外立面搭设脚手架、外墙喷涂聚氨酯硬泡体保温材料、更换外窗等。

A 公司承接该工程后，将工程转包给其子公司 B 公司，B 公司又将工程拆分成建筑保温、窗户改建、脚手架搭建、拆除窗户、外墙整修和门厅粉刷、线管整理等，分包给 7 家施工单位。其中 C 公司出借资质给个体人员张某分包外墙保温工程，D 公司出借资质给个体人员支某和沈某合伙分包脚手架搭建工程。支某和沈某合伙借用 D 公司资质承接脚手架搭建工程后，又进行了内部分工，其中支某负责胶州路 728 号公寓大楼的脚手架搭建，同时支某与沈某又将胶州路教师公寓小区 3 栋大楼脚手架搭建的电焊作业分包给个体人员。

2010 年 11 月 15 日 14 时 14 分，电焊工在加固胶州路 728 号公寓大楼 10 层脚手架的悬挑支架过程中，违规进行电焊作业，引发火灾，造成 58 人死亡、71 人受伤，建筑物过火面积 12 000m²。

2) 事故原因

直接原因：在胶州路 728 号公寓大楼节能综合改造项目施工过程中，施工人员违规在 10 层电梯前室北窗外进行电焊作业，电焊溅落的金属熔融物引燃下方 9 层位置脚手架防护平台上堆积的聚氨酯保温材料碎块、碎屑，引发火灾。

间接原因：一是建设单位、投标企业、招标代理机构相互串通、虚假招标和转包、违法分包；二是工程项目施工组织管理混乱；三是设计企业、监理机构工作失职；四是建设主管部门对工程项目监督管理缺失；五是静安区公安消防机构对工程项目监督检查不到位。六是对工程项目组织实施工作领导不力。

3) 事故教训

这起特别重大火灾事故给人民生命财产带来了巨大损失，后果严重，造成了很大的社会负面影响，教训十分深刻。

10.2　地震灾害事故

1. 地震概述

地震是一种破坏极其严重的自然灾害，严重威胁着人类社会的生存和发展。我国是一个多灾害的国家，地震、台风、洪水、泥石流等灾害十分严重。我国 20 世纪发生的破坏性地震占全球 1/3，死亡人数占全球 1/2，高达 60 万人。例如，1966 年在河北省邢台地区隆尧县东发生的 6.8 级强烈地震，一瞬间便袭击了河北省邢台、石家庄、衡水、邯郸、保定、沧州 6 个地区，造成这一地区 8 064 人死亡，38 451 人受伤，倒塌房屋 508 万余间；1976 年唐山发生的 7.8 级强烈地震是我国近代损失最为严重的一次城市型地震，顷刻之间，100 万人口的城市化为瓦砾，人民的生命财产受到严重损失，24 万余人死亡，16 万余人重伤。

2008 年 5 月 12 日发生在汶川的大地震造成了巨大的人员伤亡和经济损失。地震还引发数以万计的山崩、滑坡、塌方和泥石流等严重地质灾害，毁坏了交通、通信等生命系统。深入、系统地分析和总结地震震害，对灾区的恢复重建及提高我国整体抗震防灾能力具有重大的意义。

地震预报是世界范围内的难题，人类准确预报的道路还非常漫长，大部分国家都没有把地震预报作为目前防灾、减灾的重点，所以对新建房屋在设计时要考虑好本身的抗震设防，对达不到抗震设防要求的建筑物进行加固及对震后建筑物进行事故处理。因此，为了更好地减少地震造成的损失，研究城市的抗震减灾防灾及地震灾害工程事故处理措施是非常重要的。

地震的发生是十分突然的，一次地震持续的时间往往只有几十秒，在如此短暂的时间内造成大量的房屋倒塌、人员伤亡，这是其他的自然灾害难以相比的。地震可以在几秒或者几十秒内摧毁一座文明的城市，像 2010 年的海地和智利大地震，事前有时没有明显的预兆，以至来不及逃避，造成大规模的灾难。

2. 地震引起建筑破坏的主要因素

1) 自然因素

(1) 强震作用力。强震作用力可以直接导致房屋倒塌损毁，其不仅发生在平原地区，还发生在山区。"5.12"大地震前的汶川是一个山川秀美的旅游风景区，震后的汶川遭受强震作用力，造成建筑物倒塌、山川变貌、滑坡等。汶川地震中一些建筑物未遭受山体滑坡、崩塌、泥石流的影响，建(构)筑物地基也未产生液化、震陷，但是却有明显的地震力破坏规律，即呈现出整体倒塌、部分整体倒塌或局部倒塌加严重破坏、未整体倒塌但严重破坏或局部倒塌加严重破坏、未整体倒塌但有破坏甚至严重破坏 4 种破坏状态。

(2) 地震引起的地质灾害如下。

① 山体滑坡。山体滑坡次生灾害破坏规律在山区县镇非常典型和普遍。"5.12"汶川地震的震中在汶川，重灾区却在北川。除了强震作用力外，大面积山体滑坡的次生灾害给北川县城带来了毁灭性破坏：新城区将近 1/4 被埋没、破坏，老县城近 1/3 被埋没。山体滑坡还会形成堰塞湖，这些都会造成更加严重的灾情。

② 泥石流。汶川地震发生在山区，加上震后的降雨造成了多处泥石流，其影响范围和灾害程度十分突出。

2) 人为因素

(1) 建筑物平面布置不规则。不规则且具有明显薄弱部位的建筑物，地震时扭转作用对其薄弱部位(底层角柱)造成严重破坏，导致整栋楼被破坏。因此，不规则的建筑结构应按要求进行水平地震作用计算和内力调整，并应对薄弱部位采取有效的抗震构造措施。

(2) 建筑物整体性差。大量非结构构件(如填充墙、围护墙)破坏严重。建筑物中梁无拉结或拉结不够，多孔空心砖大量劈裂导致拉结筋失效等原因造成墙体大量开裂，预制板之间连接很差，这些都导致房屋的整体性变差，从而倒塌伤人。

(3) 抗震缝宽度不够。在汶川地震中，相当比例的抗震缝宽度不足 50mm，有些建筑物由于施工误差甚至连接在一起，导致两侧房屋碰撞破坏。

(4) 未按建筑抗震设计规范进行正规设计。凡是按建筑抗震设计规范进行正规设计，且施工质量有保障的房屋，在高烈度地区大部分建筑只是开裂而不倒塌，在低烈度地区大部分建筑震害较轻；而没有按抗震设计规范进行正规设计的很多建筑物都遭受了一定程度的破坏，甚至是整体倒塌。

(5) 框架结构中维护墙和隔墙布置不合理。上下楼层的墙体数量相差较大，导致上刚下柔，采用普通砖、空心砖的砌体填充墙尤其明显。填充墙不到柱顶，形成短柱剪切破坏。

(6) 没有按设计要求施工。部分建筑施工质量未达标，导致在地震中严重破坏甚至倒塌。

3. 震害处理措施

1) 地质灾害的处理措施

对于危险地段，对地震时可能发生滑坡、崩塌、地陷、地裂、泥石流等及地震断裂带上可能发生地表错位的部位，强调"严禁建造甲、乙类的建筑，不应建造丙类的建筑"。

建造于条状突出的山嘴、高耸孤立的山丘、非岩石和强风化岩石的陡坡、河岸和边坡边缘等不利地段的建筑结构，地震作用应乘以增大系数 1.1～1.6。该增大系数的取值与突出地形的高度、平均坡降角度及建筑场地至台地边缘的距离有关。

山区建筑的地基基础要设置符合抗震要求的边坡工程，并避开土质和强风化岩石的边缘。

2) 对不规则建筑物的改造措施

抗震设计规范明确规定，不规则的建筑结构应按要求进行水平地震作用计算和内力调整，并应对薄弱部位采取有效的抗震构造措施。该规范进一步强调了建筑方案符合抗震概念设计对于结构抗震安全的重要性，并规定对于不规则的建筑方案应按规定采取加强措施；对于特别不规则的建筑方案应进行专门研究和论证，采取特别的加强措施。

3) 对框架结构的改造措施

汶川地震的少数框架结构房屋倒塌，其主要原因是围护墙和隔墙布置得不合理，可能导致结构形成了刚度和承载力突变的薄弱部位。因此，"围护墙和隔墙应考虑对结构抗震的不利影响，避免不合理的设置而导致主体结构的破坏"，设计时应当予以注意。

高层建筑不应采用单跨框架结构。实践证明，采用了单跨悬挑走廊形式的混凝土框架结构的建筑在地震中倒塌了很多，而在走廊的外侧设置框架柱的则损坏轻微。

4) 对独立砖柱的改造措施

独立砖柱对于抗震非常不利，尤其是支撑大跨度的楼面梁的砖柱更加危险。在汶川地震中，大部分以独立砖柱作为竖向支撑构件的建筑物损毁十分严重。

《建筑抗震设计规范》(GB 50011—2010)规定将 7.3.6 条目作为强制性规定，即楼、屋盖的钢筋混凝土梁或者屋架应与墙、柱(包括构造柱)或者圈梁可靠连接，梁与砖柱的连接不应削弱柱截面，各层独立砖柱顶部应在两个方向均有可靠连接，并且特别规定，7°～9° 时不得采用独立砖柱，跨度不小于 6m 的支撑构件应采用组合砌体等加强措施，并满足承载力要求。其中的"组合砌体等"意味着在支撑部位仅仅设置构造柱是不够的，还需要进行沿楼面大梁平面内、平面外的静力和抗震承载力验算。

5) 对产生鞭梢效应的建筑的改造措施

突出屋面的屋顶间、女儿墙、烟囱等突出部分的地震作用效应，宜乘以增大系数 3，此增大部分不应往下传递，但与该突出部分相连的构件应予以计入；采用振型分解法时，突出屋面部分可作为质点直接参与计算。

6) 对整体性差的房屋的改造措施

汶川地震中很多房屋倒塌的一个主要原因就是整体性差，所以提高房屋的整体性是非常有必要的。其应满足如下规定。

(1) 要求生土房屋相邻墙体之间应采用简单的拉接材料相互连接，以提高墙体的整体性。

(2) 木柱房屋的围护墙应与木柱可靠拉结，并提高土坯等围护墙的构造要求，以避免土坯倒塌伤人。

(3) 对村镇石砌体房屋的高度和层数应予以严格控制。

(4) 要求砌体墙应采取措施减少对主体结构的不利影响，并应按规定设置拉结筋、水平系梁、圈梁、构造柱等与主体结构进行可靠拉结，同时要求应能适应主体结构不同方向的层间位移。

7) 对楼梯间的改造

历次地震中，作为逃生通道的楼梯间破坏得都非常严重。原因是砌体结构的楼梯间整体性不足，地震中楼梯间的墙体破坏，甚至倒塌，造成楼梯段的支座失效，从而导致整个楼梯间的破坏。在钢筋混凝土框架结构中，由于支撑效应使楼梯板承受较大的轴向力，地震时楼梯段处于交替拉弯和压弯的受力状态，当楼梯段的拉应力达到或者超过混凝土的极限抗拉承载力时就会发生受拉破坏。楼梯间的平台梁在地震时受到上下梯段的剪力作用，产生剪切、扭转破坏。另外，有些楼梯钢筋采用冷轧扭钢筋，延性不够，在地震作用下导致钢筋脆断。

8) 对短柱剪切破坏的处理措施

混凝土柱因填充墙等非结构构件砌筑不当，受到约束而形成短柱。短柱对抗震非常不利，在地震中易发生剪切破坏。因此，规定填充墙在平面和竖向的布置宜均匀对称，避免形成薄弱层或短柱。而且在施工时应当先砌墙再浇筑柱子，避免因填充墙砌筑不当而形成短柱。

 案例 10-2

"5.12" 汶川大地震

(1) 地震简况。2008 年 5 月 12 日 14 时 28 分 04 秒，四川汶川、北川，8 级强震猝然袭来，这是新中国成立以来破坏性最强、波及范围最大的一次地震。此次地震重创约 50 万公顷的地方！

地震烈度：汶川地震的震中烈度高达 11 度，以四川省汶川县映秀镇和北川县县城两个中心呈长条状分布，面积约 2 419 公顷。其中，映秀 11 度区沿汶川—都江堰—彭州方向分布，北川 11 度区沿安县—北川—平武方向分布。

(2) 损失及伤亡情况。汶川地震造成的直接经济损失为 8 451 亿元，其中四川的损失占到总损失的 91.3%，甘肃占 5.8%，陕西占 2.9%。在财产损失中，房屋的损失很大，民房和城市居民住房的损失占总损失的 27.4%，学校、医院和其他非住宅用房的损失占总损失的 20.4%，另外还有基础设施，道路、桥梁和其他城市基础设施的损失，占到总损失的 21.9%，这 3 类是损失比例比较大的，70% 以上的损失是由这 3 方面造成的。

汶川地震的震级是自 1950 年 8 月 15 日西藏墨脱地震 (8.5 级) 和 2001 年昆仑山大地震 (8.1 级) 后的第三大地震，直接严重受灾地区达 10 万公顷。这次地震危害极大，共遇难 87 000 多人，受伤 374 643 人。图 10.5～图 10.8 所示为此次地震震后房屋倒塌的情况。

图 10.5　震后的汶川

图 10.6　地震引起的房屋倒塌

图 10.7　震后的道路

图 10.8　震后的唐家山堰塞湖

为表达全国各族人民对四川汶川大地震遇难同胞的深切哀悼，国务院决定，2008 年 5 月 19～21 日为全国哀悼日，天安门广场第一次为平民降半旗。自 2009 年起，每年 5 月 12 日为全国防灾减灾日。

我国地处环太平洋地震带和地中海喜马拉雅地震带上，地震活动频繁；我国的地震主要是板块内部发生的地震，具有震源浅、频度高、强度大、分布广的特征；我国人口众多，建筑物抗震性能差，因而成灾率较高。我国历史上发生过很多次地震，其中伤亡及经济损失比较严重的有唐山大地震和汶川大地震。

从汶川及玉树地震中发现，很多人特别是中小学生都缺乏必要的防灾减灾的常识，遇到危险时自救能力比较弱。建议应当把防灾减灾的常识和基本要求放入中小学的教学内容中，并定期开展紧急情况下的逃生训练演习，不断提高全民的防灾减灾意识和普及应急避难的常识。

另外，地震发生时场面往往比较混乱，所以建立完善的应急处理制度是非常有必要的。灾害发生时，民众可以有秩序地前往紧急避难场所，以避免发生逃生路线不明确和逃生过程中出现踩踏的现象。

10.3　洪水灾害事故

1. 洪水概述

人类赖以生存的三大要素是阳光、空气和水。人们常说"水可载舟，又可覆舟"。这句话表明了人类既要靠水赖以生存，但水又给人类带来巨大的灾害。在我国许多自然灾害中，洪水灾害是主要的自然灾害之一。在各种自然灾难中，洪水造成死亡的人口占全部因自然灾难死亡人口的 75%，经济损失占到 40%。

我国内地东临太平洋，面临世界最大的台风源，西部为世界地势最高的青藏高原，地势西高东低、地形复杂，陆海大气环流系统相互作用，天气复杂多变，降雨时空分布不均，因此洪涝、海洋灾害随时会发生。加上我国 13 亿多人口对食品的巨大需求，迫使人们对自然进行索取，产生毁林开荒、围湖造田、乱采乱挖、过度放牧等一系列破坏生态的行为，导致生态失衡、环境恶化，加剧了水旱灾害发生的可能性。同时，我国正处在工业化的中后期，大规模的工业污染降低了生态系统的稳定性，尤其是水污染加剧了水灾害的发生。

洪水灾害既破坏自然环境，必危及人类社会经济的持久发展。洪水灾害的频繁发生，已成为我国国民经济发展的长期性制约因素。当前我国的科技水平不是很高，防灾、救灾的设施落后，承灾能力低下，遇到特大的水灾害往往使生态更为脆弱。

洪水大都是由于连续降雨，河流排水不畅造成的。由于水文气象的不利组合(如气旋、台风、地形等)在一定的范围内，出现历时长、强度大的大暴雨，从而形成地面径流。如果流域内的地面坡降大，又缺少植被，土层又薄，支流汇入时间集中，则将使地面径流的绝大部分以较快的速度向主河流汇集，在河道中形成很大的洪水。我国大部分地区河流是由于连降暴雨或久雨不晴而形成洪水的。在这些地区，一般是春、夏降雨较多。当河流汇集了大量的水流时，往往形成洪水，进入洪水季节；而秋、冬降雨较少，河流的来水也较少，就进入枯水季节。我国东北和西北地区的河流也有因融雪而形成洪水的。

洪水灾害的形成受气候等自然因素与人类活动因素的影响。洪水可分为河流洪水、湖泊洪水和风暴潮洪水等。其中河流洪水依照成因的不同，又可分为暴雨洪水、山洪、融雪洪水、冰凌洪水、溃坝洪水等类型。

我国幅员辽阔，除沙漠、戈壁和极端干旱区及高寒山区外，大约 2/3 的国土面积存在着不同类型和不同危害程度的洪水灾害。

作为一种复杂的自然现象，洪水灾害在空间上既具有普遍性，又具有区域性。大量研究表明，洪水灾害具有不均匀性、差异性、多样性、突发性、随机性与可预测性、规律性等复杂的特点。

2. 水灾害对建筑物的损害作用

(1) 泛洪期间洪水的冲击和冲刷作用如下。

① 洪水对建筑物的直接冲击作用。泛洪区的许多建筑物，如城镇的土坯墙房屋、空斗墙房屋等，结构性能较差，房屋的墙体抵抗不住洪水的冲击力作用而损坏，甚至墙倒屋塌。

② 洪水对地基土的冲刷作用。洪水流动过程中，将一些较疏松的表层土冲走形成地坑。当建筑物位于地坑周围时，随着洪水作用时间的延长，建筑物的地基土被洪水冲刷、掏空，导致建筑物基础滑移、断裂，使建筑物倾斜、墙体开裂、结构构件损坏或建筑物倒塌。

(2) 洪水灾害中山体滑坡对建筑物的损害作用如下。

① 对于处于滑坡山体上的建筑物：建筑物倒塌，这类建筑物建于滑坡山体上，随山体滑坡的移动而倒塌；建筑物部分悬空，这类建筑物建于滑坡山体旁，建筑物的部分地基土随滑坡的移动而倒塌。

2004 年 7 月 19、20 日广西宾阳县普降暴雨，宾阳县部分乡镇发生洪涝灾害，导致山体滑坡、房屋倒塌。

② 处于滑坡山体下的建筑物：山体滑坡过程中，处于山坡脚下的建筑物易被泥沙冲击损坏而倒塌或被土体覆盖掩埋。

(3) 洪水灾害引起建筑物的损伤如下。

① 洪水长期浸泡对建筑物地基及基础的影响。地基土被雨水长期浸泡后，水分子楔入土颗粒之间，破坏联结薄膜，土体的抗剪强度有所下降，并表现出较高的压缩性。如果建筑物场地地质分布不均匀，将导致基础的差异沉降，严重的会引起建筑物开裂、结构受损。

② 洪水长期浸泡对墙体结构的影响。对于砌筑砂浆质量较差或等级较低的建筑物，在长期的洪水浸泡中其砂浆软化、强度降低，严重的将影响到结构的安全性。这类建筑主要是城镇旧房屋和村镇建筑。

另外，洪水的长期浸泡将使墙体粉刷层砂浆软化、剥落，造成建筑物构造损坏。洪水浸泡使钢结构锈蚀也是一个严重的问题。

(4) 暴雨对建筑物的损坏作用如下。

连续的暴雨可使部分建筑物，特别是旧建筑物的屋面损坏漏水。同时，与暴雨相伴的大风、台风、龙卷风也会造成建筑物的瓦材、屋面结构及悬挑结构的损坏，严重的可造成建筑物的倒塌。

(5) 洪涝灾害对城镇公共设施的影响如下。

城镇自来水厂一般地势较低，洪涝灾害中受损较重。

3. 建筑物洪涝灾害损伤的鉴定与处理

对遭受洪涝灾害的房屋要进行全面的检测鉴定，必要时要采取加固措施，主要的检测内容为：地基及基础受损检测；建筑倾斜、沉降及不均匀沉降测量；砌体结构及砌筑砂浆质量检测；钢筋混凝土结构损伤检测；钢结构损伤及锈蚀程度检测；屋盖系统漏水及结构检测。

在全面检测的基础上，对损伤建筑物进行科学鉴定，并采取必要的加固措施。

4. 建筑物的防洪措施

随着经济的发展，洪水灾害也愈加频繁，一旦发生洪涝灾害，将会给人们的生命和财产带来巨大的损失，对社会稳定也会造成一定的影响。因此，采取一定的措施有效抵御洪水灾害还是很有必要的。

从防洪减灾的角度来讲，建筑防洪措施主要包括以下方面。

(1) 建筑物的选址是十分关键的环节。为保证建筑物的防洪安全，首先应避开大堤险情高发区段，远离旧的溃口，防止直接经受洪水的冲击。地势较高的场地、有防洪围护设施的地段可优先作为建筑场地。

建筑物选址应在可靠的水文地质和工程地质勘察的基础上进行，基础数据不全就难以形成正确的设计方案。建筑选址的基础数据主要包括地形、地貌、降水量、地表径流系数、多年洪水位、地质埋藏条件等。特别需要指出的是，拟建建筑应选择在不易发生滑坡和泥石流的地段，应避开孤立山咀和不稳定土坡的下方。另外，膨胀土地基对水的浸入比较敏感，从防洪设计来看，也是不利的建筑场地。

(2) 应采用对防洪有利的基础方案。房屋应坐落在沉降稳定的老土上，基础以深基础为宜，如采用桩基，可以加强房屋的抗倾、抗冲击性，以保证抗洪安全。有些复合地基，如石灰桩、砂桩地基，在防洪区不宜采用。多层房屋基础浅埋时，应注意加强基础的刚性和整体性，如采用片筏基础、加设地圈梁。在许多农房建筑中，采用新填土夯实，地基并没有沉降稳定，基础采用砖砌大放脚方案，对上部房屋抗洪极为不利。

(3) 从防洪设计出发，也应加强上部结构的整体性。对多层砌体房屋设置构造柱和圈梁是行之有效的方法。有些农房建筑的楼面处不设圈梁，以为用水泥砂浆砌筑的水平砖带就可以代替圈梁的作用，这是一种误解。还有的房屋仅用粘土做砌筑砂浆，砌体连接强度极差，又不能经受水的浸泡，使得房屋抗洪能力低、整体性差，应予改正。有些地区试验的框架轻板房屋是抗洪建筑较好的结构体系，应在降低造价上做进一步工作，以便在广大防洪地区推广。

(4) 选择防水性能好、耐浸泡的建筑材料对抗洪是有利的。混凝土具有良好的防水性能，当是首选材料。砖砌体应有防护面层，采用清水墙容易受水剥蚀，必须采取防水措施。过去在洪水多发区采用的木框架结构已逐渐被砖和混凝土结构取代。例如，采用木框架结构，应对木材做防腐处理。

(5) 制定居民应急撤离计划和对策。在洪水易淹区设立各类洪水标志，并事先建立救护组织和准备抢救器材，根据发布的洪水警报进行撤离。

(6) 建立洪水预报警报系统。把实测或利用雷达遥感收集到的水文、气象、降雨、洪水等数据，通过通信系统传递到预报部门分析，有的直接输入电子计算机进行处理，做出洪水预报，提供具有一定预见期的洪水信息，必要时发出警报，以便提前为抗洪抢险和居民撤离提供信息，以减少洪灾损失。它的效果取决于社会的配合程度，一般洪水预见期越长，精度越高，效果就越显著。我国1954年长江洪水预报和1958年黄河洪水预报，以及美国1969年密西西比河洪水预报，均取得良好效果。

从实践来看，采用单一的措施控制洪水是有限度的。因此，只有多种措施的结合才能更有效地达到防洪减灾的目的。

 案例 10-3

我国台湾"八八"水灾

1) 发生经过

"八八"水灾是2009年8月6~10日间发生于我国台湾中南部及东南部的一起严重水灾。该起水灾源自台风"莫拉克"侵袭台湾所带来打破台湾气象史诸多降雨纪录的雨势，造成上述地区发生水患及土石流(即泥石流)，为台湾1958年"八七"水灾以来最严重的水患，总死亡人数推测超过500人。

2009年8月5日20：30，台湾发布轻度台风"莫拉克"海上台风警报。2009年8月6日，"莫拉克"台风的外围环流开始影响台湾，强度增强为中度台风。

2009年8月7日，"莫拉克"台风朝台湾直扑而来，于23：50在花莲市附近登陆，兰屿测得17级强阵风，致使降雨时间延长，各地雨量开始迅速攀升。由于台风受地形影响，受台风引来的旺盛西南气流雨带集中于屏东及高雄地区，于短时间内在山区及平地下起暴雨，加上当日适逢大潮，致使屏东及高雄沿海地区海水倒灌。2009年8月9日，台湾受"莫拉克"台风影响，嘉义及高屏山区自动雨量站8日单日累积雨量破千毫米，气象站中台南8月8日雨量523.5mm及玉山8月9日雨量709.2mm，均创下该站单日降雨的最大纪录；阿里山站在8日降下雨量1 161.5mm，9日更降下雨量1 165.5mm，创台湾所有气象站中单日最大雨量纪录。

2) 灾情损失情况

高雄市8月8日对外海、陆、空交通大受影响；南部暴雨造成屏东林边溪暴涨，台湾铁路南下列车仅能行驶至潮州，南回线也停驶，省道10号燕巢交流道出口匝道因积水封闭。桥梁被河水冲断约20座，其中省道级桥梁有8座。此次水灾造成台湾至少产生16座以上的堰塞湖，随时有溃堤危险。图10.9所示为"八八"水灾情况资料。

图 10.9　我国"台湾"八八水灾资料图

　　台湾共有 128 人死亡、307 人失踪、45 人受伤、1 373 人受困，死伤人数多集中在嘉义、台南、高雄、屏东、南投等地区。

10.4　风 灾 事 故

　　风灾害是自然灾害中破坏性较大、影响较广的灾种之一，其发生频率远远高于其他自然灾害，且次生灾害大。近几十年来，由于全球变暖，气候环境发生很大的变化，而导致我国东南沿海地区的热带气旋(台风)有增加的趋势。

　　热带气旋(台风)来临时，不仅带来了强大的风力，而且给土木工程建(构)筑物造成了严重的威胁。

1. 风灾害对建筑物的影响

　　风灾害会造成建筑物的破坏，主要影响到大跨度结构、建筑物围护结构和低层房屋。大跨度结构由于其屋盖结构具有质量轻、柔性大、阻尼小等特点，在 8 级以上风吹袭时，其屋盖容易被强风的吸力卷走。建筑物围护结构，如建筑门窗、幕墙、采光顶、屋面板及墙体覆面材料等构件，在直接承受风荷载时，也容易产生局部脱落。低层房屋的屋面、屋檐、山墙顶边、女儿墙、侧墙等，在 8 级以上风作用下也容易开裂以致严重破坏或倒塌。

1) 大跨度结构风灾事故原因分析

　　一般而言，大跨度结构在 8 级以上风作用下的破坏都是从屋面开始的，有的是屋面覆盖物的一部分或屋面桁架整个被吹走或破坏，有的整个屋面结构都被吹走。这种破坏的原因是多方面的，主要有以下几个因素。

　　(1) 大跨度结构设计的因素。屋面采用了轻质柔性的屋面材料或是建筑膜材，这些材料建成的屋面是柔性的，容易产生共振而破坏，同时也容易被 8 级以上风卷走。另外，屋面覆盖物与檩条或屋面桁架的连接较差时，也容易在风灾中受到损坏；屋顶圈梁与墙体的拉结较差时，一旦屋顶被风破坏，顶层外墙便由于失去横向支承而成为竖向悬臂构件，也极易被横向风力破坏。

(2) 大跨度结构施工的因素。大跨度结构的施工工期安排不当，工程还没有完工时就遭到了 8 级以上风的吹袭，所以风就对该结构造成破坏。

(3) 其他方面的因素。建筑选址在离江堤、离海塘很近的地方时，也容易遭受 8 级以上风和海潮的同时袭击。另外，当风灾来临时，没有对风灾的应急机制，也是不能减少风灾害损失的原因之一。

2) 风灾对围护结构的影响

建筑物围护结构主要包括建筑门窗、幕墙、采光顶、屋面板及墙体覆面材料等构件组成的围护体系。围护结构直接承受风荷载，其抗风压能力、雨水渗透性能等可靠性性能直接关系到整个建筑物的使用功能，所以要重视围护结构的抗风设计。

(1) 风致幕墙破坏。幕墙的破坏以局部破坏为主，具体形式为玻璃板块破裂、开启扇破坏等，其中最为普遍的是板块的强度破坏，破坏部位相对集中，即某一部位的几块玻璃板块均发生破坏。

幕墙绝大部分的破坏部位均为明显的受风荷载较大的部位，即台风正面来袭时建筑迎风面的最大正风压部位；建筑平面为凹形布置时的凹形内转角处，幕墙发生的破坏明显高于建筑物的其他部位，主要表现为正风压破坏，而在建筑檐口部位主要表现为负风压破坏。

(2) 风致屋面板破坏。对于轻型屋面和弧状屋面，风荷载有可能是屋面结构设计的控制性荷载。近年来弧状屋面由于其优美的造型，被广泛应用于车站、体育馆等大型公共设施。弧状屋面的局部风压系数、屋面内外压及体型系数，对屋面材料选择和屋面整体设计至关重要。

总之，围护结构的破坏机理与房屋的尺寸和比例有关，应将较高的房屋和低层房屋、大跨度结构加以区别，其中较高房屋围护结构抗风设计关注的重点应是幕墙、门窗的风灾破坏。

3) 低层房屋风灾事故原因分析

低层房屋在我国一般是指 2 或 3 层的各类建筑，包括住宅、厂房、商业及公共建筑等。它们在建筑体型、屋面形式、平面布置上千差万别。这类房屋在 8 级以上风作用下容易损坏甚至倒塌。

低层房屋的受风破坏，几乎都是从表面围护结构的破坏开始的，特别是屋面围护结构。而低层房屋的体型与屋面形式对其所受的风压分布规律有着重要的影响。这些因素主要包括房屋的高宽比、横向尺寸、墙体开洞情况、屋面坡角和屋面形式(平屋顶、单坡屋顶、双坡屋顶、四坡屋顶、锯齿形屋顶、圆筒形屋顶、圆形弯顶等)等。

(1) 屋顶被风吹走。大多数低层房屋的屋顶无特别的加强措施，在 8 级以上风来临时，屋顶被吹走的破坏例子很多。低层房屋的屋面材料对屋面的风压分布有着重要的影响。风灾中屋面覆面材料(如屋面瓦片、保温隔热板等)在遭遇 8 级以上风作用时的脱落和损坏，虽然是一个局部问题，但在很多情况下屋面的破坏乃至整座低层房屋的破坏都是由此引发的。

(2) 侧墙被吹倒。低层房屋多为砖混结构，其侧墙一般为一顺一丁，少数为三顺一丁，且进深过大，层高过高，中间无纵墙、无构造柱，以致承重侧墙的稳定性很差，在 8 级以上风的作用下，侧墙难以承受侧向风力。另外，侧墙开窗过大，窗间墙宽度过小，使整片墙的刚度和承载能力削弱过大，容易被风吹倒。

(3) 涡流脱落破坏。屋檐、山墙顶边或女儿墙在气流中属于钝体的棱边，气流在那里产生明显的分离，形成涡流脱落，有交变力的作用，在尾流区又有很大的负压区，形成屋檐、山墙顶边或女儿墙的破坏，长此以往会形成整体破坏。

2. 减小风灾对建筑物的破坏措施

(1) 建筑物应当远离江堤、海塘，并且选择对建筑抗风有利的场地和环境。

(2) 建筑物应当选择合适的长宽比、高宽比，进行合理的设计优化。

应当选择对抗风有利的建筑体型。除屋面形式外，房屋的长宽比、高宽比、层高和总高度等对结构的风荷载或结构构件的抗风承载能力也有较大的影响，大跨屋盖的悬挑长度、悬挑倾角、前缘外形等，对前缘局部风压影响更为显著，应进行合理优化。

(3) 选择良好的建筑布局。应当选择对抗风有利的建筑布局。建筑物间的相互气动干扰与建筑物间的相对位置、建筑物的密集程度有关，还与相邻建筑物的形状有关。加强对房屋建设的统一规划，采取联片建造的方法，可以大大提高房屋的抗风性能。

(4) 应当选择对抗风有利的建筑结构体系。结构体系应具备良好的变形能力，通过整体结构的变形或位移来消耗风能。例如，采用框架结构，一方面可以利用其较好的变形能力来消耗风能；另一方面框架结构表面的围护结构破坏时也不会导致结构主体的破坏。结构体系应具有良好的整体性。在 8 级以上风的作用下，房屋的破坏往往始于表面围护构件的脱落或局部损坏，因此加强屋面覆盖体系与屋面桁架之间及屋面桁架与其承重结构之间的连接，提高结构的整体性，对于改善房屋的抗风能力十分重要。

(5) 应当重视非结构构件的抗风设计。在进行建筑物非结构构件设计时，既要考虑突出结构构件(屋面角部、檐口、雨篷、遮阳板等)的影响，又要考虑围护结构(卷帘门、玻璃幕墙、铝合金门窗等)的影响。

(6) 复杂的结构应进行风洞试验，确定最不利荷载并进行设计。

(7) 结构的施工期应与风灾来临的季节错开。

(8) 应在 8 级以上风到来前对结构进行临时加固措施。在 8 级以上风到来前，在屋顶上堆置重物、临时打斜撑、加拉索等，可以增强建筑物的抗风能力。

(9) 建立一套风灾应急措施，把风灾对建筑物的影响降到最低。

 **案例 10-4**

2012 年"海葵"热带风暴

2012 年 8 月 5 日 17 时，第 11 号热带风暴"海葵"进入我国东海东部海面，并加强为强热带风暴，并以每小时 15km 左右的速度向西偏北方向移动，强度继续加强，并逐渐向浙江东部一带沿海靠近，中央气象台发布台风黄色预警。

8 日凌晨 3 时 20 分，台风"海葵"在象山县鹤浦镇登陆。在"海葵"影响期间，宁波市内陆地区普遍出现 10～12 级大风，沿海出现 12～14 级大风；10 级大风持续 42h，12 级以上大风已经持续 27h，象山石浦镇实测极大风速为 50.9m/s，舟山海上浮标站测得最大实测波高 12.7m。从 6 日起，宁波市出现暴雨到大暴雨，局部特大暴雨，全市平均雨量 230mm，市内主要河流中姚江流域降水 260mm，水量 2.62 亿 m³，奉化江及甬江干流流域 267mm，水量 7.01 亿 m³，甬江流域 221mm，水量 9.63 亿 m³，降水导致河网水位迅速上涨，泄洪压力巨大。

受强台风影响，宁波市各地出现不同程度受灾，特别是南部地区首当其冲，损失严重。台风造成全市 11 个县(市)区受灾，受灾乡镇达 136 个，受灾总人口 143.2 万，转移人员 34.2 万；因灾造成直接经济损失 101.9467 亿元，全市有 2 642 间房屋倒塌，停产工矿企业 8 062 家，公路中断 131 条次，供电中断 661 条次，通信中断 126 次，全市损坏堤防 412 处，近 315km，损坏护岸 761 处，损坏水闸 180 处，冲毁塘坝 187 座，损坏灌溉设施 1 084 处、机电泵站 877 座。

受第 11 号台风"海葵"影响，浙江、上海、江苏、安徽 4 省(市)6 人死亡，217.3 万人被紧急转移。其中，浙江省 700.1 万人受灾，154.6 万人紧急转移，5 100 余间房屋倒塌，1.5 万间不同程度受损；上海市 36.1 万人受灾，2 人死亡，31.1 万人被紧急转移，50 余间房屋倒塌，700 余间不同程度受损；江苏省 66.2 万人受灾，1 人死亡，12.6 万人被紧急转移，近 600 间房屋倒塌，2 400 余间不同程度受损；安徽省 216.6 万人受灾，3 人死亡，19 万人被紧急转移，2 400 余间房屋倒塌，2.2 万间不同程度受损。图 10.10 和图 10.11 所示为倒塌的建筑。

图 10.10　宁波摩天轮倒塌

图 10.11　杭州著名景点集贤亭倒塌

案例 10-5

雪灾事故介绍

雪荷载是土木工程常见的外界作用之一，因雪灾引起的工程事故在北方地区是一个由来已久的问题。随着环境的改变，进入 21 世纪后，世界气候变化异常，又带来新的问题，有着新的特点。

1. 2008 年我国南方地区雪冰冻灾害

2008 年我国雪灾(2008 年中国南方雪灾)是指自 2008 年 1 月 10 日起在我国发生的大范围低温、雨雪、冰冻等自然灾害。我国的上海、浙江、江苏、安徽、江西、河南、湖北、湖南、广东、广西、重庆、四川、贵州、云南、陕西、甘肃、青海、宁夏、新疆等 20 个省(区、市)均不同程度受到低温、雨雪、冰冻灾害影响。截至 2 月 24 日，因灾死亡 129 人，失踪 4 人，紧急转移安置 166 万人；农作物受灾面积 1.78 亿亩，成灾 8 764 万亩，绝收 2 536 万亩；倒塌房屋 48.5 万间，损坏房屋 168.6 万间；因灾直接经济损失 1 516.5 亿元人民币。森林受损面积近 2.79 亿亩，3 万只国家重点保护野生动物在雪灾中冻死或冻伤；受灾人口已超过 1 亿人。其中湖南、湖北、贵州、广西、江西、安徽、四川等 7 个省份受灾最为严重。

　　暴风雪造成多处铁路、公路、民航交通中断。由于正逢春运期间，大量旅客滞留站场港埠。另外，电力受损、煤炭运输受阻，不少地区用电中断，电信、通信、供水、取暖均受到不同程度影响，某些重灾区甚至面临断粮危险。而融雪流入海中，对海洋生态也造成浩劫。台湾海峡即传出大量鱼群暴毙事件。

　　这次灾害影响范围之广、持续时间之久，为5年一遇的极端气候，有些地区甚至是百年一遇，给我国南方人民的生活生产造成了极大的影响，严重地影响了人们的日常生活。没有电，收音机没有信号，手机用不了，通信成了大问题。图10.12所示为2008年雪灾引起的输电线路及交通运输的灾害情况，带给人们的教训值得深刻汲取。

图10.12　雪灾引起的输电线路及交通运输的灾害情况

　　针对百年不遇的2008年特大冰雪灾害，中国林业科学研究院组织本院亚热带林业研究所、林业研究所等4个研究所以及国家气候中心、国家林业局等单位的专家，与美国橡树岭国家实验室专家密切合作，共同开展了"2008中国特大冰雪灾害社会生态影响研究"。该研究集大气科学、天气预报学、社会学、经济学、生态学、工程技术和决策过程于一体，其研究成果日前在《美国气象学会会刊》在线发表。

　　研究指出，极端事件对人类文明和自然系统有着深刻而广泛的影响。在正常天气和气候条件下，社会经济和生态系统结构似乎完美无缺，而在极端事件下，其脆弱性则暴露无遗。

　　研究历时近两年，对2008年冰雪灾害的气象成因、天气特点开展了深入的分析、研究，对其所造成的社会经济影响、自然生态系统影响及灾后政策影响进行了综合评价，并提出7条建议。

　　(1) 在极端事件的及时响应中，关键在于科学技术的运用和政府的正确决策。灾难突降，在有限的时间内，决策部门必须了解灾难的全过程，这就需要依靠科学，建立极端气候与综合影响的预报系统，确保系统内众多程序无缝运行，从而决策正确。

　　(2) 要有完善的应对突发事件的应急措施。在正常天气条件下应用的先进技术，有可能在极端天气条件下发生严重问题。冰雪灾害直接导致电力系统瘫痪，先进的电力机车无法运行，然而一时找不到老式内燃机和能驾驶内燃机车的司机。从偏远地区调遣，则因道路不通而困难重重。因此，完善的应对措施十分必要。

　　(3) 要维护生物多样性，为可持续林业应对极端事件提供保障。我国拥有大量对冰雪灾害具有高抵抗力的候选物种，植树造林时应充分利用其优势，维护生态系统的生物多样性，以免几十年的成果毁于一旦。

　　(4) 非木质产品可持续利用应成为国家适应极端事件长期战略中的一部分。研究发现，过度不合理开采非木质产品大大降低了树木对极端事件的抵抗能力，如环割方式采脂导致一半以上的松树在冰灾中死亡。

　　(5) 要关注极端事件引起的食品短缺。因食物的生产地和消费地分处各地，极端事件通过毁坏农作物导致食品直接短缺，同时通过破坏食物运输链导致食物间接短缺。

　　(6) 要进一步改善区域经济发展不平衡状况。因区域经济发展不平衡，大量的流动务工人员涌向发达地区。每到春节，回乡探亲的客流高峰将持续 1 个月，所有运输系统均超负荷运行。一旦极端事件发生，就会造成系列连锁反应。

(7) 要有严格的制度保证，能从罕见的极端事件中吸取经验教训。公众对冰灾造成的危害和影响缺乏足够的了解，也未引起足够的重视。冰灾发生后，只有少数的基础设施进行了技术性的调整。因此，国家需要制定严格的制度，确保极端事件发生后，能及时吸取经验教训，并积极制定相应政策。

2. 2009 河北的雪灾事故

2009 年 11 月 11～12 日，河北省中南部普降大到暴雪。11 日 14 时，石家庄市区累积积雪深度达 49cm，井陉积雪最深 51cm。截至 12 日，邢台市的降雪量在 16.1～43.4mm，其中，市区降雪量达到 43.4mm，积雪深度达到 48mm。这次降雪持续时间之长、雪量之大，是 1954 年有气象记录以来的历史最高纪录。雪灾造成大量房屋、工棚、圈舍、农作物大棚等倒塌、车辆砸损，如图 10.13 所示。

据民政部门统计，截至 12 日 13 时，河北省石家庄、邢台、邯郸、保定等区市的 29 个县(市、区)遭雪灾袭击，受灾人口 63 万余人，直接经济损失逾 4 亿元。其中邢台市灾情尤甚，逾 31 万人受灾，直接经济损失超过 2.4 亿元。

据民政部门透露，河北省雪灾导致 6 人丧生。其中石家庄一市民因饭店招牌脱落致死，另有 25 人因灾受伤。邯郸市伤亡较大，11 月 11 日晚 18 时 30 分许，河北省邯郸市永年县铭关镇龙凤私立学校食堂因不堪大雪重压被压塌，25 名学生被压受伤，这起事故中已经有 3 名学生经抢救无效死亡，其他伤者病情稳定。此外，邯郸市另有两名市民分别因大雪压塌门市和仓库致死。

图 10.13　河北雪灾情况

本 章 小 结

本章主要介绍了火灾、水灾、地震、风灾、雪灾等自然灾害的成因和对建筑工程的损害及主要的应对措施。

习 题

1. 选择题

(1) 高层建筑发生火灾后容易造成重大的损失和伤亡，其火灾主要特点是(   )。

    A. 火势蔓延的途径多、速度快   B. 安全疏散比较困难，扩散难度相对较大

    C. 高层建筑功能复杂、隐患多   D. 人员伤亡损失惨重

(2) 下列地震引起建筑破坏的因素属于人为因素的是(   )。

    A. 强震作用力   B. 山体滑坡

    C. 建筑物平面布置不规则   D. 建筑物整体性差

(3) 洪水灾害对建筑物的损害作用有(   )。

    A. 洪水对建筑物的直接冲击作用

    B. 山体滑坡冲毁建筑物

    C. 连续的暴雨可使旧建筑物的屋面损坏漏水

    D. 涡流脱落破坏

(4) 减小风灾对建筑物的破坏措施有(   )。

    A. 暴雨相伴的大风、台风、龙卷风也会造成建筑物的倒塌

    B. 应当选择对抗风有利的建筑结构体系

    C. 结构的施工期应与风灾来临的季节错开

    D. 应在 8 级以上风到来前对结构进行临时加固措施

2. 思考题

(1) 火灾有何特点？对建筑有何主要影响？

(2) 引起地震的自然及人为因素有哪些？

(3) 你对地震防灾处理有何新的想法？

(4) 洪灾对建筑物的主要影响有哪些？

(5) 主要的防洪措施及实践中的应用方法有哪些？

(6) 风灾对建筑物有哪些影响？

(7) 减少风灾对建筑物破坏的措施有哪些？

参 考 文 献

[1] 刘广第. 质量管理学[M]. 北京：清华大学出版社，1997.

[2] 曾国熙. 地基处理手册[M]. 北京：中国建筑工业出版社，1995.

[3] 江正荣. 建筑施工工程师手册[M]. 北京：中国建筑工业出版社，2002.

[4] 中国机械工业教育协会. 建设法规与案例分析[M]. 北京：机械工业出版社，2002.

[5] 王赫. 建筑工程事故处理手册[M]. 北京：中国建筑工业出版社，1998.

[6] 李文华. 建筑工程质量检验[M]. 北京：中国建筑工业出版社，2002.

[7] 王寿华. 建筑工程质量危害分析及处理[M]. 北京：中国建筑工业出版社，1986.

[8] 潘金祥. 施工员必读[M]. 北京：中国建筑工业出版社，2005.

[9] 胡兴福. 土木工程结构[M]. 北京：科学出版社，2004.

[10] 中国建筑工程总公司. 建筑工程施工工艺标准汇编[M]. 北京：中国建筑工业出版社，2005.

[11] 上海市质监总站. 装饰工程创无质量通病手册[M]. 北京：中国建筑工业出版社，1999.

[12] 中国建筑装饰协会培训中心. 建筑装饰工程质量与安全管理[M]. 2版. 北京：中国建筑工业出版社，2005.

[13] 于永彬. 金属工程施工技术[M]. 辽宁：辽宁科学技术出版社，1997.

[14] 沈祖炎. 钢结构基本原理[M]. 北京：中国建筑工业出版社，2000.

[15] 郑文新. 工程资料管理[M]. 上海：上海交通大学出版社，2007.

[16] 郑文新. 建筑施工与组织[M]. 上海：上海交通大学出版社，2007.

[17] 赵志缙. 建筑施工[M]. 2版. 上海：同济大学出版社，2005.

[18] 武明霞. 建筑安全技术与管理[M]. 北京：机械工业出版社，2007.

[19] 陈业宏. 中外司法制度比较[M]. 北京：商务印书馆，2001.

[20] 尹长海. 建筑事故认定与法律处理[M]. 长沙：湖南人民出版社，2003.

[21] 崔千祥. 工程事故分析与处理[M]. 2版. 北京：科学出版社，2007.

[22] 陈肇元. 土建结构工程的安全性与耐久性[M]. 北京：中国建筑工业出版社，2003.

[23] 国务院. 国家突发公共事件总体应急预案[M]. 北京：中国法制出版社，2006.

[24] 国务院. 生产安全事故报告和调查处理条例[M]. 北京：中国法制出版社，2007.

[25] 罗福午. 建筑工程质量缺陷事故分析及处理[M]. 武汉：武汉理工大学出版社，1999.